经典译丛·先进交互技术

增 强 现 实
——无处不在

Augmented Reality
Where We Will All Live

［英］ Jon Peddie 著

邓宝松 闫 野 印二威 译

U0244220

電子工業出版社
Publishing House of Electronics Industry
北京 · BEIJING

内 容 简 介

本书将解释增强现实技术的概念，以及与虚拟现实技术和混合现实技术的区别，并帮助读者明晰这些技术之间的界限。全书主要内容包括增强现实系统分类、典型特点、实现途径及结构组成，技术起源及其发展历程；增强现实所涉及的关键核心技术及所面临的技术挑战，典型应用或潜在的重点应用领域，相关配套软件工具及硬件设备；本书最后对增强现实技术进行了分析总结并对其发展趋势进行了预测。

本书适合作为虚拟现实或增强现实相关专业的高年级本科生教材，也适合相关技术人员以及投资和技术管理人员等阅读参考。

本书中文简体字版专有出版权由 Springer International Publishing AG 授予电子工业出版社。未经出版者预先书面许可，不得以任何方式复制或抄袭本书的任何部分。

版权贸易合同登记号　图字：01-2019-7644

图书在版编目（CIP）数据

增强现实：无处不在／（英）乔恩·佩迪（Jon Peddie）著；邓宝松等译 . —北京：电子工业出版社，2020.4
（经典译丛．先进交互技术）
书名原文：Augmented Reality: Where We Will All Live
ISBN 978-7-121-37960-4

Ⅰ．①增…　Ⅱ．①乔…　②邓…　Ⅲ．①虚拟现实－研究　Ⅳ．① TP391.98

中国版本图书馆 CIP 数据核字（2019）第 255702 号

责任编辑：马　岚
印　　刷：三河市鑫金马印装有限公司
装　　订：三河市鑫金马印装有限公司
出版发行：电子工业出版社
　　　　　北京市海淀区万寿路173信箱　邮编：100036
开　　本：787×1092　1/16　印张：16　字数：410千字
版　　次：2020年4月第1版
印　　次：2020年4月第1次印刷
定　　价：79.00元

凡所购买电子工业出版社图书有缺损问题，请向购买书店调换。若书店售缺，请与本社发行部联系，联系及邮购电话：(010) 88254888，88258888。

质量投诉请发邮件至 zlts@phei.com.cn，盗版侵权举报请发邮件至 dbqq@phei.com.cn。

本书咨询联系方式：classic-series-info@phei.com.cn。

译 者 序

光明的未来就在眼前，AR时代已经来临！

从个人职业生涯角度讲，时隔10年，我回到了这个既熟悉又有些陌生的研究领域——增强现实（Augmented Reality，AR），觉得熟悉是因为其理论体系基本没有太大变化，而觉得陌生则是因为这几年技术进步确实太快了，增强现实的商业化应用已经初见端倪，特别是在教育培训、远程维修和医疗康复等多个典型垂直领域，各种应用已经逐步落地。以微软HoloLens、Magic Leap One为代表的商业化产品的推出，将增强现实应用的热度不断推向高潮；面向手机AR应用市场，苹果推出ARKit，谷歌则推出ARCore；而国内华为、联想和小米等领军企业也纷纷布局，特别是以影创科技、亮风台、耐德佳等为代表的民营企业，已研发出可量产的全息眼镜，并推动着其在教育及相关领域的应用。目前国际上知名的科技公司几乎无一缺席这场盛宴，所有迹象表明——增强现实时代已经来临！

增强现实技术通过环境重建与光场叠加，将计算机生成的虚拟对象添加到真实世界中，使虚拟对象和真实世界保持正确的几何一致性、光照一致性和时间一致性，使得二者融为一体，增强了人们对真实世界的体验、感知和认知，其最终目标是虚实一体、虚实互动和虚实协同。与虚拟现实（Virtual Reality，VR）技术相比，增强现实技术更强调泛在的实用性而非简单沉浸式体验，它已经走出实验室或特定环境融入日常活动中，将遍及我们工作、生活的每个角落！

纵观近百年来的历次科技突破，从电话到计算机，到电视，到手机，到互联网，再到智能手机，无一不是改变了人与人、人与机之间的交互交流模式，改变了人机信息传递、共享的方式。当前，人工智能技术发展如火如荼，机器智能不断增强，然而，"无人是相对的，有人是绝对的"，"平台无人，系统有人"，类似这样的观念已成为人们的普遍共识，因此人机之间的交流方式就变得异常重要，甚至很可能成为人工智能发展及应用的瓶颈性问题。众多业内专家预测：增强现实将成为下一代人机交互界面！

本书作者Jon Peddie博士是计算机图形学领域的权威专家，关注增强现实技术很多年，有不少代表性专业著作，在许多国际会议上做过图形和数字媒体技术新趋势的专题讲座，并在多个会议、组织或公司的顾问委员会任职。本书内容深入浅出，以通俗的应用视角讲解深奥的技术问题，还不乏众多领域的典型案例，不仅适合具有一定技术基础的专业人员阅读，还可以作为公众领域人员了解、掌握增强现实技术的入门读物。无论是经验丰富的专家，还是初次接触增强现实的读者，都会从本书中获得优秀而富有想象力的信息！

本书翻译工作的完成，不仅是向广大读者提供精彩的内容分享，也是我们在增强现实领域学习、工作的小结，希望能够为增强现实的研究与普及尽一份微薄之力。感谢国防科技创新研究院各级领导和部门的关心与支持。感谢天津（滨海）人工智能创新中心为团队提供了安静舒适的办公环境，特别感谢刁兴春主任、史殿习副主任的关心和指导，感谢秦伟、徐明中两位部长的大力支持。与王彦臻主任及micROS团队的学习交流，也让我们受益匪浅。在整本书的翻译过程中，得到我所带领的国防科技创新研究院人机共融技术研究团队的全力支持与配合。另外，还要感谢我的研究生刘璇恒、庞巧遇对部分章节所做的翻译、校对工作；感谢张明佳助理对译稿的细心整理，她的辛苦付出大大减轻了我的校对工作量；感谢王晶晶助理为本书出版所做的联系沟通工作；感谢杨超工程师对有关光学章节进行的修订工作。最后，还要特别感谢我的父母、爱人和儿子，是他们默默无私的付出与大力支持，才使我拥有足够的工作及加班时间，也给予我莫大的前进动力，他们始终是我奋斗路上的坚强后盾。让我们共同努力，推动增强现实在更多领域落地生根！

邓宝松

2019年10月1日于天津滨海

TAIIC

Thomas A. Furness 为本书作序

在20世纪80年代中期，媒体对我在美国俄亥俄州赖特帕特森（Wright-Patterson）空军基地主持的"超级驾驶舱"（Super Cockpit）①项目进行了集中报道。曾经有人就此事向我咨询，是否有可能在军事领域之外应用这种虚拟界面技术呢？我当时觉得这类问题难以直接给出答案。其中有个人是来自澳大利亚的高尔夫球职业选手，他想创造一种更好的培训方法来指导高尔夫球新手如何进行挥杆操作。他还告诉我，他曾经试验过很多方法：首先对这些新手说，"看着我"和"照我的样子做"，然后演示如何站起来、握住球杆、挥动球杆等；他会给新手看他们自己挥杆动作流程的视频，指出并纠正其中的错误；当新手紧握着球杆击球时，他会试图站在身后近距离指导……可是，尝试过所有这些方法之后，新手们仍然没有搞明白如何操作；最后，这个专家非常沮丧地问我，你有没有办法用类似这种虚拟界面的东西把我放进学生的身体里……就像个幽灵一样呢？这样，当学生戴上头戴设备时，他们会看到我的胳膊和脚从他们自己的身体里"长"出来，反之，他们只需要把自己真正的脚、手和球杆放在我所放的位置上，然后再把自己的操作放入这种虚拟界面中展示出来即可。这样他们就有了一种"切身体会"或"从内向外"的视角，而不是传统培训里典型的"从外向内"的旁观者视角。高尔夫球职业选手与新手之间的问题显然只是其中一个典型例子……也就是说，需要从传统第三人，或者从"外在→内在"的视角，转变为第一人的视角。

这个问题为虚拟界面的其他领域的应用打开了一个新的思路，而不仅仅是我当时所追求的军事领域的应用。我想到了虚拟嵌入式专家的概念，可以用于教育培训、远程操作和物理治疗等多个领域。例如，一位与人"耦合"的嵌入式专家可以向人们展示如何修理喷气式发动机、如何进行脑部手术或进行物理治疗（告诉他们"将胳膊抬到我所抬的位置上"或"把手放在我所放的位置上"）。例如，就像我的妻子可以向我建议说，"让我来教你如何从我的角度编织毛衣或学习美国手语"。非常有意思的是，这种合作可以在距离很远的"合作者"之间对等地完成，因为不同的"合作者"不必处在同一物理位置上。通过这种方式，远程外科医生可以实时地向战场上的医务人员展示如何在他们自己的视角下完成伤员救治流程，然后告诉战地医务人员："跟随我的手，做我指示你做的事情就可以了。"

哇，这种视角上的转变具有重要的意义！

1966年，我开始研发和应用虚拟界面，当时我被任命为空军工程部门官员，负责管理赖特帕特森空军基地的空军研究实验室。我的工作是研究、设计、建造和测试更好的战斗机座舱人机接口，这将提升飞行员及其所操纵飞机在军事行动中的系统整体性能，但显然这件事做起来并不容易。最让人望而生畏的制约因素是，我们需要在很狭窄的驾驶舱空间中放置大

---

① Super Cockpit是为飞行员研制的虚拟驾驶舱项目。其目的是将所研制的这些设备嵌入飞行员头盔、飞行服和手套中，创造一个具有视觉、听觉和触觉信息的集成环境，并且可以将这些信息叠加到真实物理世界中。

量的仪器和控制装置（可能有大约300个开关和75个仪表显示器）。这样，如果在此基础上再增加新型传感器图像显示设备（这样飞行员还可以在夜间看到周边环境）几乎是不可能的。那是促使我转向"超级驾驶舱"项目研究的主要原因[①]，其目的就是研究一种将飞行员的感知能力与复杂机器更好地结合起来的方法。如果虚拟图像能够叠加在飞行员的头盔上，我们就可以创造出与飞行员眼睛（视场角）相匹配，并且具有足够大小和分辨率的传感显示器。增加对头盔的位置、姿态的跟踪功能，使我们能够根据飞行员头部的运动，同步这些传感器的感知信息，从而创建一个可移动的界面或"图像窗口"，以便在驾驶舱中和夜间都能看到这些传感器所获取的实时信息。此外，这些虚拟信息可用图形或符号的方式显示，用于展示飞行员所面临的威胁程度，或飞机当前的飞行动力学相关信息，例如位置、方向、空速、高度和其他参数等。此外，这种头盔位姿跟踪能力还允许飞行员将各种武器系统及其瞄准视线结合起来，直接用于作战打击。值得注意的是，**所有这些关键功能都将在不占用任何驾驶舱空间的情况下按需添加**！

　　我不是第一个想到这些问题的人[②]。在早期的陆军海军仪器（Army Navy Instrumentation）项目（开始于1953年）中，已经发展了许多关于在先进驾驶舱中使用虚拟界面（如头盔显示器和能在外部世界上叠加虚拟图形对象的显示器）的最初概念性想法。该项目的动机是采用以用户为中心的驾驶舱设计方法，即从飞行员角度出发设计驾驶舱内的仪器、仪表结构，而不是传统的从机器到飞行员角度的工作方式。正是这个项目建立的平台框架激发了我在虚拟界面、视觉耦合辅助设备，最终在超级驾驶舱方面的进一步研究工作。

　　当然，我愿意走上这条虚拟化技术道路的另一个原因是我对科幻小说的痴迷。从我的童年，也就是大约20世纪40年代开始，我就是一个科幻迷和梦想家，我最喜欢的作品之一是：James Blish 的 *They Shall Have Stars*（《他们应该有星星》），这是 James Blish 的系列小说 *Cities in Flight*（《飞行中的城市》）的第一部。有趣的是，在1956年首次出版时，这个小说的原名叫做 *Year 2018*（《2018年》）。小说中生动地描述了建筑工人在木星上用冰冻氨建造一座奇特的桥的过程，由于木星上生存环境非常恶劣，工作人员只能被安顿在一颗围绕木星运行的卫星上，但他们可以在木星的"表面"上实现"远程呈现"（telepresent），这是通过在两端安装传感器和显示器，将施工人员的"眼睛"和"手"传送到处在一定距离之外木星表面上的施工设备来实现的。其他同类小说进一步扩展了这些概念，如 Heinlein 的 *Waldo*（《瓦尔多》）和 *Starship Troopers*（《星际飞船士兵》）。Edward Elmer Smith 的 *Lensman*（《伦斯曼》）空间歌剧系列解放了我的思维，让我想到使用虚拟界面（Virtual Interface）命令和控制应用程序，通过虚拟图像投影和手势来控制远处的物体。

　　现在，这些当时的梦想和早期的发展已经演变成我们这个时代的新型工具。我把他们的到来比作"原子裂变"，释放出巨大能量来进一步解放和连接我们的思想。这种解放来自增强现实、虚拟现实和混合现实技术带给我们（例如，高尔夫球职业选手）的前所未有的视角转变。就像打碎了显示屏上的玻璃，我们能够走进虚拟空间，并且能够驻留在那里。我们还

---

① 这里提到的虚拟界面，指的是在飞行员周边的三维空间某个位置上生成虚拟的声学、触觉或视觉界面，而实际上在物理空间上并不存在这些对象。

② 尽管我似乎获得了"虚拟现实之父"的绰号，但我并不是第一个开始思考这些问题的人。但值得肯定的是，我可能是自从1966年以来在虚拟界面领域持续研究工作的少数人之一。

可以进一步扩展我们所处的现实世界，或者在虚拟世界中实现共享和协同。我们的研究成果已经显示出这样做所带来的惊人效果，特别是在教育和培训领域。不知何故，"打破玻璃"会释放出更多的空间记忆，它允许我们以图形或图像的形式对真实或虚拟世界进行叠加或嵌入，这些图形或图像将自己"附加"到该空间中……，这为我们提供了一种对这些空间对象进行表达和展现的更好方法。在某种程度上，这唤醒了我们很久以前的记忆，它类似于早期希腊人所说的"位置"记忆法，也就是说，通过将事物与其空间位置联系起来，从而强化对事物的记忆。这里的关键创意在于，当事物在空间上与三维空间中的位置相关联时，我们往往能更好地理解并记住它们，而不只是有简单而抽象的想法。

多年以来，我们一直在为现实世界添加人造的东西，例如在电视情景喜剧中添加笑声，或者在电视足球比赛中的球场上（出现在球员下方）叠加显示首次进攻路线。我们为什么要这样做呢？试想一下军用驾驶舱中的平视显示器，它能够使飞行员将抽象的图形、符号信息与现实世界在其视野中紧密联系起来，例如导航中的航路控制点和着陆投影点。真实和虚拟的完美结合强化了我们对知识的理解和认知，从而帮助我们更好、更有效地做事情。但同时我们也要小心，不要让这些虚拟图像把现实世界中的重要信息给遮挡住。

当我问Jon Peddie写这本书的动机是什么时，他说："我真诚地相信我们都会使用增强现实技术，因为它将永远地改变我们的生活……"，我赞同Jon的这份热情和对将来的预测。但是，当我们对虚拟空间中所发生的事情感到兴奋时，却忽略了我们不应该简单地被这些技术所陶醉的警告。实现这些技术工具本身不是目的，而只是达到目的的手段。我们不仅要知其然，还要知其所以然！这意味着我们的观念发生了转变，从仅仅因为我们可以做到而推动技术，转变为另一种开发技术的模式，即因为它有助于解决问题并为出现的技术提供新的解决途径，所以我们才推动它。下面进一步解释一下这个问题。

我觉得我们需要通过应用来"拉动"过去从未有过的技术。在我从事这项工作的半个世纪的历程中，我和其他人一样，对虚拟界面技术可能带来进步的过度宣传而感到过内疚。与其说是发展这项技术本身的问题，不如说是我们在现实生活中真正需要的问题。当然，我们可以预测其在军事、医学、设计、培训和教育等领域的垂直市场应用，但对于那些不从事这些专业的日常人员来说，这又有什么好处呢？我们都知道对谷歌眼镜（Google Glass）在社交体验中的调查结果：人们与戴着这些眼镜的人进行交流时十分谨慎，这使得推广遭受了很大的现实阻力。所以，当前的解决方案是要"拉动"那些可以从虚拟增强现实中获益的应用领域。技术的"推动"与解决问题的"拉动"相结合，可以促进技术的发展和应用。

当前，我们还没有真正实现增强现实、虚拟现实或混合现实的成熟硬件开发，当然，这里具体怎样命名可以根据你的理解和喜好。为了使设备舒适、实用和成功，在这项技术上还有很多的工作要做。在现实世界中覆盖虚拟图像时，跟踪和光照是两个很大的难题。但最重要的是，我们需要解决人为因素，而不仅仅是舒适的人体工程学。我们需要记住，这项技术与人类的感官紧密相连，我们不想受到任何伤害。这应该是我们的根本原则：**不要伤害！**Jon用了很大篇幅在书中讨论这些问题。

正如Jon在这本书中所讨论的，增强现实产业被预测为市场巨大……非常巨大，远远超过了虚拟现实产业。这就是为什么这本书很重要的原因。一段时间以来，我们需要一本关于增强现实的权威著作来与所有关于虚拟现实的著作进行比较，比如Jason Jerald博士所著的

The VR Book《虚拟现实》一书。Jon Peddie 博士本人是数字媒体和图形领域的先驱，在早期的研究工作中，他采取了理解树木（局部）的方法，但要超越这一点，必须在产业布局的背景下观察整个森林（全局）。他目前的工作是用他对前沿技术及应用进步的深刻见解来指导这个行业的发展，尤其是在这种增强现实新应用不断涌现的情况下。

接着阅读本书，你将体验到对增强现实这个专题的权威、全面和现代的分析理解。作者说这是给外行看的……这一点确实是写作的初衷，但绝对不应该止步于此。它对相关硬件和软件开发人员也有所帮助，因为这本书是建立在许多先驱学者的学术工作基础之上的，如 Ronald T. Azuma [①]的开创性工作。在这本书中，Jon Peddie 积累并整合了一套完整的材料，最终将其汇总在一起。这本身就是一个巨大的启动平台，可以在这个不断增长的行业中实现人们所预测的数十亿美元市场。

Jon 的书也很有趣，充满了讽刺和幽默，这可能是作者的自娱自乐吧。它给我带来了很多回忆，但更重要的是，它让我再次对这个时代的伟大工具所带来的可能性而感到兴奋。

Thomas A. Furness
美国华盛顿西雅图
2017 年 1 月 28 日

---

① 详见网址：http://ronaldazuma.com/publications.html。

Steve Mann 为本书作序

从孩提时代起，也就是40多年以来，我一直生活在一个被称为"增强现实"的以计算机为媒介的宇宙中，在那里我可以看到其他人看不见的无线电波、声波以及通过神经元传输的电信号。

在接下来的很多年里，这将是"我们所有人所生活"的宇宙空间。

人工智能（Artificial Intelligence，AI）领域之父 Marvin Minsky，世界上最著名的未来学家 Ray Kurzweil，以及我本人都提出了一种观点，即人工智能和机器学习正在将世界变成一个单边控制系统，朝着能够

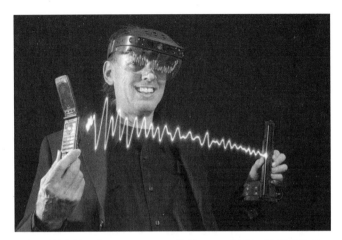

真正的增强现实：Steve Mann 戴着 Meta2 眼镜，以可视化的方式观察从智能手机中发出的无线电波。这种设备称为序列波铭刻机（Sequential Wave Imprinting Machine，SWIM）

全面感知我们生活的方向不断发展，与此同时，我们仍然感觉世界对我们是完全不透明的[Minsky，Kurzweil，Mann，2013]。我们都主张提出一种不同类型的智能，称为人本主义智能（Humanistic Intelligence，HI），这其实就是增强现实的重要基础。

HI 也是一种智能，它通过我们称为 sousveillance[①]或逆向监视（inverse surveillance）的东西，使自己对人类可见、可理解。我们不仅要让机器感知到我们，我们也要感知和理解机器。HI 是一种使人类保持在这个回路中的智能。

这条原则是我童年时代着迷的核心，我希望能够看到并揭示机器所隐藏的世界，以及它们神秘的感官形态世界。

在我的童年时代，通过发明一种可穿戴的计算机增强现实设备，我解决了3个基本问题：

1. 空间（Space）一致性。用于显示增强虚拟对象的光线必须与它所代表的真实物体在空间上完全一致，当你的眼睛注视并聚焦于现实世界时，这些光线需要以相同的方式在人眼中聚焦并成像。
2. 时间（Time）一致性。用于显示增强虚拟对象的光线必须与它所代表的真实物体在时间上完全一致，反馈方面的时间延迟将不能被接受。

---

① sousveillance 一词来源于 surveillance（监视）。surveillance 由法语词根 "sur"（上面）和 "veiller"（看）组成；以同样的造词法，Steve Mann，Jason Nolan 和 Barry Wellman 三位学者在学术文章中取法语词根 "sous"（下面）和 "veiller"（看），创造了 "sousveillance" 一词，中文译为"反监视"或"逆向监视"，本书中指个人应用记录设备对组织机构或外界环境进行的记录和监视，后泛指对权力机构的监视行为。——译者注

3. 光照（Tonality）一致性。光线本身需要在色调（即对比度）方面是正确的、协调的，以使用于显示增强虚拟对象的光线与它应该表示的真实物体相匹配。

这三条标准就像一个三脚架，支撑着人们对增强现实的体验。如果某一条无法满足，体验就是失败的。然而，许多公司的解决方案都未能真正满足这三条标准的要求。

这也就是为什么我参与组建这个领域中的一些机构的重要原因之一。

我坚信，我们所需要做的，不是建立一个充满人工智能和机器学习的监狱式世界，而是要建立一个充满HI和AR的世界，并且我们都将生活在其中，在这个世界里我们将保持人类本性而茁壮成长。在我所生存的以计算机为媒介的现实生活中，我一直梦想着有一天，通过一种新颖且可实现的技术，我们都能过上更好、更安全、更健康的生活。

今天，随着Jon这本书的出版，许多人将能够更深入、更广泛地了解到，AR可以给所有行业及个人带来的巨大便利。这本书很好地分析了AR的好处和机遇，以及可能延迟其设计与实现的各种现实障碍。这本书展示了AR如何使人们变得更加健康和自信，不仅安全，而且能够实现"自我看护"（self-care）：AR并不是一种监视（安全）装置，更重要的是，它是一种灵魂感应装置（实现"自我看护"）。从这个意义上讲，你的眼镜将作为你的个人生活记录和信息保管员，这样就能随身携带关于你的最新医疗记录。它还将是你实时的保健、健身和健康顾问，以及私人教练/助理。

AR的出现和电灯的出现同等重要，二者很可能是几千年来最重要的发明，因为它们都为人类带来了光明。

要想制造出一款符合三条基本标准（空间、时间和光照），并且看起来可以被社会所接受的增强现实设备，我们需要很多年时间来应对并解决所面临的挑战，但这条道路是清晰而明确的，我们正在朝着这个目标持续前进。这本书将帮助我们踏上这段旅程。

Steve Mann
Meta公司首席科学家

前　　言

　　本书的目的是解释增强现实概念及应用上的许多细微差别，以及增强现实到底是什么。增强现实通常会与虚拟现实和混合现实相混淆，因此本书的目标是要在增强现实与其他相似技术之间建立清晰的界限，而这些技术的唯一共同点是最终都体现在显示上，而不是体现在内容、相似度或难点等方面。

　　增强现实技术有望永远地改变和改善我们的生活。它将使我们从压抑中解放出来，提供实时且无限的信息来源，以及彼此相互交流、沟通和理解的新方式。即使我们相互之间处在很远的距离，也能够互相协同，获得彼此的帮助，同时提高公共服务、健康福利、维修、设计和教育的质量。当然，我们也会从中得到更多的乐趣。这不是科幻小说，尽管这些概念都起源于此类小说。

　　这不是一本科幻书，嗯，至少不完全是。但它关乎我们的未来，并且是一个非常可能成为现实的未来。

　　哲学家、科学家、未来学家和其他一些人都在推测：在某一时刻，计算机将达到并迅速超过人类的处理速度、内存访问能力，并最终会超越人类。当机器能够以闪电般的速度处理海量数据时，人类与生俱来的自卑感就会促使我们内心揣测：这些机器或许终究会发现我们人类无关紧要，缺乏竞争力，并总是在滥用资源。不能将这种揣测和分析简单地直接进行类比，毕竟，尽管我们有时不负责任地对待和饲养其他动物，如家禽和水生物种，但我们从来没有蓄意或恶意地（除了少数存在争议的事件）灭绝它们。当然，对某些有害的昆虫则是另外一回事。

　　那么，基于我们的道德、文化和历史观念制造的超级智能机器（你也可能说，它是在成长过程中逐步形成的），为什么会有不同的行为表现呢？很多人回答是因为逻辑。因为以逻辑为基本DNA构建的超级智能机器，将以冷酷无情且毫不妥协的逻辑进行评估、裁决和最终执行；而这种逻辑不利于人的行为，反之亦然。因此，当前比较流行的观念是，计算机会轻易地淘汰掉我们。

　　另一种可能性是，当机器逐步发展到看似具有感知能力时，它们将成为人类的伙伴。因为机器缺乏（并且永远无法完全获得）人类所特有的想象力，它们会依赖于我们提出下一个想法、下一个目标、下一个艺术表达，以及下一个对当前事件或人物行为的解释。

　　那么，增强现实是如何融入这一切的呢？当我们能够更方便、更舒适地实时访问信息时，我们将从字面上和形象上得到增强，尽管不是物理上的真正增强——至少短期内还是如此。但是，我们将获得更多、更及时的信息。当我们学习如何吸收、处理和使用这种增强的能力时，我们会变得更有创造力、想象力和趣味性。当我们这样做的时候，新兴的，甚至是有意识的新机器都会被我们击败，尽管它们有着惊人的处理速度和内存访问能力，但可以说它们总是落后我们一步。

然而，为了增强我们的能力，必须随时与数据库和数据分析工具保持联系，因此需要拥有实时的、不显著的本地化信息，特别是关于我们所处位置的信息，以及我们周围所有事物的信息。

要与数据库和数据分析工具之间保持关联，需要具备无线通信能力和实时更新手段。为了实时并且自然地捕捉局部环境信息，我们必须拥有智能隐形眼镜，并最终实现这些设备的小型化甚至植入化。

所以，科幻小说中的场景是，我们将拥有增强现实隐形眼镜，当计算机接近或可能具备感知能力时，不会因为人类成为不相关或没有用的资源而淘汰甚至消灭人类，它们终将依赖人类的洞察力、想象力和应对挑战的能力；讽刺地说，这也许是一种必要的邪恶。

本书将为对增强现实的基本概念、发展历史和工程实践感兴趣的技术人员、营销和管理人员、教育工作者、学者和公众，以及新型显示手段升级背后的视觉和感官科研人员提供启示。从人机交互的角度来讲，通过对视觉显示和信息访问系统的详细描述，本书使读者进一步了解这些相关问题的定义、构建和解决方法，包括我们对其所代表事物的感知，以及最终我们如何消化和应对这些信息（见图1）。

Zenka[①]是一位艺术领域的专家，同时也是一位博物馆馆长，他还是研究增强现实和虚拟现实头戴设备的历史学家，他认为，增强现实将我们从信息时代弹射到知识时代。

图1　著名的AR艺术家Zenka对增强现实乐趣的描绘（来源：Image curiosity artist）

本书内容结构

增强现实是一个如此复杂、涉及面如此广泛的主题，很难用逻辑概括的方式来组织它所包含的所有内容。但是，我们也没有其他更好的办法，所以将这本书划分成10章：第1章介绍了增强现实的优点和潜在危险，概述了其典型应用领域，讨论了针对增强现实所提出的规则、法律和定义，以及增强现实在虚拟世界中的地位。第2章介绍了增强现实的分类，以及增强现实的实现策略，第3章接着概述了增强现实是如何使我们所有人都成为视觉领域的信息技术专家的。

在第4章中，我们将讨论在增强现实中涉及的视觉方面的技术问题，以及这些技术所面临的挑战。第5章是对增强现实起源的简要历史概述（比大多数人想象的更早）。

接下来，第6章将分析一些典型的应用，并区分商业应用和消费者应用两大类。但是，有些应用存在交叉重叠。例如，在房地产领域中使用增强现实既可以归类为面向商业的（面

① http://www.zenka.org/

向房地产代理商），也可以归类为面向消费者的（面向寻找房屋的购房者），这一章是内容最多的一章，但仍不能涵盖增强现实的所有当前或未来可能的应用。增强现实本身看上去并不是很重要，但它将会涉及人们生产、生活的方方面面。

第7章简要介绍了一些软件工具，第8章将从技术角度深入研究人眼的生理机能、显示器的类型和相关技术，并举例介绍了该领域典型厂商的产品及解决方案。第9章对一些供应商进行了简短的讨论（注意，实际上还有很多其他供应商）。最后，第10章给出了同样非常重要的结论，以及非常简短的未来愿景。

增强现实将触及我们生活的方方面面、我们所生存的社会，以及我们所遵循的各项规则。当我们适应增强现实所赋予我们的新质能力和力量时，我们将不得不变换方式来思考问题，并丢弃那些可能自认为宝贵的想法和幻想。它终将改变我们的社会习俗和生存规则，挑战那些独断专行的掌权者。

研究增强现实就像沿着曼德尔布洛特（Mandelbrot）螺旋下降，逐渐揭示出越来越精细的递归细节。我们不停地往下走，便进入永无止境的兔子洞（可能会有很多通道和出口），因为研究了某一件事，却可能了解了另外的三件事，如此往复。

Jon Peddie
美国加利福尼亚州提布隆

致　谢

没有任何一本书能在没有别人帮助的情况下由作者独立完成。一本书是大家共同的努力，是一个团队的努力，是由很多朋友、同事、亲人和编辑们共同奉献、编纂、校订，以及辛苦阅读大量文献后完成的。仅仅列出他们的名字就能填满整个版面，如果详细列出他们的贡献可能需要更多的版面，需要以类似电影片头的方式来呈现。

但我还是尽力去做到这一点，否则将不够礼貌，还会让我成为这个世界上不懂得感恩的人（也由此想到了任性和自私）。

那么，第二个问题是如何列出这些人的名单？按出现的顺序？按投入时间的顺序？按字母顺序？还是按主题顺序？我最终还是选择了最简单的方法，按字母顺序。我想这样做有两点原因：一是为了让他们能够快速找到自己的名字，以确认我没有忘记他们（很遗憾，我在其他书中出现过这样的失误）；二是确认他们的贡献后，很容易在列表中添加他们的名字。

正是有了这些人的帮助，才使得本书的出版成为可能。如果你认识他们，请拍拍他们的后背，告诉他们，Jon非常感谢你。

Beverley Ford，我在斯普林格（Springer）的赞助者，一个善于怀疑且有辨别力的好朋友。

Bob Raikes，一位不知疲倦的作家和 *All Things Display*（《万物展示》）的编辑，也是我亲爱的老朋友。

Douglass Magyari，FOV①之王，伟大的工程师和好朋友。

James Robinson，斯普林格出版商的助理编辑，非常坚持原则，与之进行对接交流有时会让你感到头疼。

Karl Guttag，VRAM②和其他神奇图形设备的发明者，为本书的显示相关的部分章节提供了巨大帮助，也是我的伟大的朋友。

Kathleen Maher，我的导师，合伙人，缪斯（喜欢沉思），最好的朋友。

Khaled Sarayeddine，Lumus光学公司首席技术官。

Mark Fihn，作家，出版商，展览展示专家，好朋友。

Michael Burney，热情的技术专家，企业家，非常愿意读我所写的文章。

Robert Dow，我的研究人员，也是忠实的读者和好朋友。

Ron Padzensky，一位优秀的AR博客作者，也是一位乐于助人的评论家，他对本书的内容分类有很大的帮助。

---

① FOV（Field Of View），在光学仪器中，以镜头为顶点，被测目标的物像可通过镜头的最大范围的两条边构成的夹角，称为视场角。视场角大小决定了光学仪器的视野范围，视场角越大，视野就越大，光学倍率就越小；而在显示系统中，视场角就是显示器边缘与观察点（眼睛）连线的夹角。

② VRAM，即Video RAM，影像随机存取存储器，是显存的一种形式，作为影像绘图卡、显卡所使用的内存，允许在中央处理器绘制图形的同时，让影像显示器硬件同时读出资料，显示在屏幕上。

Soulaiman Itani，一位非常有幽默感的增强现实科学家。

Steve Mann，增强现实之父，对本书给予了巨大的帮助和指导。

Ted Pollak，经常与我畅谈游戏，非常固执己见，是能够与我产生共鸣的宣传者。

Tom Furness，增强现实之祖父，也是最慷慨的顾问。

Tracey McSheery，一位增强现实科学家、朋友和伟大思想的先锋。

还要感谢其他很多人，包括Garth Webb博士，Ori Inbar，Jay Wright，Tom Defanti，Oliver Ktrylos，Jean-François Chianetta，Khaled Sarayeddine，Christine Perey和Neal Leavitt，等等。

目　　录

第1章 绪 论

增强现实能够向人们提供的功能，不仅仅限于简单的行进方位导航或产品的直观可视化，在不久的将来，增强现实还将与身体上的传感器进行高度集成，用于测量并显示人的体温、血氧水平、血糖水平、心率、脑电图以及其他重要的生理参数。实际上，人们就好像始终穿戴着各种微型或小型的感知仪器一样，能够随时随地感知自己以及周边区域的地理、物理和生物等信息。

增强现实经历了从实验室到军事领域，再到工业化应用的进化过程。军方、工业部门以及科研领域的用户由于对增强现实专业性、特殊性和急迫性的需求，并且受到经费预算等多种因素的限制，能够容忍早期增强现实系统在舒适性和功能性等方面的局限。

科幻小说长期以来一直充当着未来科技预测者的角色，在真正的技术出现之前，艺术家、作家和科学家们已经想象出了很多关于增强现实的例子，以及关于相关实现设备、环境的不免偏颇的想法，虽然这些想法并不被广泛认可（或者根本不可行），但是技术正在努力让这些想法逐渐变成现实。

通常情况下，增强现实被认为只是一个视觉增强系统，因为它能够通过信息和图形叠加的方式丰富人们所看到的现实世界。实际上，人的听觉系统也能够通过增强现实系统而受益，因为它能够通过声音向人提供特殊的空间位置线索，对于那些盲人或者部分失明的人，这是非常有帮助的。

1.1 增强现实背景介绍

1956年，Philip K. Dick（1928—1982）完成了小说 *The Minority Report*（《少数派报告》）[1]，并在其中构造出了"增强现实"这种场景，即虚拟的信息能够在指尖上真实地呈现出来。从那个时候开始，增强现实概念就变成了一种真实的存在。

从佩珀尔（Pepper）幻象到隐形眼镜：增强现实将无处不在。

与Dick同样成果丰硕且有先见之明的是Hubert Schiafly（1919—2011）[2]，他于1950年使用佩珀尔幻象的概念研发出了提词器，这应该算是最早关于增强现实的实用案例了。

人们花费了将近一个半世纪的时间来学习如何与计算机进行沟通，随着技术的进步，这种沟通会变得越来越自然。传统的人机交互技术经历了巨大变革，从最早的一堆开关开始，逐渐演变成穿孔卡片、磁带和类似打字机的键盘，再到图形化用户界面和鼠标、触摸面板、语音和手势识别等。

　　增强现实系统将人们带入下一代人机接口，而且与之前所熟知的任何一代人机接口技术完全不同。在增强现实出现之前，人们与计算机的交互仅限于通过二维的、平面的接口，虽然在绝大多数场景中已经达到了令人满意的效果，但还是有很大局限。想象一下，如果看到一个茶壶漂浮在面前的空间中，而你希望旋转操纵它，以便看到光线在不同角度反射过来的效果，或者希望在它底部看到其制造商或艺术家的名字，虽然这种操作可以在平面显示条件下实现，但是如果能够伸手去感知这个虚拟的对象，直接用手去转动它，然后将它传递给同伴或丢弃，这种交互方式是不是会更加自然？

　　可穿戴增强现实显示设备将虚拟空间中的数据和图像叠加到现实世界中，并结合新的操作系统来实现一种新型的空间计算方式，这将需要新的人机用户界面。然而，增强现实系统是极其复杂的，同时还面临着小型化、轻量化、便携化和实用性等方面的挑战，当然，还包括成本、价格等多重现实因素（见图1.1）。

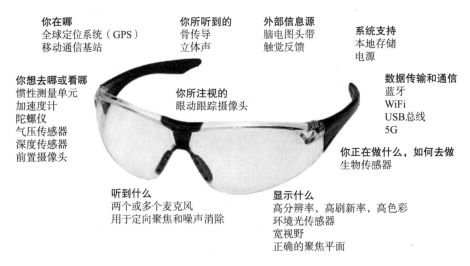

图1.1　增强现实智能眼镜必须具备的多项功能（来源：Steve Mann）

　　通过增强现实系统，人将融合成为计算机环境的重要组成部分，而不仅仅只是一个具有有限交互作用的外部独立观察者。有些评论说这种方式将成为新型人机交互界面，这也代表了计算机接口和交互技术的下一次革命。正是因为这是一场技术革命，其所有的细微差别和发展前景都还没有被人们广泛理解。但是，开发人员和广大用户尝试并接受这种新型人机交互方式的过程，应该也不会持续很长时间。

　　目前，通过增强现实技术，人们的身体已经变成人机交互过程的关键要素。这些交互信息包括：眼睛在看哪，手放在哪里，正在说什么，以及脑电图潜在意念是什么，等等。

　　增强现实将真实事物与仿真或合成的虚拟对象融合在一起，并能够在佩戴者的视线中投射出虚拟的图像和相关信息，就好像这些虚拟对象确实放在现实世界中一样。

　　很多人都看到过《星球大战》中莱娅公主的形象，她实际上是个全息图像，从R2D2[①]投射到想象中的光场（light field）上。就像1977年的图像（见1.7.3节）一样奇妙，现在人们可

_____

① R2D2是出现于电影星球大战系列中的一个虚构机器人的角色，常简称为R2。

以通过增强现实来实现它。但是，与科幻小说中所提到的光场概念不同，这种幽灵般的图像可以通过增强现实技术看到。

获取大量当前发生的实时信息，并将其持续不断地推送给所需要的人，这是长期以来人类渴望实现的关于信息传输利用的梦想。增强现实的神奇之处在于，它使得人们将微型可穿戴计算机神奇地连接到存储在网络云存储上的海量信息中，同时实时向它们提供自己的状态和位置，并从中获取所需要的各类信息。此外，增强现实牵涉到一些难以兼顾的问题，例如，人类行动范围与可用数据之间效率的平衡，以及对图像和图形显示内容的回避问题。所以，它也可能演变成"小心你所做的事情"。如果在场景中有太多的标签，或者太多的物体，它就会变得非常混乱，很难阅读及理解。如果没有任何限制和隐私保护，增强现实设备可能就会被大量不需要的信息、广告、通信、提醒和干扰所淹没。

2006 年，Vernor Vinge（1944—）完成了他的雨果文学奖科幻小说 Rainbows End（《彩虹尽头》），讲述的就是关于增强现实的影响及其产生道德后果的故事。在 Vinge 的书中，安全的概念在这样一个计算无处不在的数字/虚拟世界中被认为非常重要。他探讨了快速技术变革所带来的深远影响，即新技术在带来好处的同时，给那些可能威胁破坏社会的人提供了便利，同样，也给那些试图阻止他们的人提供了同样的能力。此外，在小说中也讨论了在监视（监视者）和反监视（被监视者）的相互作用中，"谁来监视监视者"这个由来已久的问题所带来的负面影响。在 2013 年下半年，增强现实领域的先驱 Steven Mann（1962—）在 TEDex 上做了一个关于他个人如何理解监视和反监视之间冲突的演讲[3]。

因此，增强现实也关系到人类行为相对于可用数据之间的矛盾，对图像和图形显示内容的回避问题，以及与社会规范、期望、容忍、监管机构及其代理人之间的平衡制约问题。这实际上是一项异常艰巨的任务。

本书将涉及增强现实（AR）的许多方面，并且在适当或必要的时候，还将参考和提及虚拟现实（VR），但读者应该清楚，这两者是截然不同的技术和体验。

试图描述虚拟或替代现实是件棘手的事情，因为它具有可解释性，人们都能够看到它，而且对它的看法也各不相同。当然，仅仅根据所使用的硬件来定义它肯定是不够的，因为硬件形式会不断发生变化。

增强现实不是一件事物，它是一个可以被很多事物所使用的概念，并将成为日常工作、生活中无处不在的重要组成部分，就像电一样。

根据非营利组织 Augmented Reality.org 在 2015 年发布的一份报告，增强现实智能眼镜的销量将在 2020 年左右达到 10 亿，并很可能在未来 10 年内超过手机的出货量[4]。

增强现实技术将彻底颠覆人类的生活方式。当然，增强现实不仅仅是一项新技术，更是一种新媒介，它将以多种多样而深刻的方式改变人们的生活，因此绝不能仅将其作为科幻小说的一个话题而被忽视。此外，沉浸式显示方式不可能满足所有类型的市场需求、用户类型或者功能期望。

增强现实并没有什么主要特点，但是人们将通过这项技术得到很多好处。再怎么强调也不过分，因为这项技术的名称真实地描述了它是什么，它通常（而且在很大程度上）会起到增强的作用，而这里的增强意味着扩展、做得更好、做得更多，人们将有能力比以前做更多的事情。增强现实技术将有助于减少生活中的很多不适（虽然不能全面消除，但也会提供很大帮助）。我们在日常生活中经常会遇到一些麻烦。试想你要去商店。当你到达商店时，你发现那里非常拥挤，而你只想买一块面包，你询问你的智能眼镜："在哪个不拥挤的地方能快速买到面包呢？"然后，在你的眼镜上就会出现一些提示信息说向左走……等等。再想象一下，你在城市中心开车，苦恼找不到一个还有空余车位的停车场，而此时你的眼镜会告诉你选择在哪里停车。

当然，这些功能现在已经可以在智能手机上实现，只不过你必须拿起手机低头查看。这就不太方便了，因为这种方式干扰了你的正常旅行、正常交流，等等，你必须停止一些其他进程才能低头看手机。而有了增强现实就无须停下来，因为你想要的数据就在你面前，并自然地呈现，这些都是好处。

上面这些例子是针对广大消费者的，而对于工业领域的应用则是完全不同的。因为在工业应用中，除了快速反应者，其他人一般都无须经常走动。通常情况下，在工业应用场景中，你可以不佩戴眼镜走进生产环境（飞机、汽车、生产线、泵站等），通过增强现实技术，你戴上眼镜就可以按照其指示要求工作了。例如，如果你是一个设计师，你走进工作室，然后戴上眼镜，完成你的设计，摘下眼镜就可以回家了；而消费者则不同，他们佩戴眼镜的频率更高，因为他们会在日常生活中使用它们。

汽车和公共交通工具上的平视显示器，带显示器的头盔，以及增强现实眼镜将会变得司空见惯，这很可能导致人在无法使用它们时感到不舒服，因为快速反应者（如驾驶员）通过这些设备能够及时发现甚至预测可能的障碍。从体育训练到矫正教育等多个行业将得到增强现实技术的帮助，娱乐行业也将发展到让人兴奋、身临其境甚至令人惊讶的新高度。

有了增强现实，实时可视化翻译向导还将被应用到日常生活中；沉浸式游戏将遍及世界各地；军事战场行动将更加致命和有效；外科医生将能够进行远程手术和协同诊断；人们还能够以沉浸式体验方式访问博物馆、没有完工的新家园，还有那些无法亲自前往的奇妙的旅游景点。

1.2　增强现实发展前景

增强现实头戴设备不仅能直观地为人们提供方向指示和产品可视化效果，还可以与身体上的传感器集成起来，监测体温、血氧、血糖、心率、脑电以及其他重要生理参数。实际上，人们将穿着与 *Star Trek*（《星际迷航》）里类似的 tricorder（三录仪，一种手持式科学分析仪），这些监测信息将被直接提供给人们以及所授权的人或组织（如家庭医生或训练师等）。

除了人体的生理状态监测，增强现实设备还能够对环境进行监测。救援人员佩戴的增强现实头盔可以检测到环境中的氧气、甲烷、二氧化碳以及其他肉眼不可见气体和污染物的浓度，并对其爆炸或有毒的情况做出实时预警。在污染严重的地区，增强现实眼镜可以提醒佩戴者周边环境中是否存在危害呼吸系统的气体或颗粒，例如测量佩戴者所吸收的辐射剂量，以及检测氡等有害放射源。

增强现实让人们拥有了透视眼。

这些增强现实设备会使人的感知能力得到空前的增强，感觉自己就像个超级英雄。让人们前所未有的强大，把人们从暴力和恐惧中解放出来。

人们会在不知不觉中使用增强现实，它会变得无形而普适，正如有些人长期以来所指出的那样：

技术在无形的时候也能起到作用。

随着新思路和新技能的不断涌现，关于增强现实的书籍还会继续编写和出版，其研究工作也在不断推进。目前还没有完全实现这项技术吗？是的，暂时还没有。但是，现在我们已经可以从增强现实中获益了。

1.3 增强现实的潜在危险

爱立信消费者实验室（Ericsson Consumer Lab）已经开展了超过20年的消费者调查，用来研究人们的行为和价值观，特别是对信息和通信技术（Information and Communication Technology，ICT）产品及服务的接受态度和思维方式，并依此对市场趋势和消费行为提供独特的见解。该实验室有针对消费者的例行研究项目，每年对40多个国家的10万人进行采访——这些统计数据基本代表了11亿人的观点。

2016年10月，爱立信消费者实验室进行了一项调查，并利用这些调查数据发布了名为《2017年十大热门消费趋势》的报告[6]。在这项调查研究中，发现有五分之三的智能手机用户认为手机让他们更安全，但正因为如此，这些人认为携带手机也可能让自己冒更大的风险。

如今，人们无论去哪里都带着手机。如果迷路了，可以打电话、发短信、上网查询或使用GPS导航——所有这些都是在手机上进行的。例如，一半以上的智能手机用户已经会用手机来进行紧急报警、位置追踪或消息通知了。此外，大约还有五分之三的人的手机里保存了应急联系人。但是，假如在寻找目的地时手机丢了怎么办？或者在小镇的偏远地区发生了意外，而手机恰好没有电了怎么办？在很多方面，智能手机的基本功能可以让你更安全——在接受调查的五个主要城市中，大约五分之二的受访者同意这个观点。但与之矛盾的是：有五分之三的人说这样要冒更大的风险，因为他们更依赖手机来保证自己的安全。

当消费者变得逐渐依赖增强现实眼镜时，过度自信所导致的风险也可能增加。

事实上，超过一半的高级互联网用户喜欢使用增强现实眼镜来照亮黑暗的周边环境，其目的是为了使潜在障碍物（危险）或正在接近的人变得更明显，这种做法符合人类做事的常识。但也有超过三分之一的人希望删掉他们周围那些令人不适的元素，比如涂鸦、垃圾、甚至是衣衫褴褛的人，而想通过添加小鸟、花朵这样的事物，或者模仿他们最喜欢的电影和电视节目的样子，来改变周围的环境。

至少有相当多的人想抹去街道上的各种标志、无趣的橱窗和广告牌。一方面，这对那些试图通过广告来捕捉消费者注意力的品牌商品来说，可能是一场噩梦（因为它们可能会永远地从消费者视野中消失）；另一方面，这也可能会产生一种潜在的风险，即增强现实眼镜的佩戴者可能对城市中的危险变得无动于衷和无精打采——因为对他们来说，看不到这些信息就已经失去了这种"街头智慧"。

消费者想利用增强现实眼镜，把世界改变成在某种程度上反映自己情绪的东西。大约有五分之二的人想通过增强现实，改变他们周围环境的样子，甚至改变别人在自己眼中的形象。

相当多的人希望拥有一款自己的增强现实眼镜，能用来找到并捡起数字游戏中的物品，就像 *Pokémon GO*（《口袋妖怪 Go》）这样的增强现实游戏一样，这很可能不是唯一一款融入人们现实生活的游戏，它能让人看起来像外星人、像精灵，甚至变成他们最喜欢的电影中的角色。

随着增强现实眼镜的日益流行和逐步普及，人们不得不学习如何使用它们，就像当初学习如何使用（或不使用）智能手机一样。

1.4　增强现实所需技术

一个公司想要设计、构建、制造、加工增强现实系统和设备，或者为其提供技术支撑，必须拥有人数众多并且专业的专家队伍，包括：工程师、科学家、技术人员、医生、数学家和管理人员等。他们必须理解并知道如何整合下列技术：

- 音频技术
- 摄像技术
- 显示技术
- 人机工程学和用户界面
- 几何学和三角数学
- 图像处理技术和过程
- 制造工程
- 光学和验光
- 生理学
- 定位、追踪和定位方法
- 电源管理
- 处理器（CPU、GPU、DSP、FPGA 和其他特殊用途处理单元）和存储器
- 半导体技术
- 软件工程、操作系统、API（应用程序开发接口）、驱动程序、计算机图形学、游戏引擎

很多增强现实设备供应商都谈到过，整合上述技术是他们做过的最困难的事情。

这很难具体解释原因，因为它涉及很多方面。尽管如此，本书的其余部分还是试图做到这一点。读完这本书，你虽然无法设计一个完整的增强现实系统，但至少能知道它们是如何工作的，它们能做什么，不能做什么，以及为什么人们都迫不及待地想要拥有一套自己的增强现实系统。

1.5　增强现实呈现方法

从视觉角度，增强现实呈现的方法有如下 3 种。

光学穿透（Visual see-through）。这是创建增强现实视图的主要方法。Sutherland在20世纪60年代早期设计并开发了一种透镜（就像眼镜或头盔的面板），它可以使用户对现实世界的感知不被改变（或限制），并通过透视显示器、镜子、透镜或微型投影仪，将信息或图形以叠加的方式进行增强显示。

光学穿透式增强现实显示系统有以下几种类别：

- 隐形眼镜
- 头盔
- 平视显示器（HUD）
- 智能眼镜
  - 集成方式的
  - 在室外阳光或使用安全镜的场景下作为附加显示组件的
- 定制系统或其他类型

这种类型的光学穿透式增强现实系统将在2.1节中进一步讨论。

遮挡视图（Obstructed view）。用户戴着头戴式显示器（Head-Mounted Display，HMD）挡住了真实世界，HMD从前置摄像头获得真实世界的实时视图。这是最接近于混合现实的，通常也被称为视频透视（video see-through），因为增强的信息或图形被叠加或混合到视频图像中，一同呈现给用户。这种技术限制了用户的视野，如果只使用了一个摄像头采集图像，用户视野就会被限制为平面的二维视图（没有双目立体视差）。

投射增强现实（Projected augmented reality）。这种方法将信息或图形进行增强现实叠加，再通过眼镜等设备或HMD投射到现实世界中或某些物体上，从而产生投影显示。

这三种技术可以应用于有不同距离需求的观众：头戴式、手持式和空间式。

视觉感知是信息理解、信息传递和信息存储的关键。美国教育家Edgar Dale（1900—1985）提出了"体验金字塔"（Cone of Experience）的概念：通常情况下，人能够记住所读内容的10%，所看到和听到内容的50%（见图1.2）。

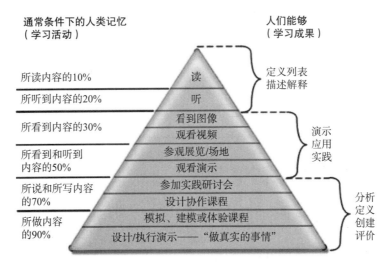

图1.2　Edgar Dale提出的"体验金字塔"不包含这里列出的百分比，这些比例与对信息体验的抽象/具体程度，以及多感官的运用程度有关（来源：Jeffrey Anderson）

　　Dale 的"体验金字塔"旨在为各种视听媒体提供一种具体的直观模型，但却遭到了广泛的误解。它通常被称为"学习金字塔"，其目的是想告诉人们在其所接触媒体资料的基础上记住了多少信息。然而，Dale 并没有写出具体的数值，也没有把他的金字塔观点建立在科学研究的基础之上，他还告诫读者不要把这个金字塔看得太较真 [7]。其实，这些数值最早起源于 1967 年，移动石油公司的一个员工 D. G. Treichler 在名为 *Film and Audio-Visual Communications*（《电影与视听传播》）的音频杂志上发表了一篇非学术性的文章。

　　然而，抛开学术和迂腐的观点不谈，通过眼睛获取大部分信息，这一点已经被广泛接受（即使没有被完全理解或量化），增强现实设备提高了眼睛接收信息的水平。当他们不断学习并获得实践经验时，这些信息就变成了知识和智慧。

1.6　对现实的多种表述方式

　　沉浸式现实（Immersive Reality）是一个多学科交叉、多标签集成、多技术融合的集合，它包括很多项技术、应用和场景。Reality 有很多标签或者称谓（见表 1.1），下面给出了对其的各种表述方式。

表 1.1　对于现实（Reality）有许多种表述方式

Alternate：可替代的	Interactive：交互的	Spatial-augmented：空间增强
Another：另一个	Magic：魔法、神奇	Super vision：超视觉
Artificial：人工的	Mediated：介导、媒介	Synthetic：合成的
Augmented：增强的	Merged：融合的	Trans：横贯、转移
Blended：混合	Mirrored：镜像的	Vicarious：替代他人的，间接体验的
Cognitive：认知的	Mixed：混合的	Virtual augmented reality：虚拟增强现实
Digital：数字的	Modulated：调制的	
Digitally mediated：数字媒介的	Perceptive：感知的	Virtual Environment：虚拟环境
Dimensional：多维度的	Projected：投射的	Visual：视觉的
Diminished：减小的	Previsualization：预览	Window-on-the-world：世界之窗
Extended：扩展的	Spatial augmented reality（SAR）：空间增强现实	
External：外部的、外观的	Second：第二的、次要的	
False：假的	Simulated：仿真的	
Hybrid：混合的		
Immersive（Tactical, Strategic, Narrative, and Spatial）：沉浸式（战术的、战略的、叙述性的和空间的）		

1.7　增强现实在虚拟实境中的地位

　　有许多技术的名称、术语和功能在含义上看似相互矛盾，因此，将它们分类并进行标记将有助于沟通和交流，并在此过程中采取分步骤的方式构建分类和给出定义。

　　虚拟实境（Metaverse）是面向集体应用的虚拟共享空间，由虚拟增强的物理现实和物理持久的虚拟空间聚合而成，是两者的有机融合，同时允许用户以任意一种方式体验它。这个词来自 Neal Stephenson（1959—）在1992年出版的科幻小说 *Snow Crash*（《雪崩》）[8]。在这部小说中，人类作为化身，在以现实世界为原型所产生的三维虚拟空间中，彼此之间以及与软件媒介之间进行交互。

业界、投资者、政府部门和消费者都已经意识到，增强现实、虚拟现实和混合现实头戴式显示器确实有其独特之处，但同样也有许多人在怀疑，它们是否真的能在日常生活中起到作用。这些怀疑意味着，这些技术还远没有达到完全实用的目标，但目前人们应该比以往任何时候都更接近这个目标。

人们与周围设备进行交互的方式已经得到不断优化。计算机技术的每次进步都需要一种新的输入方式：从键盘、鼠标再到触摸屏。然而，下一代设备所使用的控制方法选择是非常有限的，比如头、手和声音，这些都是从之前几代设备中继承、延续下来的。这些常规交互手段也必须得到进化，增强现实系统将打破这些传统范式，并引入新的自然用户界面，如语音和眼动跟踪，从而摒弃早期从触摸屏及虚拟现实手势借鉴而来的交互方法。例如，眼动跟踪技术的支持者说，这种交互手段能够通过眼睛将人的意图转化为实际行动。

1.7.1 翻译并认知世界

人类的视觉和大部分思维都是基于三维的。可以想象某个物体的背面信息，并根据它在环境中的位置来把握它的尺寸大小，这就是通过立体视觉进行世界认知的优点之一。

然而，人们同样必须学会理解和认知三维物体在二维平面上的投影信息，用图纸、地图和人物插图的形式将其形象地表现出来。

纸上、显示器上或智能手机屏幕上的文字和平面插图往往在认知上是受限制的、具有挑战性的，而且常常令人感到困惑，有时甚至很难快速理解。这是因为，它们必须首先被简化，来适应这种平面媒介，而且常常使人的大脑难以处理和理解，甚至无法转化为必要的三维空间行动。

转换二维空间信息确实要求大脑高效工作，例如试图从一个维度变换到另一个维度，并来回切换，直到完全理解二维空间中的三维信息——当然，有时甚至永远无法理解。

如果存在一系列二维图像，你需要记住它们的顺序来完成某项任务。很有可能你无法迅速做到，因为你将不得不重复这些步骤来刷新记忆。

增强现实系统通过提供三维信息的叠加并正确地与真实环境对齐（aligned）①，来克服人类在认知维度上的挑战。Metavision 和 Accenture 在2016年进行了一项调查，并将其发表在2016年的混合现实与增强现实国际研讨会（ISMAR）上，其主题名为"什么更有效：二维还是三维指令？"[9]。

这些技术使得我们能够创造一个基于知识的增强现实系统，可以用来解释如何有效地执行三维空间操作任务，如家具组装或设备维修等。

2006年，前电信高管、科技作家 Tomi Ahonen（1943—）列出了7种用于大众传媒的工具或体验方式（见表1.2）。

---

① aligned 在增强现实中翻译为"对齐"，是指虚拟对象与真实世界保持正确的几何透视关系，就好像真的放在真实世界中一样。——译者注

表1.2　七种大众传媒工具

1. 印刷品（书籍、小册子、报纸、杂志等）从15世纪后期开始
2. 录音制品（唱片、磁带、录影带、胶卷、CD、DVD）从19世纪末开始
3. 电影从1900年开始
4. 广播从1910年开始
5. 电视从1950年开始
6. 互联网从1990年开始
7. 移动电话从2000年开始

Layer的创始人Raimo van der Klein预测，下一个大众媒体将是增强现实（见6.1.3.1节）。

1.7.2　消费者与工业、军事和科学领域

增强现实已经从室内科研试验环境发展到军事和工业领域应用。军事、工业和科学领域的用户对其有非常具体、明确和迫切的需求，并做好了对预期成果适当妥协的准备，可以容忍早期不成熟系统在舒适性和性能等方面的诸多限制。在这本书的后续章节中，将从军事、工业和科学/医学领域中，选择几个典型案例进行详细介绍。当然，这些案例并非能覆盖增强现实的全部应用领域。

面向消费者的增强现实应用也同样占有非常重要的地位，但由于价格、应用程序和外观/舒适度等方面的原因，与真正达到实用并推广相比还有较大差距。此外，大多数消费者对增强现实并不十分了解，当然这种情况正在迅速改变。一旦人们对增强现实的广泛应用前景有了更清晰的认识，其兴趣和热情将会激增。

然而，在所有针对广大消费者的调查中都提到，增强现实眼镜必须很轻便并且看起来应该很"正常"，尤其是对于那些平时不戴眼镜的人更应该如此。几乎每个人都戴过太阳镜，这已经成为大多数消费者脑海中关于增强现实眼镜的理想参照物，特别是当他们准备在日常生活中长时间佩戴和使用的情况下，更是如此。当然，智能手机和车载平视显示器则属于另外一种应用模式。

通过玩像《口袋妖怪Go》这种类型的增强现实游戏，消费者们很快就会推测出，在其他一些可类比的情况下也可以使用增强现实，例如商场购物、健身和健康监控、获取博物馆和旅游景点信息、视频通话和社交媒体交流、教育和培训、合作和虚拟协助，以及用提词器来提示名字，等等。让网络和你的手机随时随地都能互相看到并实现互动，这个想法真正提升了消费者的想象空间。

1.7.3　隐含在电影中的未来预测

科幻小说一直被认为是未来技术的预言者。艺术家、作家和科学家在小说中提出了这些概念，想象力非常丰富、推断非常超前并且如此具有先见之明，但主要问题是他们在写作的时候，还缺乏相关技术来实现这样的设备、环境以及这种超前的想法。

有两张长期以来非常引人注意的剧照，分别是 *Star Trek*（《星际迷航》）里的全息甲板（1974），以及 Philip K. Dick 在1977年提出的关于 *The Matrix*（《黑客帝国》）的概念和场

景[10~12]（1999）①。在应用增强现实的例子中，该流派的爱好者们经常查阅 *Minority Report*（《少数派报告》）（2002）[13]，John Carpenter（1948—）的 *They Live*（《他们生活》）（1988），以及其他几部相关作品[14]。有意思的是,《少数派报告》其实是基于 Philip K. Dick 的书改编而成的[15]。1984年的电影 *The Terminator*（《终结者》）由 James Cameron（1954—）编剧和导演，其内容主要是描绘了一个戴有增强现实眼镜的未来机器人形象（见图1.3）。

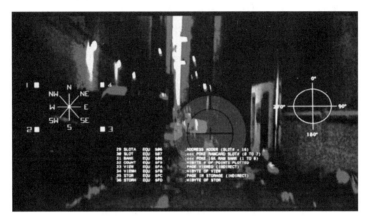

图1.3 《终结者》中的增强现实眼镜可以评估当前状况并
为具体行动提供支持（来源：Orion Pictures公司）

根据 Ori Inbar（1965—）在户外游戏（Games Alfresco）中的说法[16]，增强现实技术在电影中的使用可以追溯到1907年法国魔术师和电影制作人 George Melies（1861—1938）创作的 *Hilarious Posters*（《滑稽的海报》），海报中的人物栩栩如生地出现在了银幕上[17]。

增强现实是虚拟实境的一部分。Paul Mileram（1938—）和 Fumio Kishino 在1994年将增强现实定义为虚拟现实（完全合成的）和远程呈现（完全真实的）之间连续统一体的中间领域（见图1.4）[18]。

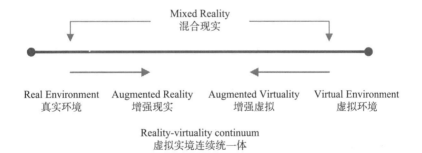

图1.4 虚拟实境连续统一体的简化表示（来源：Milgram 1994）

远程呈现（Telepresence）是一种"临场感"的体验，通常以远程控制和显示设备的形式实现，沉浸在计算机生成的仿真环境中，称为"虚拟临场"（Virtual Presence）。你可能见过这种装置的例子：将计算机屏幕放在与眼睛高度相当的支架上，其底部是一个电动平台。

---

① Philip K. Dick 早在1977年就提出了"*The Matrix*"这个概念，认为我们都生活在"计算机编程所实现的现实世界"中，最终由华纳兄弟在1999年推出了这部动作、科幻影片《黑客帝国》。

Steve Mann（1962—）进一步发展了这个概念，并基于这样一个事实增加了介导现实（Mediated Reality）的概念，即无论做什么，技术都会以某种方式改变世界，而不仅仅是简单地增加（增强）它。有时这种对现实的修改是有意为之（例如，Mann 提出的用于焊接的增强现实头盔，可以在光线过强的地方使屏幕上显示的图像变暗），而有时则是偶然的（例如，智能手机在使用增强现实应用程序时改变人们对现实世界的观察结果）。介导现实可以发生在任何地方，人们对世界的感知是由所穿戴的装置（介导）修改的，即增强现实眼镜[19, 20]。而摄像头既用于扭曲（改变）视觉输入（介导现实），也用于感知用户的图形叠加世界（见图1.5）。

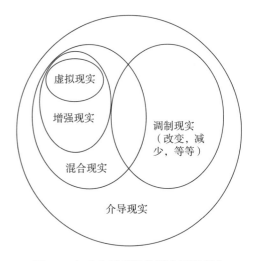

图1.5　包含介导现实的混合现实概念

通过使用这种增强装置可以实现对人体感知能力的人工修改，例如，可以有意增加、减少或改变佩戴者对感官信息的输入（见图1.6）。

初始原点 R 表示未修改的现实，x 轴表示虚拟轴，它是现实增强的图形（增强现实）和虚拟增强的图形（增强虚拟）的连续统一体。此外，该分类法还包括对现实、虚拟或两者任意组合的修改。

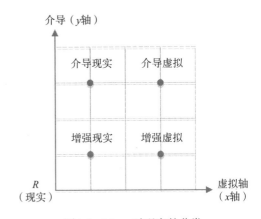

图1.6　Mann 对现实的分类

y 轴是过渡性连续统一体，它包括减少现实（Diminished Reality）、通常意义上的混合现实等概念。它不仅包含了虚拟到现实的连续统一体（混合体），而且还包含了附加效应，例如减少现实（有时是有意的）所带来的调制效应。

Mann 将这个概念扩展到了增强现实设备，这种设备可以屏蔽广告，或者用自己认为有用的信息代替真实世界中的广告[21]。

增强现实将完全真实的东西与模拟或合成的东西混合在一起，实时并持续地向你提供大量及时信息，如前文所述，这是人们长期以来的共同梦想。但是，这种方式也可能演变成"当心你想要看的东西"，如果你在一个场景中有太多的标签，或充斥太多的虚拟对象，它会变得非常混乱以至于难以理解。

2015年，动画师、未来学家松田圭一（1984—）制作了一段视频，描绘了人们可能面对的超现实世界的场景（见图1.7）[22]。

松田的设想既有趣又可怕。毫无疑问，随着这个新兴行业的发展，相应的道德标准和行业守则会应运而生，并将会逐步被监管机构和隐私组织所接受。增强现实智能眼镜的用户是否可以选择屏蔽这类信息呢？

图1.7　松田圭一用智能手机玩游戏时忙碌的景象，收到提醒，被
铺天盖地的广告所淹没，再接电话（来源：松田圭一）

另一部类似的短片是 *Sight*（《视野》），其内容是用隐形眼镜创造了一个增强现实场景。

佩戴增强现实眼镜存在这样一个问题：尽管它并不引人注目，但很可能会分散你对谈话对象的注意力。可以想象这样一个场景，同你说话的另一个人，可能是你的上级或警察，因此对方很可能会对你说：“说话的时候请把眼镜摘下来”。如果是警察，摘下眼镜将使你因为无法记录事件经过而处于危险之中，所以现在有了一个新的关于言论自由的问题。

能否研制增强现实隐形眼镜呢？它们能克服传统眼镜的凝视问题，让你在看到数据的同时也能正常地看别人。三星、谷歌和其他公司已经为这类设备申请了专利，设备的供电和连接问题是一项巨大挑战，这也是源自科幻故事里的一个概念，看来用技术实现这种概念似乎只是时间问题。

另外一些情况是，面试官可能要求点击你眼镜上的眼动跟踪系统来观察你是否在撒谎，或者通过你最近的浏览历史来查看你的提问或评论是否正确。

然而，使用增强现实智能眼镜带来的更积极的一面是，人们将不再像现在走路时低头看智能手机那样撞到别人或物体。

松田设想的广告和信息铺天盖地，这可以通过不断训练和加强机器学习来选择性地减少，让你的智能眼镜只传达你想要的信息，不会在你和别人交流时打扰你。

然而，实践确实已经表明，需要逐步加入一些监管措施和道德准则。就像Asimov为机器人行业提出的准则一样，Steve Mann提出了增强现实的道德准则，而John Rousseau提出了混合现实的实施法则。

1.7.4　人类增强的道德准则

在2004年世界超人道主义协会（World Transhumanism Association）第二届年会上，Steve Mann在他的主题演讲中专门介绍了“人类增强的道德准则”。

该准则在IEEE技术与社会国际研讨会上得到了进一步的发展[23]。

当人们越来越普遍地对身体感官和社交能力进行增强，可能会广泛采取那些具有侵入性的感知、计算和通信单元，当人类与这些技术单元“融为一体”之后，就可能迎来了管控上的临界点[24]。这种感官智能增强技术已经发展到足以在坏人手中造成危险的地步，例如可能将其作为公司进一步滥用其权力或不公正地使用它的一种方式。因此，Mann花了数年时间研究并制定了一套关于人类增强的道德准则，并且形成了三条基本的"定律"。

这三条"定律"代表了一种哲学理想，就像物理定律，或者像Asimov的机器人定律一样，而不是一种强制性的（法律）范式。

1. 基本的知情权

   无论是在现实世界还是虚拟世界中，人类都有知道自己何时以及如何被监视、监控或感知的基本权利。

2. 平等/公平/正义

   （a）人类必须不被禁止（或阻止）监测或感知正在监测或感知他们的人、系统或实体。

   （b）人类必须有权创建属于自己的"数字身份"并表达自己（例如，记录自己的生活，或抵御虚假指控），并且不管在现实世界还是在虚拟世界中，都能够使用关于他们自己的数据。人类有权利用收集到的信息为自己辩护，当然也有责任不伪造这些信息。

3. 权力和责任

   （a）公开/技术审核。除了少数例外，人类有绝对的权利去追踪、核实、检查和理解任何已被记录的关于他们自己的信息，这些信息应被立即提供，延迟提供即被认为是拒绝提供。为了实现第二条定律的公平性要求，人类必须有权获得和使用所收集到的关于他们自己的信息。因此，人们认为主体权利优先于版权[6]，例如照片或录像中的主体享有合理访问和使用这些信息的权利。类似地，增强人类智力的机器也必须遵循同样的道德标准。人们必须承认，以前的等级制度（例如政府执法）仍然需要偶尔进行不对称的监督，这样才能代表人们约束有害或危险的力量。但是，这些机构必须承担一项持续和永久的责任，证明它们的职能和服务足以确保其收集到的信息一旦超过底限/范围，都将被严格保密。需要对这些精英实行问责制（即使是通过可信赖的代理人，也必须强调其重要性），而且应渐趋公开，不受阻碍。

   （b）人类不能设计带有恶意性的机器。所有人类增强技术的开发和利用都应该本着真实、开放、不隐瞒的原则，通过即时反馈提供可理解性（再次强调，延迟反馈就是拒绝反馈）。系统的内部状态也必须做到不遮掩，即系统设计人员应设计出即时反馈机制以确保最小延迟，并采取合理的预防措施，防止用户受到延迟反馈产生的负面影响（如恶心、神经传导通路异常等）。

   （c）应尽可能公开地建立人工智能和增强人类能力的系统，并要支持不同的实施方式，以便不仅能被他人及时发现错误或纠正不良影响，而且还能被其他具有完好性和相互监督能力的人工智能和人本智能所发现。

Metalaw声明准则本身将以一种开放、透明的方式创建和完善，即时使用，即时反馈，而不是秘密地编写。在这种元伦理学（伦理学）精神的指引下，不断发布迭代后的草稿（例如，在Twitter、HACode等社交媒体上公开），邀请社区成员发表意见和建议，甚至让大家都成为这些准则的共同创作者。

1.7.5 混合现实定律

2016年，John Rousseau提出了三条"混合现实定律"[25]，以确保增强现实和虚拟现实技术能够对社会产生积极的影响。

Rousseau说："人类意识的未来是一个混合体。我们将生活和工作在一个计算无处不在的环境中，物理现实和无处不在的虚拟数字层，根据软件逻辑和丰富的上下文数据，无缝地融合在一起，这就是混合现实。"

现在，人们还没有达到这个目标，现实条件下的愿景距离科幻小说所描述的还很远。

Rousseau借鉴Asimov的"机器人定律"[26]提出了三条"混合现实定律"，这三条定律将帮助塑造混合现实的话语权及其未来发展规划，并强调更好的结果。这些定律与个人、社会和经济这三个重大问题领域相一致。

1. 混合现实必须增强集中注意力的能力。
2. 混合现实必须体现一种共同的人类经验。
3. 混合现实必须尊重商业和数据之间的界限。

Rousseau在自己的一篇博客文章中指出，随着混合现实开始占据主导地位，"数据将变得更有价值，更容易被操纵，以服务于其他利益。"

1.7.6 增强现实可以提供帮助和监控手段

在你的智能手机或智能眼镜上，有一个总是处于运行状态的增强现实系统。这个系统包括摄像头、地理位置传感器和运动传感器，增强现实设备可以在你摔倒时启动应急呼救、记录摔倒过程，并且可以在救援到来时提供这些保存下来的实时信息。

这种增强现实设备几乎可以让任何东西出现在屏幕上。它可以是游戏中的怪物，或者是你晚餐约会的方向。方向可以是一张地图，也可以是由亮黄色箭头组成的明确方位指示。你可以在家中购物，看看你所感兴趣的某件家具放在你客厅里是什么样子的，还可以在它的周围走动，看看它在晚上或白天时的样子。人们现在都成为行业专家了，没有经过任何专业培训，就可以修理或安装家用电器，修理或保养汽车，增强现实设备提供互动式指导，明确指出哪些零件需要更换，如果你做错了，系统还会及时提醒你。那些提供云服务或设备的公司可以从每次交互（交易）中获利：它不仅从出售硬件和软件的商家那里获利，还可以从设备或云服务提供商所收集、分析和转售的数据流中获利。

人类都将可能成为"大哥"。

增强现实技术将成为一种辅助工具，或者是显示器，或者是告密者，然而遗憾的是，它也可能成为间谍。在未来的几十年内，人类和政府将讨论和研究如何减轻、限制和管理这些信息流。因为不仅"大哥"会看护人类，人类本身也可能会成为"大哥"①。

---

① 这里的"大哥"是指控制人们思想或行为的虚伪领导者，带有贬义。——译者注

1.7.7　游戏中的增强现实

增强现实技术立足于实际应用，但也可以跨越到娱乐领域。在流行（有时是激烈对抗类型）的第一人称射击（First Person Shooter，FPS）游戏中，主角（你）经常会通过增强现实平视显示器（HUD）来显示生命支持状态，还包括所携带武器以及附近敌人状况信息等。

Fallout4是2016年至2017年最受欢迎的游戏之一，而且持续时间很长（因为一直在维护升级中）。其讲述的内容是关于后世界末日的故事，背景是世界遭受了一场大规模的核战争，一切都被炸毁了。玩家在手腕上绑着增强现实装置，它能够提供关于玩家健康、位置和目的地、补给以及衣物或武器状况的信息（见图1.8）。

图1.8　第一人称射击游戏Fallout4中的增强现实平视显示界面（来源：Bethesda Softworks公司）

一代又一代的游戏开发人员都有过这种体验，尽管HUD这个术语从20世纪90年代末就开始出现在FPS游戏中，但开始时屏幕底部只有几个提示字符，这是由于当时的技术水平所限。如今，个人计算机和移动设备处理器的功能要强大数千倍，内存容量也比以前大了数百甚至数千倍，这使得显示更强大的平视显示图像和数据的问题变得微不足道。因此，几乎是在潜移默化之中，游戏玩家已经参与增强现实几十年了，并且都认为这是理所当然的。当可以使用舒适的设备时，这几代用户将毫不犹豫地接受增强现实，如果说有什么需要强调的，那就是这些实际情况代表着对这项技术的迫切需求。

1.7.8　听觉增强现实

增强现实通常被认为是一个视觉系统，通过图形方式的信息来增强人们所看到的客观物理世界。然而，人类听觉也可以从增强现实中受益，因为它将提供特殊的位置线索，如果是盲人或有视觉障碍的人，这将会非常有用。

如果以声音方式提供定位辅助，如方向，不仅能帮助视力正常的人，还能帮助视觉能力受限甚至没有视力功能的盲人。对于运动员和从事跑步、骑自行车和滑雪等运动的人来说，实时获取你与目的地之间的距离、速度以及心率等身体机能信息将是非常有用的。

为正常视力或有视力障碍的人提供街道交通标识、信息提示和餐馆菜单的声音翻译等功能，将极大地增强人们的感知能力，并提供更高层次的参与度，提升兴趣探索的欲望并丰富人们的体验。

1.8 相关定义

本节将给出常用的术语定义，以及对理解增强现实至关重要的术语概念。关于更多的术语说明可查阅附录。

1.8.1 什么是增强现实

增强现实和虚拟现实一样，通常以头戴式显示设备的形式提供，二者都面临着便携、可移动性和功耗等共性问题。但是，千万不要把增强现实和虚拟现实搞混。与虚拟现实不同的是，增强现实是将虚拟文本、图像、动画等信息叠加到真实世界上，而非像虚拟现实那样使人完全沉浸在虚拟世界中。

Encyclopedia Britannica（《大英百科全书》）对增强现实的定义如下："增强现实是一种计算机编程技术，一种在图像上叠加或者'增强'有用的、计算机生成的虚拟内容的过程"[27]。

增强现实是一种在真实世界视图上叠加实时信息的方法，叠加的信息可以通过本地处理器和数据源生成，也可以通过远程调用方式生成，并通过声音、视频、位置和方向等信息对现实世界进行增强。与之相比，虚拟现实则是用模拟信息完全取代了现实世界。

增强现实技术的要求比虚拟现实技术的要求高得多，这也是增强现实技术比虚拟现实技术发展滞后且需要更长发展时间的重要原因。然而，自从20世纪60年代 Ivan Sutherland 的开创性工作以来，构建增强现实支持系统所需的关键组件还没有发生过本质变化。在许多增强现实应用中，显示器、跟踪器、图形计算单元和软件仍是必不可少的组成部分。

增强现实系统需要很多种技术，包括光学投影系统、显示器、移动设备（比如平板电脑和智能手机），以及用于佩戴眼镜或头盔的显示系统。因此，增强现实设备通常又称为可穿戴设备（见图1.9）。

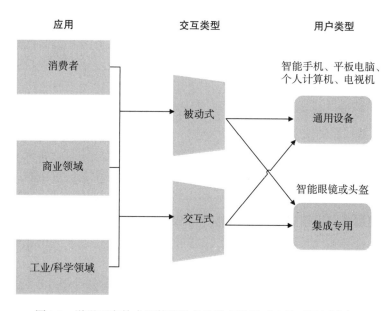

图1.9 增强现实技术所使用的各种设备以及对应的不同领域应用

增强现实设备（眼镜、头盔、HUD等）所采用的技术包括：

- 用于驱动显示的GPU
- 用来生成图像的显示器或投影设备
  - 将图像呈现到人的视野中的光路设计
- 传感器
  - 前视传感器，用于感知你正在观看的世界（如摄像头等）
  - 定位定姿传感器，用于感知设备在三维真实世界中的位置和姿态
  - 运动传感器
  - 高度传感器
  - 眼动跟踪传感器，用于跟踪人眼所观察的方向
- 音频系统（麦克风、处理器和扬声器），用于实现交流和通信，以及对现实世界的感官增强（麦克风可被看成单独的一种传感器）
- 目标识别和分类系统，用于识别人眼所看到的物体是什么（桌子、椅子、地板、墙壁、窗户、眼镜等），从而将虚拟对象增强显示到真实物体的上方或附近（有些系统使用已知标记来识别物体）
- 操作控制系统，通过声音、眼睛、手和身体动作来控制虚拟对象
- 通过无线方式连接到类似于服务器的设备（例如，可以是你的智能手机）

增强现实技术支持各种类型的数字信息，例如视频、照片、游戏等，通过移动或可穿戴设备进行观看时，可以将各种类型的虚拟信息叠加显示在真实世界的物体上。

自上世纪50年代末以来，关于可穿戴计算机或个人计算机新型人机界面的概念就一直在讨论之中，这些概念最早出现在科幻小说中，后来发展成为专门的科学技术。通过微型电子产品、传感器和显示器、始终在线的通信单元，以及现代制造技术，我们周围环境中的家电和可穿戴增强设备将不断改变人类的生活，并使之变得越来越美好。

增强现实技术可以通过预先生成的数据并利用增强现实头盔或眼镜的传感器扫描来获取数据集，从而对周围环境中的物体进行三维建模。可以通过数据集生成大量的三维模型，就有可能在探究物体之间复杂关系的进程中取得重大进展。可视化技术具有形象、直观、易于操控等特点，基于轻便型可穿戴设备（类似于普通太阳镜或矫正眼镜）与大数据集进行结合，在此过程中形成了新的交互应用模式。

增强现实经常与视觉发现（visual discovery）概念联系起来，因此，常被定义为这样一种技术：当用户选择视图中的对象或图像时，它通过向用户展示相关信息内容，来满足用户对周围世界的好奇心。视觉发现需要在人的视野中立即显示初始化信息或交互界面，这些信息可以来自本地存储设备，也可以通过相关链接到网络上按需获取。一些使用人工智能和神经网络的应用程序，会智能地预测用户的请求或需求，这样，使用这些应用该程序的人越来越多，从而使程序也有机会变得越来越智能化。

1.8.2 物联网环境下的增强现实

物联网（Internet of Things，IoT）是一个由相互连接的计算设备、机械和数字机器、对象、动物或人组成的系统，每一个参与元素都具有独特的唯一标识符，具备自主网络传输和接收数据的能力，不受人与人或人与计算机之间的交互所限制。

1.8.2.1 可穿戴设备

可穿戴设备是一种可以收集并向佩戴者传递信息的便携式设备，例如智能手表和位置跟踪器，还包括身上携带的摄像头和个人GPS设备等，具有WiFi或互联网接入功能的可穿戴设备都属于物联网范畴。

智能眼镜和增强现实

智能眼镜和增强现实设备可以连接到网络或WiFi，甚至可通过蓝牙技术连接到另一台设备（这些设备可能连接到网络上），这些都是相互连接的可穿戴设备，因此可穿戴设备也是物联网的子集。

因此，可以将增强现实设备描述为物联网设备，或可连接网络的增强现实可穿戴设备，实际上它最初被Steve Mann和Jaron Lanier这些20世纪80年代的早期技术先驱者称为可穿戴计算机，直到1990年才被波音公司的Thoma P. Caudell和David Mizella贴上增强现实的标签。

1.8.2.2 增强现实应用

增强现实设备将信息增强叠加显示在你的周围环境的视图上，与智能手机等设备提供的周围环境、位置、目的地等相关信息是完全不同的。你的手机向你提供位置、目的地、想去和将要去地点的方向信息，但是这些都不是增强现实信息，这只是一个复杂的二维地图。当然，手机为了扩大地图的信息容量，也可以将名胜古迹和其他信息展示在地图上，并且手机可以定位你的当前位置，推送目的地信息，并且随着位置变化而使推送内容发生变化。

1.8.3 增强现实的类型

混合现实、增强现实和认知现实这三种技术之间，看起来虽然只是名称有区别，但掌握其本质差异对在这个领域进行研究的人来说是极为重要的[1]。从广义上讲，增强现实技术可以将从源数据、视频、游戏、三维模型或本地捕获信息中得到的数据叠加到现实世界中；混合现实技术会使人们对世界以及事物的位置信息有更明确的认识；认知现实技术则能通过人工智能、深度学习、神经网络等进行过程分析。

1.8.3.1 混合现实

虚拟现实或模拟世界中的混合现实（Mixed reality，MR），是指将虚拟环境与现实环境相互融合或叠加，并且两者可以共存，有时人们也称之为"合成现实"（Hybrid reality）。

在混合现实中，用户可以同时无缝地浏览真实世界和虚拟环境中的定位导航信息。虚拟对象可以在真实空间中被精确定位出来：如果一个人向某个虚拟物体移动，它看上去就会变

---

[1] 在当前学术研究领域，增强现实和混合现实经常被混用，从目前的概念来看，二者并无根本区别。——译者注

大，反之亦然；当一个人在它周围移动时，虚拟物体可以从不同的角度被看到——就像观察真实物体一样，有些人将这种体验描述成全息物体观看体验。

用户可以通过混合现实来操纵虚拟对象，也可以通过概念中的场景同虚拟对象进行交互，就好像发生在用户面前一样。

和增强现实一样，混合现实也采用了多种技术（见1.8.1节）。要构建一个混合现实系统，你必须使用增强现实智能眼镜或者头戴式显示器（或者HUD），用相机视图替换开放的现实世界视图，因为显示器屏幕（通常指智能手机）会遮挡你的部分视野。当然，为了避免出现好像"通过硬纸板管子看东西"的感觉，你需要尽量扩大设备相机的视场角，因此有些开发人员还在智能手机的高分辨率前置摄像头前，添加了一个鱼眼镜头，以增大视野空间内容。

有关混合现实技术的一些应用实例有：微软公司的 HoloLens、Magic Leap、Occipital，以及佳能公司的 MREAL 系统。一些人认为 HoloLens 属于增强现实的范畴，而微软坚持认为 HoloLens 应该属于混合现实的范畴，这可能只是为了营销和产品差异化的原因。

另一种混合现实形式是 CastAR 采用的投影式增强现实方法，CastAR 将一幅带偏光镜片的三维快门眼镜与前置头戴式720P微型投影仪相结合，投影仪把三维图像投射到观测者周围的环境中。

这个系统创造了一个类似于全息投影的图像，在该公司称之为"投射现实"的场景中，每个观众观测到的内容都是独一无二的。在投影仪之间放置一个微型摄像头，用于扫描放置在特殊反光表面上的红外标识；图像从反光表面再反射进入佩戴者的视野中。

这种方法使观众的眼睛自然聚焦（不会感到眼睛疲劳或近视），它允许多人同时看到物体的表面。这款眼镜有一个摄像头传感器，可以跟踪物理世界中的LED红外发光点数据（又称为点云，Point Cloud）。

在反射表面之下有一个射频识别（RFID）标签，任何带有 RFID 标签的物体都可以在表面上以厘米级别的精度进行跟踪，并可以唯一识别。

1.8.4　虚拟现实与增强现实的区别

虽然虚拟现实和增强现实这两个术语经常被混用。但它们所指代的并不是同一种技术。而且，它们之间并不是包含与被包含的关系，名称上唯一的共同点是"现实"这个术语。但是，二者确实共享一些底层技术，但最终给用户提供的体验却截然不同。

虚拟现实将你带入一个完全独立的（虚拟的）计算机世界，通常只有 3 DOF。而增强现实技术则会为你提供分布在你周围物理世界的额外的视觉信息，且拥有 6 DOF。

从图形学角度来看，增强现实技术在功能上与虚拟现实技术类似，它们的主要区别在于增强现实内容显示在透明的屏幕上，让佩戴者既能看到实际场景的视图，又能看到计算机渲染的叠加层。因此，硬件中图形的显示和软件工具是类似的，然而增强现实在光学跟踪方面有额外的要求，这使得做好这项工作变得更加困难。如上所述，增强现实技术将计算机生成的数据和对象叠加在用户所见的真实世界中，而虚拟现实则创造了一个纯虚拟的环境，完全遮蔽了现实世界。

虚拟现实让你完全脱离现实，而增强现实增强了你对现实的体验。

虚拟现实和增强现实都被广泛应用于培训、教育和娱乐等领域，但增强现实可以让你看到叠加在物体、图表和仪器上的数据。通过这项技术，可以在维修保养时查看叠加在设备上的图表或说明书，或者在现有墙壁和房间布局的基础上调整厨房的位置。大多数人认为在现有瓶颈性技术问题得到解决之后，这项技术将获得更大的市场份额。

在增强现实中，计算机使用位置、运动和方向传感器以及算法来确定摄像头的位置和姿态。增强现实技术通过摄像头的视角以三维图像的形式呈现，将计算机生成的图像叠加到用户眼中的现实世界物理视图之上。如上所述，增强现实可以通过智能手机、头盔、平板电脑、个人计算机或眼镜来实现。而虚拟现实只能通过头戴式显示器来实现，并且不提供任何现实世界的视图。在这种前提下，头戴式显示器所显示的内容就和谷歌公司早期推出的简陋纸板眼镜一样。

因为佩戴增强现实头盔的人可以看到真实的物体，所以跟踪和定位信息就会显得更为关键。假设观测者在增强现实中观察一张桌子的情况，如果跟踪定位技术不能很好地实现，将看到一个（虚拟的）花瓶在桌子上移动（漂移），或者在桌子上晃动，从而破坏本应是静止状态的观察效果。当你走近这张桌子时，期望视野中所有的事物都应该依据透视关系、缩放比例和角度变化互相匹配，就好像由计算机生成的虚拟对象实际地放在真实物体之上。这需要四个要素：平滑的跟踪，了解真实物体的位置，与环境光照快速适应，并且需要快速精准的虚拟图像生成。否则，光学畸变映射、渲染对象和计算机成像的位置属性这三项基础技术对虚拟现实和增强现实而言就没有了功能上的区别。

光学问题的解决方案对虚拟和真实场景融合的成功至关重要。如果眼睛专注于虚拟屏幕图像，那么再看 4 m 外的物体，就会有一个匹配错误的焦点（焦平面），这将使用户体验变差。这个问题希望通过光场显示（light field display）技术的改进来得到解决，使其能真正匹配物体表面的实际焦距。

虽然大多数人还没有足够的理由从技术上来解释，为什么很多增强现实解决方案在实践中难以真正起到作用，但是，他们能够在几秒钟内判断这项技术是不是对他们有效。

增强现实和虚拟现实还有另外一个主要区别——焦距。在虚拟现实应用中，基本上不存在焦距问题；而在增强现实应用中，它是至关重要的。

此外，关于增强现实和虚拟现实的另一个区别是——在增强现实中你总是可以看到你自己的手、脚和身体的其他部分（虚拟现实中则不然）。虽然显示的可能并不完全，但人们不会因此而诟病增强现实。

评论人士认为[28, 29]，虚拟现实最令人激动的是，它是增强现实的奠基石——它们共同带来了真正的革命性技术。

1.8.4.1　双模态（Dual Modality）

一些供应商和业内观察家们建议使用双模态头戴式显示器，这样它既可以应用增强现实技术，又可以应用虚拟现实技术。

你最可能接触到的双模态设备就是带有相机的虚拟现实头戴式显示器，但因为这种设计阻碍了你对周边视野的感知，所以它是失败的。

虚拟天文馆是一种（被动式）的虚拟现实体验，洞穴式自动虚拟环境（Cave Automatic Virtual Environment, CAVE）是一种交互式的虚拟现实体验。可以明确地告诉观测者和用户，虚拟现实头戴式显示器实际上就是你观看到的洞穴式自动虚拟环境。

那些精心设计的模拟器是一种虚拟现实体验，并且具有交互性。

iMAX类似于被动式的虚拟现实体验。

这些都是有关沉浸感和存在感的。

对于360度视频（360 video）来说，它确实是一种虚拟现实应用体验，不同的是内容的类型。360 video是被动的，而游戏则是互动的。如果你在一个完全遮蔽的视觉环境里进行交互体验，这就是虚拟现实。

1.8.5　增强现实比虚拟现实更受欢迎

2016年末，高通公司（Qualcomm）以美国和中国的重要客户为对象开展了一项消费者调研，其目的是评估他们对于增强现实和虚拟现实的态度和认知。大多数被调研对象认为：增强现实应该是面向实际应用的，并且可以同时感受到虚拟与现实之间交互带给人的乐趣。

一般来说，消费者对增强现实的认知程度较低（虚拟现实则不同）。然而，增强现实通常被认为是一项很酷的技术，并且其最初的理念和核心价值就在于真正地服务于日常生活和工作学习。

一旦调研对象被告知应用的技术是增强现实，他们就会感到眼前一亮，他们评论增强现实"具有无限可能性"，其应用价值在很多领域都能得到很好的体现。而且，其功能多样，也会让人感觉是"无限的"。一旦人们对增强现实的广泛应用有了更清晰的理解和认识，他们的兴趣和兴奋感就会得到增强。

在中国的调查对象中，增强现实被认为是一种三维的百度，可以减少搜索中对目标对象相关信息的需求。

调查显示，主流用户更喜欢增强现实，并将其视为学习虚拟现实的入门。

因为调研对象将增强现实和虚拟现实看成一个实物，所以他们通常会把增强现实和虚拟现实联想到某个具体的设备，通常是眼镜。

然而，这种眼镜必须很轻，要看起来很"普通"，尤其是对那些原本不戴眼镜的人。

1.9　总结

增强现实技术将彻底颠覆教育领域的现状，包括从体育训练到补习教育的模式。不久的将来，在汽车、公共汽车和摩托车头盔上的平视显示器（HUD）将会很常见，当没有这种显示器的时候可能会让人感觉很不舒服，最初的预想是这些设备应具备先于快速反应者看到并预测障碍物的能力。娱乐领域也将因此进化到令人兴奋的，并使人沉浸享受的惊人的新高度；实时可视化翻译将被用于日常生活中；游戏将遍及世界各地；军事战场上的行动将更加致命和高效；外科医生可以进行远程手术和诊断；人们也能够在足不出户的前提下通过这项技术身临其境般地参观博物馆，预览体验未来的新家，以及欣赏那些令人心驰神往的旅游景点。

参考文献

1. *The Minority Report*, originally published in "Fantastic Universe," (1956).

2. http://www.smithsonianmag.com/history-archaeology/A-Brief-History-of-the-Teleprompter-175411341.html

3. *Wearable Computing and the Veillance Contract:* Steve Mann at TEDxToronto. https://www.youtube.com/watch?v=z82Zavh-NhI

4. http://www.augmentedreality.org/smart-glasses-report

5. http://www.gartner.com/newsroom/id/2618415

6. https://www.ericsson.com/assets/local/networked-society/consumerlab/reports/ten-hot-consumer-trends-2017-ericsson-consumerlab.pdf

7. Lawrence, W. K. (2015, January 1). *Learning and personality: The experience of introverted reflective learners in a world of extroverts.* Newcastle upon Tyne: Cambridge Scholars Publishing. ISBN 9781443878074.

8. Stephenson, N. (1992, June). *Snow crash.* New York: Bantam Books.

9. https://blog.metavision.com/how-neuroscience-based-ar-can-improve-workplace-performance

10. http://www.startrek.com/database_article/star-trek-the-animated-series-synopsis

11. https://en.wikipedia.org/wiki/The_Matrix

12. http://www.openculture.com/2014/02/philip-k-dick-theorizes-the-matrix-in-1977-declares-that-we-live-in-a-computer-programmed-reality.html

13. https://en.wikipedia.org/wiki/Minority_Report_%28film%29

14. https://en.wikipedia.org/wiki/They_Live

15. https://en.wikipedia.org/wiki/Philip_K._Dick

16. https://gamesalfresco.com/about/

17. https://gamesalfresco.com/2008/12/04/9-movies-that-will-inspire-your-next-augmented-reality-experience/

18. Milgram, P. Takemura, H., Utsumi, A., Kishino, F. (1994). "*Augmented reality: A class of displays on the reality-virtuality continuum*" *(pdf).* Proceedings of Telemanipulator and Telepresence Technologies (pp. 2351–34).

19. Mann, S. (1999, March). Mediated reality: university of Toronto RWM project. *Linux Journal*, 59.

20. Mann, S. (1994). *Mediated reality* (Technical Report 260). Cambridge, MA: MIT Media Lab, Perceptual Computing Group.

21. Mann, S., & Fung, J. (2001, March 14–15). *Videoorbits on EyeTap devices for deliberately diminished reality or altering the visual perception of rigid planar patches of a real world scene.* Proceedings of the Second IEEE International Symposium on Mixed Reality (pp. 48–55).

22. https://vimeo.com/166807261

23. Keynote—Steve Mann: *Code of Ethics: Virtuality, Robotics & Human Augmentation*, (VRTO) Virtual & Augmented Reality World Conference & Expo 2016, Pages 1 and 9–13, http://wearcam.org/vrto/vrto2016.pdf

24. Minsky, Kurzweil, & Mann. (2001 June). *Sensory Singularity.* The Society of Intelligent Veillance, IEEE.

25. https://www.artefactgroup.com/articles/mixed-reality-without-rose-colored-glasses/

26. Asimov, I. (1950). I, *Robot*. New York: Doubleday & Company.

27. Augmented reality in: Encyclopedia Britannica 2010. http://www.britannica.com/technology/augmented-reality [13 May 2016].

28. Landgrebe, M. (2016, October 12). *The future looks bright (and pretty augmented).* Study Breaks Texas State University. http://studybreaks.com/2016/10/12/augmented-reality-isnt-future-stepping-stone/

29. Niu, E. (2016, October 14). *Apple, Inc. Is more interested in augmented reality than virtual reality.* The Motely Fool. http://www.fool.com/investing/2016/10/14/apple-inc-is-more-interested-in-augmented-reality.aspx

第2章 增强现实系统类型

增强现实与虚拟现实最明显的区别是，用户在观看虚拟对象的同时，还能同时看到周围的真实环境。当然，增强现实设备也必须通过感知周围环境而实现虚拟对象与真实环境的"融合"，其中涉及计算机视觉、计算机图形学、光学等众多学科。增强现实是一个多学科交叉、功能强大但体系复杂的技术领域。

增强现实系统有7种类型：隐形眼镜、头盔、平视显示器、头戴式眼镜（也称为智能眼镜，分为集成产品式和附加组件式）、投影仪、专用系统和其他类型的眼镜。当然，还有些自称可以提供增强现实眼镜的公司，但实际上这些公司仅仅在眼镜架中嵌入了摄像头。

2.1 增强现实系统的类型

增强现实最重要的特点之一就是用户在看到虚拟对象的同时，还能看到他周围的真实环境。当然，增强现实设备本身也必须"看到"真实环境，因为其中涉及基于计算机视觉的环境实时感知及三维重建技术，需要首先对周围环境进行位置感知（见图2.1）。

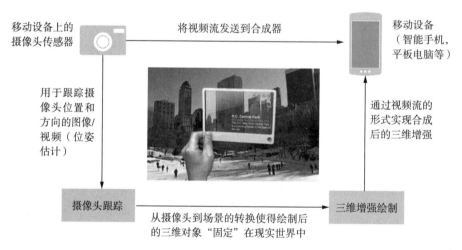

图2.1 基于视觉的增强现实典型应用流程

在增强现实中，摄像头与显示器相结合是一种默认配置。这样的配置提供了基于视觉的回路反馈，能够有效地避免定位和显示过程中带来的回路干扰，同时这也减少了对复杂校准程序的现实需求。

但是，关于显示设备应该是什么或者将会是什么样的，有几种选择，如下文所述。

可穿戴增强现实系统中使用的所有显示器（根据定义，排除智能手机、平板电脑和笔记本电脑等移动设备）通常被称为透视显示器或近眼显示器（Near Eye Display，NED）。

2.2　增强现实的分类

增强现实是一个多学科交叉、强大而复杂的技术领域。如果说有某个领域并不是人人都适合从事的，那应该就是增强现实领域。

从更高层面来看，增强现实主要有两大类：可穿戴设备和不可穿戴设备（移动和固定设备）。可穿戴设备包括耳机、头盔和隐形眼镜。不可穿戴设备包括移动设备（智能手机、平板电脑、笔记本电脑或武器等），固定设备（投影仪、电视、个人计算机、游戏机等）和平视显示器（工厂集成的或加改装的）。

图2.2中的图表概述了增强现实系统的分类。

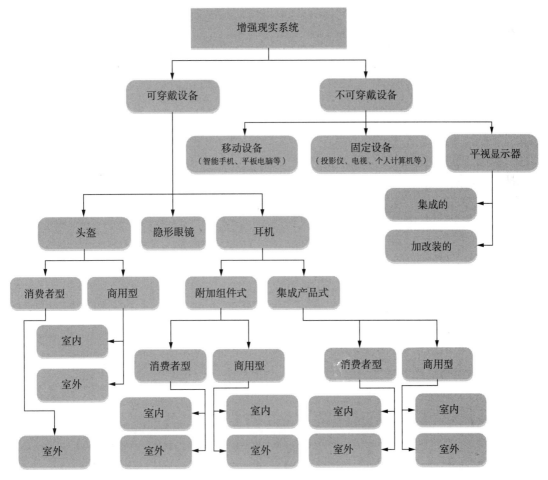

图2.2　增强现实系统的分类

本人尝试定义这些类别并针对每个类别给出相应设备的典型实例，但最终发现，这是件非常具有挑战性的工作。至本书落笔时，至少有80家公司正在生产其中某一款或几款增强现实设备，尤其不确定上述分类能否涵盖所有类型的军用设备。本书并不想对这些供应商进行简单调查和罗列，更希望这本书在行业动荡之后仍然保持其相关性和实用性。

Ron Padzensky运营维护着一个名为Augmera[1]的增强现实博客网站，他对上述内容进行了重新分类，并创建了一个严格面向硬件的分类法（见图2.3）。

另一种分类方式则是针对设备本身的。增强现实可以在专用设备（针对具体的增强现实应用而设计）或非专用设备（如电视、移动电话、平板电脑和个人计算机）中进行体验。

在专用的视觉透视增强现实系统中，可分为7种类型：

- 隐形眼镜
- 头盔
- 平视显示器（HUD）
- 头戴式眼镜（智能眼镜）
  - 集成产品式
    - 室内
    - 室外
  - 附加组件式，用于修饰眼镜、防晒眼镜或安全眼镜的附加显示器和系统
    - 室内
    - 室外
- 投影仪（HUD除外）
- 专用系统
- 其他类型的系统（例如，健康监测或武器等）

Ronald Azuma提出了构成增强现实的三要素，他还给出另外一种分类方法[2]。

1. 头戴式显示器（HMD）
   （a）头戴式液晶显示器
   （b）虚拟视网膜显示
2. 手持显示器
   （a）带有摄像头的平板液晶显示器
3. 投影显示
   （a）将虚拟信息直接投影到物理对象上
   （b）头戴式或固定式投影仪，在室内针对物体表面形成特殊的反光效果
   （c）投影图像只能沿投影方向可见

通常情况下，3（c）也可以包含HUD。

Steve Mann在他的著作 *Intelligent Image Processing*（Wiley 2001）中提出以下标准：

增强现实必须是：

（a）正交空间的（Orthospatial），能够将虚拟对象的光线与真实世界的光线共线映射；

（b）正形的（Orthotonal），即虚拟对象与真实世界保持正确的透视关系；

（c）正时的（Orthotemporal），即实时交互。

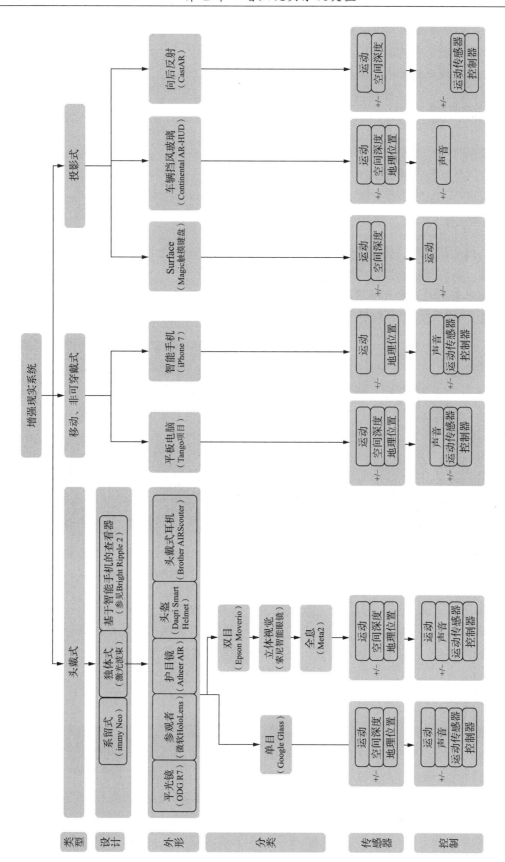

图 2.3　增强现实系统硬件分类（来源：Ron Padzensky）

Mann说，"理想的现实介质应该是这样的，它能够在部分或全部视野中产生正确透视关系的幻觉，从而满足上述所有标准。"

以下是构成增强现实市场产品类型的一些典型示例。

2.3 隐形眼镜

用于增强现实的隐形眼镜仍处于开发阶段，到目前为止还没有成型的商业化产品。关于这类令人们兴趣的设备和技术信息，可以在第8章中找到。

2.4 头盔

在一些典型示例中，是这样定义头盔的：如果一个设备覆盖了用户的耳朵、整个头部和大部分面部，就将其归类为头盔设备（见图2.4）。

我把那些看上去比较大的设备归类于智能眼镜类别，它们看起来其实很像迷你头盔，所以可能有些人不同意我的这种分类（见图2.5）。

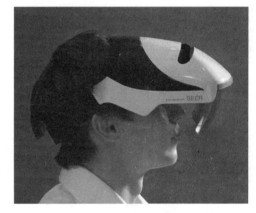

图2.4　典型的头盔示例（来源：Daqri公司）　　图2.5　这不是头盔，而是集成的智能眼镜 AR HMD（来源：Caputer公司）

与所有分类一样，它们之间的区别可能会有些模糊甚至重叠，这有时会给行业新手造成概念上的混淆。在某些情况下，这种分类方法可能只适合开发人员或用户以某种方式表达这些设备，以便于相互之间的沟通和交流。这些分类没有严格的界限，只是一般性概括而已。

2.5 平视显示器

在平视显示器方面，人们只考虑了附加设备或加改装系统，而没有包括汽车制造商在工厂直接装配的系统。平视显示器安装在汽车上，其运动速度非常快，因此难以实时、准确地跟踪其状态变化。奥迪（Audi）、宝马（BMW）、凯迪拉克（Cadillac）、雷克萨斯（Lexus）、梅赛德斯 - 奔驰（Mercedes-Benz）等高端品牌汽车让消费者对这一新兴领域变得更加感兴趣，与此同时立法机构也在建议强制执行这一规定。

改装后的平视显示器通常是一种低成本的设备，可以连接到汽车车载诊断系统（OBD2），也可通过蓝牙与智能手机进行连接。这些设备安装在仪表板上，并将车速、发动机转速、水温、电池电压、瞬时油耗、平均油耗、里程测量、换挡提醒（如有需要）等其他警告信息投影到挡风玻璃的内表面上（见图2.6）。

另一个例子是通过智能手机的应用程序显示车速和导航信息，再将显示内容投射到挡风玻璃上，这种应用模式均适用于安装 Android 和 iOS 操作系统的智能手机。在图2.7中可以看到这类应用案例。

图2.6　Kshioe 的通用5.5英寸汽车 A8 平视显示器（来源：Amazon 公司）

图2.7　Hudway Glass 通过智能手机提供导航和速度信息（来源：Hudway 公司）

有关飞机上平视显示器应用的更多信息，请参阅航空航天领域应用相关章节，以及在汽车导航领域的应用，例如6.1.3.6节的"步行和开车"部分。

值得注意的是，平视显示器并不仅限于应用在小型汽车上，还可以应用在公共汽车、卡车甚至轮船上。

2.6　智能眼镜

如上文所述，我们已经将智能眼镜供应商细分为集成产品式和附加组件式两类。这两类供应商还可以根据自身能力和特点，以及针对室内或室外的场景设计用途进一步细分。

显然，室内智能眼镜包含于室外智能眼镜之中，应该是室外应用的一个潜在子集。但是，也有一些消费者型的智能眼镜与太阳镜集成在一起，显然，这种眼镜不适合在室内佩戴。

2.6.1　集成产品式智能眼镜

这里区分附加组件式增强现实设备和集成产品式增强现实设备的原则似乎不太合理。我们所确定的区分原则是：如果这个设备可以连接到普通眼镜上，或者需要搭配普通眼镜，它就是一个附加组件式增强现实设备；如果这个设备已经包含并集成了镜头和其他元件（如麦克风、摄像头或眼镜），那么它就被认为是集成产品式的增强现实眼镜。

2.6.1.1　室内和室外

可以将增强现实智能眼镜细分为消费者型和商用型两类，这些类型又可进一步细分为面向室内应用的和面向室外应用的。这两者其实是有很重要的区别的，例如英特尔公司出品的Recon品牌眼镜就是针对室外运动的。然而，对于具有飞行时间深度/距离（Time of Flight，ToF）测量技术的增强现实眼镜，比如微软的HoloLens，其传感器依赖于不可见光，这会受到室外紫外线的影响（室内也或多或少会受到来自窗外阳光的影响），因此只能用在室内环境中。此外，在大多数情况下，面向室内应用的增强现实眼镜的显示亮度可能不足以克服来自室外的环境光，因此难以直接用于室外。

2.6.1.2　消费者型

像GlassUp的UNO、LaforgeShima和Ice的Theia等增强现实眼镜，与普通消费者型眼镜有很大不同，这些设备上有一个嵌入式的实时操作系统，并可以通过BTLE（低能耗蓝牙）与运行Android或iOS的智能手机（或平板电脑）进行无线通信。它可以向用户显示在智能手机中获取的所有信息，并可以使用智能手机上带有的GPS定位芯片、陀螺仪、加速度计和其他类型传感器（见图2.8）。

图2.8　GlassUp的UNO消费者型增强现实眼镜（来源：GlassUp公司）

有些面向消费者的智能眼镜是由手机电池供电的，其外观看起来就像普通眼镜一样。这些版本的智能眼镜配有一个小盒子或小包装，通常与智能手机的大小差不多，通过一根细电缆连接到眼镜上，这个盒子一般戴在腰带上或放在口袋里。

消费者型的智能眼镜大多针对专门的功能而设计，如体育和锻炼，例如英特尔公司的Recon和Kopin Solos，都是针对户外运动者的。

没有把谷歌眼镜或其模仿产品划分为消费者型，是因为它们看起来很显眼，会引起人们对它和佩戴者的注意，这违背了人们希望在公共场合佩戴眼镜的初衷。

2.6.1.3　商用型

其他智能眼镜很多是为商业、科学和工程领域应用而设计的，并且功能更强大，通常是通过脐带式软线与计算机相连，像Atheer Labs、Meta、Osterhout等公司研制的产品都属于这种类型。

还有一些像GlassUp这样的公司，同时生产消费者型和商用型智能眼镜。

此外，商用型智能眼镜还包括为患有眼疾或部分失明的人所设计的特殊用途智能眼镜，例如LusoVU eyepeak（见图2.9）。

Atheer实验室研发的头戴式显示器也是集成智能眼镜的典型例子，因为它两边都盖住了耳朵和太阳穴，还有内置光学镜片。

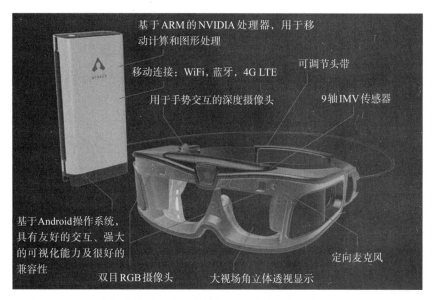

基于 ARM 的 NVIDIA 处理器，用于移动计算和图形处理

移动连接：WiFi，蓝牙，4G LTE

可调节头带

用于手势交互的深度摄像头

9 轴 IMV 传感器

基于 Android 操作系统，具有友好的交互、强大的可视化能力及很好的兼容性

定向麦克风

双目 RGB 摄像头

大视场角立体透视显示

图 2.9　这是一个集成增强现实功能的商用型头戴设备（来源：Atheer Labs）

2.6.1.4　双目与单目

有些集成智能眼镜只有一个显示镜片（有些作为附加组件的智能眼镜也只有一个镜片）。双目镜眼镜向用户提供了更好、更自然的视场角。通常，单目镜眼镜常常会引起人头痛，其屏幕会阻碍正常视线，等等。与大多数单目镜眼镜相比，双目镜眼镜能提供更大的视场角。

2.6.1.5　近视矫正智能眼镜

有些公司在智能眼镜的研发上又迈出了新的一步，研发出了带有矫正度数的磨砂镜片。这是因为，智能眼镜制造商经常会被问道，"能把它和近视矫正眼镜一起使用吗？"

正如下文内容所提到的，在撰写本书时，只有少数公司可以提供普通外观的消费者型增强现实眼镜，主要还是因为目前面临的很多技术问题。

罗彻斯特光学（Rochester Optical）是 1883 年由 William H. Walker[3]（1846—1917）所创立的一家著名光学公司，它提供的近视矫正镜片可以与其他公司的增强现实眼镜配套使用。2015 年 11 月，香港光学镜片有限公司与罗彻斯特光学建立合作关系，致力于为 5 款智能眼镜提供光学解决方案，并为视力矫正用户提供服务。罗彻斯特光学公司为佩戴智能眼镜时感到不适的人设计了针对性智能解决方案。该公司开发了两种类型的近视矫正眼镜，一种是可以在增强现实头盔（以及虚拟现实头盔）里使用的非常轻薄的框架式眼镜，另一种是可以接受附加增强现实显示器（如 Recon、Vuzix、Epson、Atheer 等）的定制框架式眼镜。

Jins Meme 还提供了一种"传统镜框＋近视矫正镜片"的智能眼镜①。不过，它们没有配备摄像头，但可以通过蓝牙与智能手机上的配套应用程序实现连接，还配备了陀螺仪、六轴加速度计和用于眼动跟踪的眼电图（electrooculography，EOG）传感器。Meme 智能眼镜是为健身追踪而设计的，可以测量人体姿势，并监测何时开始出现视觉疲劳。

---

① Jins 是一家日本眼镜制造商。Meme 是其智能眼镜产品名称。

2.6.1.6　蓝光滤光片

蓝紫色光线（简称蓝光）的常见来源是智能手机、平板电脑和增强现实眼镜中的显示器。蓝光进入人眼睛后会导致眼睛加剧不适感，过多的蓝光会导致使用者眼睛疲劳，并可能引起早发性黄斑变性[4]。

为了解决这一问题，研究者发明了蓝光镜片，可以去除数码设备发出的有害蓝光，罗彻斯特光学公司还将拥有这个特性作为他们提供镜片的主要卖点之一。除了传统的紫外线过滤功能，Laforge公司也在他们的镜片上添加了蓝光过滤功能。

2.6.2　附加组件式智能眼镜

附加组件式增强现实显示设备，如Garmin公司的Varia-Vision（外置式眼镜实景增强设备），可以叠加到太阳镜或近视眼镜上（见图2.10）。

附加型显示器，又称改进型显示器，通常仅限于在单目镜眼镜上显示。有趣的是，供应商似乎更喜欢右眼显示，可能是受谷歌眼镜的影响。然而，Steve Mann研发的EyeTap最初则是戴在左眼上的。其他类型的增强现实设备，如隐形眼镜，将在8.7.5.3节的"智能隐形眼镜"部分讨论。

图2.10　一种作为附加组件的增强现实显示设备（来源：Garmin公司）

2.7　投影仪

自2010年以来，人们一直致力于研究利用经过特殊处理的投影光，这种光可以通过某种类型的指示器被看到，广告宣传为全息××事物，这也暗示着它是某种形式或类型的全息图像，其灵感源于关于星球大战的第一部电影（现在这个系列已经推出了4部）中的经典画面，R2D2投射出莱娅公主的全息图（见图2.11）。

图2.11　莱娅公主的全息图投射到开放空间中（来源：Lucasfilm）

投射图像需要通过某种类型的反射装置或介质将光（图像）投射到观测者的视野中，自由空间中并不存在这种媒介。然而，特殊的眼镜或显示器（如平板电脑）是可以实现这种效果的。观测者可以通过眼镜看到真实场景，并接收虚拟信息，这是传统意义上的增强现实。它不是全息的，而是混合或投射的现实。

为了让观测者产生这种错觉，显示系统需要两方面的信息：投影面在三维空间中的准确位置，以及同一三维空间中观测者眼睛的位置。同时并精确地提供这两方面信息，就可以建立起正确的透视投影关系。以色列北部 Yokneam 市的 Realview Imaging 公司在 2012 年推出了一种三维立体成像系统，该系统名为 Holoscope（全息影像技术），运用了先进的可视化技术，专门服务于临床手术的医疗市场。对于克服各种噪声因素干扰，这个系统是非常有效的。虽然它体积很小，但是价格十分昂贵。从那之后，该公司又开发了一款用于观测模型的增强现实眼镜（见图 2.12）。

Realview Imaging 提出的技术可以实时创建多个深度平面，在多维距离上实现同时投影。该公司表示，使用这个多维深度策略可以减少思维上的混乱。正如很多其他公司（微软、HoloLamp、CastAR

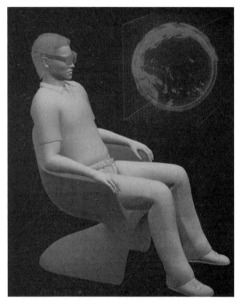

图 2.12　Realview 深度感知实时全息系统（来源：Realview Imaging）

等）所宣传的，全息图（holograph）这个术语已经被随意使用，实际上全息图本身并没有焦平面。然而，在使用深度平面的 Realview 系统中，它可能仅仅在定义上是正确的。看似真实的三维全息图仍然只是全息图像，不是真正的三维物体。正如加州大学戴维斯分校的 Oliver Kreylos 博士所指出的，将三维物体的多个切片合成三维全息图，只是对整个三维物体视觉感知过程的一种近似，但它本质上仍然只是全息图像。

根据维基百科中关于计算机生成的全息图的概念解释，生成所需干涉条纹的一种比较简单的算法是傅里叶变换，但这种方法只能生成二维全息图；另一种方法是点源全息图，可以生成关于任意三维物体的全息图，但计算复杂度高得多。

裸眼 AR 投影仪（HoloLamp）是一种更经济实用，服务于普通家庭的设备。这个设备于 2016 年初在法国巴黎面市，在 2017 年初，该公司又推出了增强现实投影仪产品。索尼（Microvision 激光束扫描）投影仪使增强现实与真实物体交互成为可能，无须通过特殊的眼镜或智能手机就能看到它的动画图像（见图 2.13）。

HoloLamp 是一种结构光投影系统，通过创建局部区域三维点云来生成人视野中的三维物体。为了确保这些虚拟的三维物体在物理空间关系上是正确的，该系统会将物理空间进行标记，以此作为叠加虚拟对象的参照，并确保虚拟对象进行正确的位置注册[1]。HoloLamp 的目

---

① 注册（register），是指将虚拟对象精确"放置"到真实世界中的过程，而实现这一过程的关键就是确定虚拟世界和真实世界坐标系之间的转换关系。——译者注

的是将虚拟三维物体的图像投影到任意表面上。HoloLamp使用一组额外的摄像头向上拍摄，利用人脸跟踪算法来识别观测者的脸。在此基础上，该软件可以使用一个或多个投影矩阵来投影三维物体。这种效果是单目的，因此只能适用于单个用户。

HoloLamp将这种方法描述为空间增强现实。

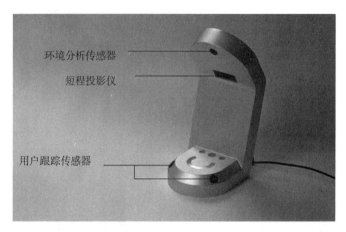

图2.13　HoloLamp：无须眼镜的增强现实投影仪（来源：HoloLamp）

2.7.1　空间增强现实

空间增强现实（Spatial Augmented Reality，SAR）是一个专用名词术语，是2004年由Oliver Bimber在德国魏玛的Bauhaus大学和马萨诸塞州剑桥的三菱电气研究实验室工作时首次提出来的[5]。

空间增强现实是基于投影仪实现增强目的的一种技术，向用户提供免戴眼镜和免手持设备的增强现实体验。它主要基于眼睛感知三维物体的方式而获得立体体验。空间增强现实技术可以在任何表面上显示图像，通过映射物体表面、跟踪用户，然后投影出一幅变形的图像。从用户的视角来看，这种展示方式才是他们所希望看到的三维效果。

HoloLamp的概念有点类似于增强现实沙盘，其系统组成包括一组扫描投影表面和观测者面部的摄像头，然后再由投影仪将正确透视视图的图像从观测者的角度绘制到投影表面。这些功能与CastAR非常相似。

CastAR眼镜将三维图像投射到佩戴者的眼中，让人感觉仿佛看到了现实世界之上的虚拟层，或者沉浸在游戏世界中。它使用的是一组带有前视微型投影仪的防护玻璃罩，以及一种名为"后向反射"（retro- reflection）的反光片状材料。从理论上讲，人们可以用这些反光片在房间里叠加各种虚拟的动态效果。

美国国家科学基金会（National Science Foundation，NSF）资助了AR沙盘研究任务，这是一个由多所大学联合开发的项目，旨在开发三维可视化应用程序来传播地球科学的相关概念。这是一个结合了真实沙盘、虚拟地形和水面效果的展览展示系统，使用了闭环的微软Kinect三维摄像头、强大的模拟和可视化软件，以及一个数据投影仪。由此所产生的增强现实（AR）沙盘允许用户通过真实沙粒来创建地形模型，然后通过高程彩色地图、地形等高线和模拟水面效果，实时增强地形可视化模型（见图2.14）[6]。

该项目的目的是，致力于开发一个实时集成的增强现实系统，可以物理地创建真实地形模型，然后将它实时地扫描到计算机中，作为各种图形效果和仿真的背景。这款产品最终是完全独立的，以至于可以在没有人为监管的情况下，在科技馆里作为可供参观者触摸和亲手操作的展品。

图 2.14　左图：关机后的沙盘单元，Kinect 三维摄像头和数码投影仪悬挂在沙盘上方，通过后面的
　　　　　杆子固定。右图：沙盘打开时，可以显示一座山与一个火山口湖，周围有几个较低的湖泊

2.7.2　洞穴（CAVE）

经典的洞穴式自动虚拟环境（Cave Automatic Virtual Environment，其更广为人知的名字是缩写 CAVE）就好比是一个沉浸式的虚拟现实剧场，三维图像通过背投方式投影到一个房间大小的立方体的三到六面墙上。第一个 CAVE 问世于 1991 年，由伊利诺伊大学芝加哥电子可视化实验室的 Dan Sandin 教授和 Tom DeFanti 教授共同建造，该实验室的研究生卡 Carolina Cruz-Neira 在这里为 CAVE 编写了第一个软件驱动程序。自 2009 年以来，各种各样的 CAVE 已经由 LCD 和 OLED 面板构建而成，进而消除了对背投的依赖，从而大大减少了投影仪对搭建空间的苛刻要求。

CAVE 可以显示外部世界的视频全景投影，因此在某种意义上，它是一个遮挡视图的增强现实系统。这里以纽约石溪大学的巨型 CAVE 为例（见图 2.15）。

图 2.15　石溪大学 CAVE 的真实配置（2012 年），使用了 40′ × 30′ × 11′
高的房间，包含 308 个 LCD 显示器，共计 12.5 亿像素

采取将增强现实环境与沉浸式虚拟环境相结合的方式，可以减少交互上的差异，并可以在异地协作时提供具体的交互手段。它还可以为现实世界和虚拟世界中的协作提供更多交互手段和自由度。

在CAVE里可能会有很多人,这些人都在同时观看立体投影效果。这些人都要戴着立体眼镜,这些眼镜通常是采用偏振的无绳眼镜。此外还要在眼镜上安装反光片,以便获取当前所在洞穴中的位置。

CAVE不一定是六边形的房间。加州大学圣地亚哥分校制造了这台波浪形(WAVE)显示器,它的外形就像海浪,由35英寸×55英寸[①]的LG商用液晶显示器组成弧形墙壁阵列,末端是观众头顶上方的"波峰",而脚边是"波谷"(见图2.16)。

图2.16　加州大学圣地亚哥分校的波浪形CAVE

在这里,WAVE是广角虚拟环境(Wide-Angle Virtual Environment)的缩写,是由高通研究院可视化主任Tom DeFanti、可视化与虚拟现实领域教授Falko Kuester和高级设计工程师Greg Dawe共同设计并建造的。WAVE是一组5×7[②]的高清电视,长20英尺[③],高12英尺。

小型的CAVE可以只有三面墙,当然,也可以像石溪大学的那么大。

2.8　专用系统及其他类型的眼镜

这里的眼镜,是指由研发人员设计的智能眼镜,当然,其中所显示的内容也非常重要,因为如果其信息显示能力有限或没有信息显示能力,那么这种眼镜也无法真正得到应用,例如,用于健身跟踪和健康监测的眼镜,用于导航的眼镜等,都要在视野中叠加显示相应的内容。还有些眼镜使用音频作为信息呈现方式(包括导航),而另外还有些自称可以提供增强现实智能眼镜的公司,其实只是在眼镜框架中嵌入了摄像头。

带有增强现实功能的武器装备可以在军事领域中得到广泛应用(例如,舰载防御等),具体内容参见6.1.1.8节;当然也可以应用到消费者领域,具体内容请参见6.1.3.8节的"狩猎中的增强现实"部分。

2.8.1　水印增强现实

2000年,波特兰的Digimarc公司开发了一种水印技术来防止伪造。随着网络技术开始向商业领域的各个角落扩展应用,该公司意识到他们的技术可以被用作嵌入图像和信息中的外部标记。Digimarc公司将数字水印嵌入图像的过程划分为两个阶段:首先,将图像分割成很

---

① 　1英寸=2.54 cm。——编者注
② 　由图2.16可见,WAVE在横向有5块屏,纵向有7块屏。——译者注
③ 　1英尺=30.48 cm。——编者注

多像素块，然后将水印单独嵌入每个块中，因此水印可以从每块图像区域中被检测出来。该技术本质上利用了扩频技术，使信号不易被察觉，克服了图像处理和滤波带来的影响[7]。

读取器通过从图像的频域中提取同步信号，实现嵌入过程的逆向操作。它使用该信号来解析水印信号的尺度、方位和来源，最后对水印上的信号进行读取和解码，从而实现了嵌入信息的恢复。

Digimarc公司开发了一款名为MediaBridge的产品，它在传统商业和电子商务领域之间架起了一座联系的桥梁（见图2.17）。

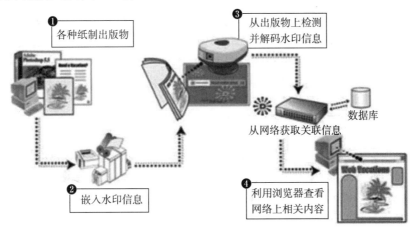

图2.17 Digimarc的水印技术用于在杂志广告、活动门票、
CD封面、商品包装等印刷图像中嵌入数字水印

当人们使用数码相机或扫描仪生成MediaBridge图像的数字化版本时，MediaBridge阅读器应用程序能够检测并读取嵌入的水印信息。例如，嵌入的水印表示为多位索引信息，存储在Digimarc服务器上，该索引用于从数据库中获取相应的统一资源定位符（Uniform Resource Locator，URL）。然后，Internet浏览器利用URL来显示相关网页或启动基于网络的应用程序——这种方式在印刷品和网络之间架起了一座桥梁。

Digimarc公司随后将这项技术授权给了其他几家公司，如今，许多地方都在使用这项技术。

参考文献

1. http://augmera.com

2. Augmented Reality Part 1—Technologies & Applications. (2005, April). *Seminar, Smarte Objekte und smarte Umgebungen*. https://www.vs.inf.ethz.ch/edu/SS2005/DS/slides/03.1-augmented.pdf

3. http://www.historiccamera.com/cgi-bin/librarium2/pm.cgi?action=app_display&app=datasheet& app_id=231

4. Kitchel, E. *The effects of blue light on ocular health.* Louisville: American Printing House for the Blind. http://www.tsbvi.edu/instructional-resources/62-family-engagement/3654-effects-of-blue-light

5. Bimber, O., & Raskar, R. (2005). *Spatial Augmented Reality*. Natick, MA: A K Peters, Wellesley. http://web.media.mit.edu/~raskar/SAR.pdf.

6. Reed, S., Kreylos, O., Hsi, S., Kellogg, L., Schladow, G., Yikilmaz, M. B., Segale, H., Silverman, J., Yalowitz, S., & Sato, E. (2014). *Shaping watersheds exhibit: An interactive, augmented reality sandbox for advancing earth science education*, American Geophysical Union (AGU) fall meeting, Abstract no. ED34A-01.

7. Xerox Corporation. (1999, December 17). *DataGlyphs*. http://www.xerox.com/xsis/dataglph.htm

第3章　人们都可以成为专家

增强现实将所需的各种信息按需、实时叠加到用户视野中，可以向人们提供出行路线向导、建筑结构布局和产品操作手册，而这些信息都可以从网络上动态获取，这足以让普通人成为具备专业知识的领域专家。随着技术的进步，网络上将产生大量的专业化和经验性的不同行业数据，而这些数据都可以通过增强现实按需推送给需要的人。

3.1　增强现实：让人们成为领域专家

增强现实通过计算机将本地或远程的信息、文本、图像、三维模型等内容通过显示设备呈现在用户视野中，通过前置摄像头可以将周边建筑物的内部结构、商店的位置、人行道下方的管道等信息叠加到真实场景之上。借助增强现实设备，还可以实时翻译街道上的交通标志、饭店菜单、报纸和操作手册等，从而使每个人都能够成为拥有海量数据以及专业知识的不同行业的专家。

增强现实正在使数字世界和物理世界之间的界限变得模糊，并将人们带入新的更高层次的情境。传感器、计算、人工智能和大数据技术的应用产生了大量数据及丰富经验，这都可以通过增强现实传递给人们。

增强现实将永远改变人们的生活——让人们的生活变得更加美好。

相信，在不久的将来，每个人都会戴上增强现实眼镜，就像人们现在所戴的视力矫正眼镜和太阳眼镜一样普通和平常。未来的增强现实眼镜将是轻量化的，不仅不会令人厌烦或引人注意，还能够为人们提供大量即时信息，并且还能作为人们生活中的记录设备——可以把它当成类似个人黑匣子一样的记录仪。未来的增强现实眼镜将始终连接在移动网络上，为你提供实时信息，并按需推送和保存关于你的当前状态信息（经过你的许可，可将信息发送至你的私人存储空间）。从某种意义上讲，增强现实眼镜还将成为自恋者的终极梦想。此外，在任何保险索赔、与服务人员或家庭成员的纠纷中，增强现实眼镜也将是最诚实的见证者。

然而，增强现实的好处并不局限于未来或者仅仅以眼镜的形式使用。如今，智能手机或平板电脑也可以提供增强现实功能。基本上，任何有前置摄像头和后置屏幕的设备都可以作为增强现实设备。从理论上讲，具备WiFi或蓝牙功能的数码相机也可以成为增强现实设备。如果汽车上安装了用于自动驾驶的前置摄像头，那么汽车也可以成为增强现实设备。如果汽车可以，那么轮船、卡车、公交车甚至火车也应该可以成为增强现实设备。

　　增强现实不一定是独自一个人使用。将摄像头连接上 WiFi 或移动电话，技术人员或现场急救人员就可以通过增强现实设备，以远程协作方式向专家展示现场当前情况，并获得专家的实时指导。另外，在灾难救援中，通过增强现实手段可以向受困者广播或推送安全的逃生路径。

　　Akif Khan，Shah Khusro，Azhar Rauf 和 Saeed Mahfooz 共同发表的关于增强现实复兴的论文中[1]，将移动增强现实描述为：通过对物理世界中物体和位置相关的交互，以及丰富的外观和感觉，使视觉、听觉等感官维度变得更敏感，并能够使人沉浸于真实世界中，这种潜在的虚实融合开辟了新的发展前景，因为这样可以将信息叠加在物理基础设施、地点或感兴趣的目标上（见图 3.1）。

图 3.1　技术人员使用平板电脑"查看"设备，以获取设备的使用说明书（来源：XMReality）

　　除了增强现实眼镜、平板电脑和手机，增强现实头盔也通常被称为"智能眼镜"。头盔可以划分为急救人员头盔、摩托车手头盔和工厂工人头盔等多种用途。以头盔的形式，在内部集成平视显示器（HUD），是增强现实系统的通常做法，也是一种非常有效的产品技术形态，因为头盔能够为内部电子器件和电池提供更多的集成空间（见图 3.2）。

　　摩托车手头盔中的平视显示器可以是基于 GPS 的实时导航系统，适用于快递员、执法人员甚至送货员。

　　头盔可以容纳很多电子元器件，包括三维传感摄像头、红外摄像头、惯性测量单元（IMU，通常也称为陀螺仪），还可以在它的前置遮阳板上集成一个投影显示器（见图 3.3）。

图 3.2　宝马公司的增强现实摩托车头盔，其右上角是显示器（来源：宝马公司）

图 3.3　Daqri 的智能头盔也是一个经过认证的安全帽（来源：Daqri 公司）

　　增强现实设备既是一种面向用户的平视显示器，同时也可以作为一种远程增强呈现设备——使用增强现实系统的用户可以"带着"家人和朋友一起旅行。例如，在电影 *Her* 中[2]，主人公 Theodore（由 Joaquin Phoenix 饰演）对一种新型智能计算机操作系统 Samantha 十分着迷，他的衬衫口袋里装着一部智能手机并且摄像头朝外，这样智能计算机操作系统Samantha就可以和他一起分享自己的经历了（见图3.4）。

如上所述，增强现实其实并不是一个新概念，计算机科学家Ivan Sutherland（1938—）于1966年研制出第一台可运行的增强现实设备，他因此也被称为计算机图形学之父和虚拟现实之父；20世纪70年代初，Steven Mann教授（1962—）在其童年时代就开始用这项技术进行真实世界的实验了（见图3.5）。

图3.4　Theodore在他的衬衫口袋里放着一个带摄像头的智能手机，所以Samantha可以看到Theodore所看到的东西（来源：华纳兄弟影业公司）

图3.5　Steven Mann在1980年左右测试他的增强现实系统原型（来源：Steven Mann）

在不久的将来，强大的增强现实眼镜在外观上会像手表或手机一样普通。想知道到2025年，通过增强现实，人类生活将会是什么样的吗？很可能就像今天使用网络或智能手机一样普遍。事实上，到那时完全有可能不再需要智能手机，因为智能手机的功能可以内置到增强现实眼镜中，或者，智能手机作为智能眼镜的服务器，二者之间通过无线方式实现网络连接，智能手机主要提供本地化的数据存储，从而进一步降低眼镜的功耗、体积和重量。

增强现实将成为每个人生活中不可或缺的一部分，你可以在任何地方使用它；甚至不再把它当成一项技术，因为它将无处不在，是一种无形的存在，并且成为工作和生活中的重要组成部分。

新的发展和技术进步使得某些应用领域对增强现实的使用需求增多，由于这些领域的快速发展和高增长潜力，增强现实将是一个非常值得研究的重要方向。

本书将讨论增强现实的发展历史，以及为人们所带来的应用场景、技术进步和发展机遇。

参考文献

1. Khan, A., Khusro, S., Rauf, A., & Saeed, M. B. (2015, April). Rebirth of augmented reality—Enhancing reality via smartphones. *University Journal of Information & Communication Technologies* 8(1), 110. ISSN–1999-4974.
2. https://en.wikipedia.org/wiki/Her_%28film%29

第4章　增强现实系统组成概述

增强现实是一种非常主观和个性化的东西，因为所有用户看到周边世界的信息视图各不相同，除非他们选择愿意这样做（选择观看相同的视图）。用户可以根据需要订阅自己喜欢的数据流，并将这些数据流投射到自己的视野空间中。增强现实的用途主要是提供两类数据：通用信息和特定指令，虽然两者之间没有明确的界限，但从严格意义上讲，两者一般不会出现明显的重叠或交叉。

提供通用信息的增强现实与提供特定指令的增强现实的主要区别在于，用户与所呈现信息的交互方式不同，并且用户所处的位置、场合一般也不同。增强现实将培训、操作和信息内容提升到了用户体验的新水平，通过专门的硬件和软件将计算机生成的内容叠加到用户所处的周边环境中。通过集成最新设备、设施的详细三维仿真模型，增强现实可以用于技术人员、安装维修人员、检查人员、工程师和研究人员，以弥补这些人的培训练习与实际操作之间的差距，这将具有非常独特的提升能力。

4.1　增强现实系统的基本组成

为了更好地理解增强现实的发展及进步，有必要大致了解增强现实系统的组成。图4.1给出了增强现实系统中各个典型组成部分的结构布局。

摄像头——增强现实设备在可见光传感器中至少有1个摄像头，可能还有2个深度摄像头，甚至还可能集成1个红外（infrared，IR）摄像头，用于获取周边环境热量图和进行深度感知。

图4.1中使用的首字母缩略词如下所示。

IMU（Inertial Measurement Unit）——惯性测量单元，是测量物体三轴姿态角（或角速率）以及加速度的装置。通常由陀螺仪、加速度计和磁力计共同组成。加速度计检测物体在载体坐标系统独立三轴的加速度信号，而陀螺仪检测载体相对于导航坐标系的角速度信号，测量物体在三维空间中的角速度和加速度，并以此解算出物体的姿态，磁力计可用于测试磁场强度和方向，定位载体的方位，其原理与指南针类似。

AP/FP（Application Processor/Function Processor）——应用处理器/功能处理器，是指专用功能引擎，用于特定的计算处理任务。

ISP（Image Signal Processor）——图像信号处理器，用于衔接摄像头的视频图像输出。

DSP（Digital Signal Processor）——数字信号处理器，用于处理摄像头、麦克风、测距仪和无线电系统的输出。

GPU（Graphics Processing Unit）——图形处理单元，也称为图像生成器（Image Generator, IG）。对于增强现实应用来说，GPU需要进行Alpha融合，以使虚拟对象看起来像房间中的真实对象，虽然对场景多边形的计算要求较低，但对抗锯齿和光照要求较高。

RTOS（Real Time Operating System）——实时操作系统。

SLAM（Simultaneous Localization and Mapping）——同步定位与建图，通过计算来构建或更新未知环境的地图。在某些设计中，SLAM是ISP的组成部分。SLAM是用来跟踪载体的位置及姿态，同时构建它周边环境的三维地图。

MEMS（Micro Electro Mechanical System）——微机电系统，用于微型陀螺类传感器。

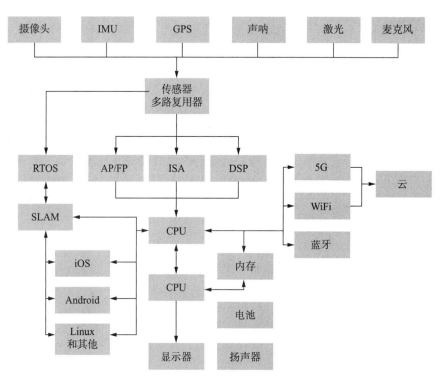

图 4.1　增强现实系统的结构布局图

IMU和GPS能够告诉用户他在哪里，并为外部数据库提供位置信息。声呐和激光能够提供深度信息，不过声呐主要测量近处，而激光则重点测量远处。增强现实系统的输出主要是图像和音频。并非所有的增强现实系统都具有深度测量能力，例如大多数的移动设备和工业头盔可能就没有此能力。

手机和平板电脑使用的处理器称为片上系统（System on Chip，SoC），包括CPU、GPU、ISA、AP/FP，通常还有传感器多路复用器（Sensor Multiplexer）。手机半导体供应商也生产无线电产品（如利用5G、WiFi、蓝牙等技术），当然智能手机或平板电脑还包含摄像头、麦克风、扬声器和显示屏等，有些甚至还有三维传感器。大多数SoC都有一个内置的DSP，可实现更快的矩阵运算。

这些设备内置的典型操作系统（iOS、Android、Linux或其他）都是依据设备构建和实际需要来选择的，实时操作系统可以嵌入AP/FP中，也可以作为主操作系统的内核。

4.1.1　虚实融合的遮挡与可见性

除了图4.1所示的功能，可寻址遮挡（addressable occlusion）和可调节景深（adjustable depth of field）是增强现实系统必须具备的能力。

可寻址遮挡是指来自GPU/IG的图像与显示器（屏幕）上图像的分割部分（或部分）具有几何一致性和同步相关性，该分割部分（或部分）能够直接阻挡增强图像后面的光线，这是创建具有真实感增强现实应用的关键环节，否则图像就会产生重影（半透明）。

其次，系统还需要具备可调节景深的能力，这样增强现实图像才能与现实世界相关联，如果不这样做，就会出现辐辏调节冲突（Vergence-Accommodation Conflict）。当然，实现可调节景深的方法有很多种。

4.1.2　关于辐辏调节冲突的几点思考

由于视觉上存在辐辏调节冲突，长时间使用传统立体显示器会引起观看者的不适和疲劳，这是因为当观看者试图进行合适的辐辏调节时，与辐辏所产生的视觉生理活动不一致，即辐辏距离（Vergence distance）和调节距离（Accommodation distance）之间出现矛盾，因此会导致视觉疲劳和不适（辐辏是指双眼同时向相反方向运动，以获得或保持一致的双目视觉）。具体原理参见图4.2，而这个问题的示意性图解如图4.3所示，由于不合适的辐辏而造成虚拟对象的深度缺失。

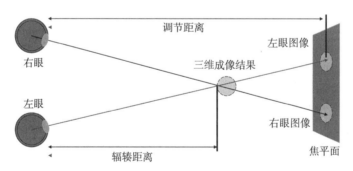

图4.2　三维视野中的调节距离与辐辏距离

在传统的三维立体投影中，人的大脑可能会在投影视图与观察者眼睛所在焦平面的焦点之间产生混淆，从而产生两个相互冲突的深度线索。眼睛聚焦在视线方向的交叉点（辐辏距离），但大脑却认为是在更远处看到的（调节距离），这就产生了辐辏调节冲突，这与正常视觉生理活动是矛盾的。对于近距离的虚拟对象，这种冲突会很快变得让人无法忍受，而当观看者试图触摸虚拟三维物体时，情况就会变得更糟糕，因为观看者的眼睛聚焦在自己的手上，从而使远处的虚拟图像变得模糊和混乱。最终结果就是虚拟对象的三维（深度）图像消失了，而观看者感到非常不适。

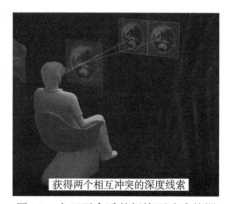

图4.3　由于不合适的辐辏而造成的深度图像丢失会使观看者感到不舒服（来源：Realview Imaging）

许多研究机构或组织宣称已经开发出了适用于辐辏调节冲突的专有设计方案。IMMY是头戴式增强现实设备的制造商，宣称针对这种现象提出了两种解决方法，并且利用光学手段发明了一种动态改变成像平面的方法，而Magic Leap宣称他们的突破源于巧妙地管理辐辏调节冲突。

与虚拟现实类似，将很多因素综合在一起才能实现增强现实的沉浸感，具体体现如图4.4所示。

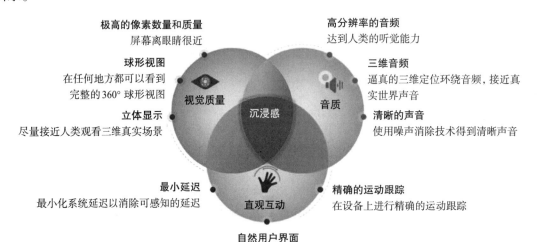

图4.4　在增强现实头盔中，视觉、音频、位置和用户交互都
必须快速、准确，并且尽量低能耗（来源：高通公司）

此外，相对于传统虚拟现实，增强现实甚至还对沉浸感体验提出了更高的要求，因为它需要将虚拟对象与现实世界实现无缝集成（见图4.5）。

由于移动便携性（能耗、质量、电池寿命）的需求，以及摄像头和地理位置传感器的增加，再加上对现实世界的几何建模，头戴式增强现实设备要比虚拟现实系统做更多的处理工作，实现难度更大。

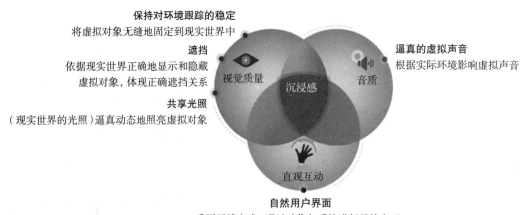

图4.5　增强现实中的沉浸感不仅需要知道你的位置，还要平衡
虚拟图像生成与真实环境之间的融合（来源：高通公司）

4.2　技术问题探讨

自从 20 世纪 40 年代以来，增强现实就一直伴随着人们。虽然增强现实技术从 1961 年就已经出现了，但就像许多其他技术一样，它也经历了很长的发展历程，有多个起源，其问题根源在于增强现实在很大程度上仅被认为是一项技术。如果你让别人解释什么是增强现实，不可避免地，他们会通过描述一些组件来解释增强现实的概念，比如摄像头、显示器、位置感知传感器，等等，这就像通过描述如何制作时钟来告诉别人现在是几点一样。如果你让某人描述一下电视，他们会说电视是客厅里放映节目用的，而从不提及显示技术、信息来源，信息是实时的还是来自存储媒体等问题。

高科技产品更容易上市，因为它们可以量化。计算机有运算速度很快的处理器，很大的存储空间，充足的内存，等等。而且由于计算机的通用性和普遍性，很难描述它是什么——它可以是游戏机、工程工作站、照片编辑设备、网络浏览器等。增强现实也具有同样的通用性，因为对不同的人来说，它可以做许多不同的事情。的确，增强现实设备或系统确实使用了一些通用技术（部件），但并不是这些技术或部件本身就能够定义什么是增强现实，就像汽车的活塞无法定义汽车一样。这种使用组件来定义增强现实的方式，不会提供任何关于增强现实的用途、好处、潜力或困难的见解，它也不可能为任何标准化组织、政府部门或安全监督组织提供依据。

增强现实是应用程序的集合，这些应用程序之间有着不同的需求。有些需要高分辨率的显示器，有些需要非常灵敏的位置传感器，而有些则需要高速度、高强健性的数据库。有些应用场景可以有线连接（限制在某个给定范围内），还有些机动场景需要无线连接，且只能靠电池维持工作，一般在几个小时左右。

本书的目标之一是实现对增强现实的分类。这是一项艰巨的任务，就像定义什么是电以及如何使用电一样。由于有很多相关技术和应用程序，本书只能讨论其中的一部分。希望能让你明白增强现实不是什么实物，不是那种用很少的钱就能买到的商品。它是解决问题的方法，也是我们至今尚未完全解决的难题。

为了实现这个目标，需要简要了解人们是如何取得今天的成就的，以及在这个过程中取得了哪些突破，下一章将对此进行简要的历史性概述。

第5章　增强现实的研究历史

虽然直到近几年，增强现实技术才在消费者市场上开始逐渐变得流行，但对增强现实的研究历史实际上可以追溯到第二次世界大战期间（请见附录），而在概念上甚至还可以进一步追溯到1862年发现的佩珀尔幻象（Pepper's Ghost）传说。

增强现实技术可以简单理解为将一幅（虚拟）图像叠加到另一个（真实）图像上，这一技术在很多行业有不同的具体实现形式，包括娱乐行业和军事领域，特别是军事领域的武器装备为增强现实技术提供了丰富的信息资源和精确的需求牵引。第二次世界大战期间，英国人在改装夜间战斗机的机载雷达导航系统时，首次使用了基于电子信息系统的增强现实技术；战争结束后，增强现实技术很快就被人们应用到了娱乐行业，特别是面向大众的电视显示中。到了20世纪60年代，科学家基于各种小型头戴式显示器对其进行了试验验证，并且在20世纪70年代，随着电子产品小型化的不断发展，增强现实技术的应用模式也随之发生了较大变化，距离实用性越来越近。随着时间的推移，越来越多的人对增强现实技术产生了浓厚的兴趣，增强现实也因此日益发展壮大并得到普及。

5.1　历史概述

增强现实是通过在（真实）环境的实时视图上叠加（计算机生成的）虚拟图像，从而产生视觉增强的最终图像的过程。

- 最早的电子HUD是1940年初由英国电信研究机构研制的，并且在蚊式轰炸机（de Havilland Mosquito）执行夜间作战任务时得到了部署和应用。
- 最早的增强现实头盔装置是由美国宾夕法尼亚州费城的Philco公司在20世纪50年代末开始研发的，当时开发的是带有头盔式显示器的闭路电视监视系统。
- 增强现实在电视领域应用的早期案例主要有：Teleprompter（1950年）；Chroma-key虚拟装置（20世纪70年代初）；基于增强现实的天气预报可视化系统（1981年）；足球混合线（在足球视频中叠加有助于观众理解的虚拟标线，1998年）。
- 最早的增强现实智能眼镜由MicroOptical于1997年开发，而最早的商用眼镜产品Glasstron则是由索尼公司研发的。
- 2004年，包豪斯（Bauhaus）大学的Mathias Möhring，Christian Lessig和Oliver Bimber展示了安装在消费者手机上的首款增强现实应用系统。

以下是按时间顺序对增强现实技术发展历史的总结，虽然希望能够尽量详细地进行梳理，但这并不意味着本书能够真正详尽、完整地介绍这项技术及其开发人员的全部历史。

第一次提到类似增强现实设备的书籍，公认是在1901年由 *The Wonderful Wizard of Oz*（《神奇的绿野仙踪》）的作者 Lyman Frank Baum（1856—1919），在其小说 *The Master Key: An Electrical Fairy Tale*（《主键电子童话》）[1] 中所提到的，在这本书中，作者描述了一套称为"性格标记"的电子眼镜，通过这种眼镜可以揭示一个人潜在的性格特征，并能通过眼镜洞察这个人的品质（见图5.1）。

图5.1　Lyman Frank Baum 以他的笔名 L. Frank Baum 而闻名（来源：维基百科）

由 Hubert Schiafly[2]（1919—2011）于1950年研发的提词器（teleprompter），是第一个应用于实际的增强现实类设备，它就是基于佩珀尔幻象概念而设计的。

1862年　佩珀尔幻象是一种用于戏剧、游乐园、博物馆、电视和音乐会的幻觉技巧。该技巧以 John Henry Pepper（1821—1900）的名字命名，Pepper 是伦敦皇家理工学院的一位科学家，其在1862年利用镜子反射投影所展示的狄更斯话剧 *Ghost*（《鬼缠身》），成为应用这种幻觉技巧最早、最著名的成功案例（见图5.2）[3]。

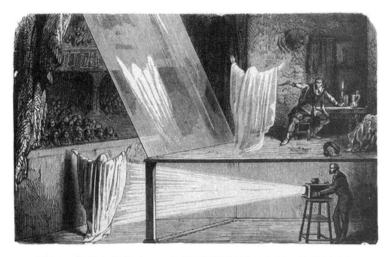

图5.2　佩珀尔幻象（1862）所看到的场景（来源：维基百科）

佩珀尔幻象中最基本的技巧是把常规舞台设计部署成两个特别的舞台，一个是人们可以看到的常规舞台，另一个隐藏在常规舞台的侧面或下方。在舞台边缘放置一块镜板，其角度可以将第二个舞台的场景反射给现场观众。当第二个舞台亮起时，它的图像（佩珀尔幻象）就从镜板上反射到观众面前。

1901年　一位来自都柏林的光学设计工程师 Howard Grubb 爵士（1844—1931），在1901年提出了一个关于佩珀尔幻象的改进方案，Grubb 爵士依据这个改进方案以"适用于枪械和小型军械的新型准直望远镜瞄准具"为名称申请了专利（见图5.3）。

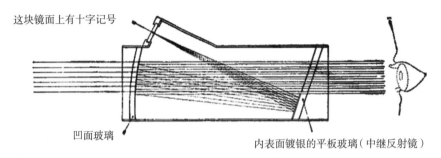

图5.3　Howard Grubb 准直反射镜的示意图，旨在制作适用
于枪械和小型设备的紧凑版本（来源：维基百科）

将画有十字记号的一面朝上放置，并通过中继反射镜反射，然后再从凹面准直镜反射回去，来改善画有十字记号镜面的照明环境。这个想法的现代版本可以在狩猎中的增强现实版应用案例中找到（见第6章"狩猎中的增强现实"一节）。

这个概念最早被应用到第一次世界大战的飞机上，在这之后得到进一步改进。第二次世界大战的飞机上用电子显示器进行了增强，从而创建了飞机上的第一代平视显示系统。

1942年　以平视显示器（HUD）的形式增强或改变现实的历史可以追溯到20世纪40年代初，也就是第二次世界大战期间的英国。1942年10月，在英国负责雷达开发的电信研究所（TRE）成功地将机载拦截雷达 MK.II 的图像与标准 GGS MK.II 陀螺瞄准镜上的显示内容，在蚊式轰炸机前挡风玻璃的平坦区域进行投影并实现融合，从而有效地提升了飞行员的夜间作战能力[4]。

20世纪50年代末，为了在军用飞机的前挡风玻璃上显示基本飞行参数信息，对第二次世界大战期间的陀螺瞄准镜技术进行了研究与改进，并提出了平视显示（HUD）技术[5]，其目的是最大限度地减少飞行员向地平面以下扫视和改变观察焦点的需要[6]。

1950年　Hubert Schiafly在1950年发明了提词器，它由一块放置在讲台前面的透视面板，一个将扬声器的文字或脚本投影在其上的投影仪组成。文本只对演讲者可见。这样演讲者就可以直视前方直接看着镜头发言，而不用低头查阅书面笔记，使观众认为演讲者记住了所有的演讲词或者是在脱稿演讲（见图5.4）。

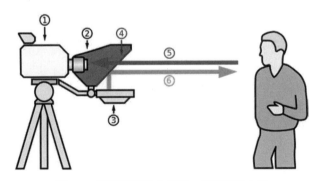

图5.4　提词器系统（来源：维基百科）[7]

　　图5.4所示的提词器系统包括：（1）摄像机；（2）护罩；（3）视频监视器；（4）透视镜或分束器；（5）来自演讲者的图像；（6）来自视频监视器的图像。

　　1953年　飞机上最早的合成视觉系统是在陆军海军仪器计划（ANIP）[8]中提出的。该计划的构想产生于1953年，旨在建立一个新的关于飞行数据显示仪器的概念，以便最佳地监控飞机的性能参数，以真正实现全天候飞行（见图5.5）。

　　ANIP的目标之一是构建一款精心设计的人工智能显示器来减轻飞行员的认知负担，该方案主要面向的对象包括：水面舰艇、潜艇和地面车辆以及飞机。

　　1961年　Philco开发出第一款增强现实型头戴式显示系统（称为Headsight），包括一个带有阴极射线管（CRT）显示器的头盔，具有基于磁场实现头部位置跟踪的功能（见图5.6），可根据佩戴者的头部方向给远程观测者提供当前的视频图像。如今Headsight可以被归类为远程呈现操控设备，因为Headsight在佩戴者看到的图像上没有叠加任何数据[9]。

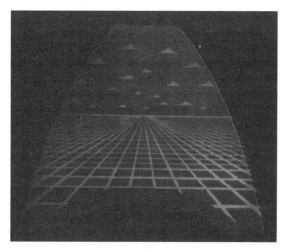

图5.5　ANIP系统的人工地平线图像
（来源：Douglas Aircraft公司）

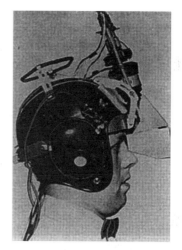

图5.6　Philco的带有CRT显示器的Headsight
头盔（来源：*Electronics Magazine*）

　　该设备与远程控制的闭路视频系统配合使用，用于远程查看危险情况并监控周边环境状态，并使用磁跟踪技术来监测用户的头部运动。1961年11月出版的 *Electronics Magazine* 刊登了关于该设备的报道。

　　1962年　在同一时期，美国休斯飞机（Hughes Aircraft）公司也研制了一款类似的头戴式设备，称为Electrocular（见图5.7）[10]。

　　Electrocular被设计成一个远程摄像视图观测设备，它将摄像机的输出投射到一个直径为1英寸的头戴式CRT（长7英寸）显示器上，该显示器带有一个半透视镜，可以将图像投射到佩戴者的右眼前方。

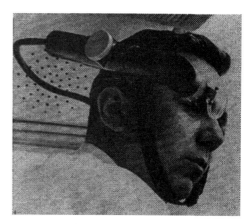

图5.7　太空探险者的"第三只眼"，
Hughes Aircraft上的Electrocular
（来源：Popular Electronics）

1963 年　位于美国德克萨斯州沃思堡的贝尔直升机公司，正在试验一种基于伺服控制的摄像头，并将视频显示到眼镜上的远程呈现（遥视）装置。该显示器能够为飞行员提供了一个由直升机下方的红外感知装置拍摄的地面实时视图。摄像头被关联在眼镜上，这样当飞行员移动头部时，它也会跟着移动，这基本上给飞行员提供了遥视功能，与 Philco 系统（可能是来自贝尔系统的灵感）非常相似。

贝尔直升机系统旨在帮助飞机夜间着陆，向飞行员提供实时增强的现实世界视图。该系统将是第一个视频透视的增强现实系统，但其中没有叠加任何计算机生成的虚拟图像。

1965 年　Ivan Sutherland 因为他 1962 年在麻省理工学院时期进行的 SketchPad 项目而闻名，并被哈佛大学聘为副教授。1965 年他在题为 *The Ultimate Display* 的文章中设想了增强现实的理想目标[11]。

当然，可以将理想的终极显示描述为这样一个房间，在其中计算机可以控制物体的存在。在这样的房间里，摆放一把椅子让人坐下就应该足够了。在这样的房间里所展示的手铐真的能够限制人的自由；在这样的房间里展示的子弹真的能够致命。通过适当的编程，这样的显示真的可以成为爱丽丝梦游的仙境。—Ivan Sutherland

在哈佛大学期间，Sutherland 听说了贝尔直升机公司的项目，就去那里实地考察。他观察了贝尔直升机的测试过程：测试人员让一名员工戴着眼镜样品坐在办公室里，观察两名同事在屋顶上玩接球游戏，以此测试这个系统的功能。当他们中的某个人突然向摄像头扔球时，办公室里的员工下意识地躲开了。"很明显，"Sutherland 说，"戴着眼镜的人误以为他正处在由摄像头所呈现的两个同事打球的环境里，球好像是向他飞来的，因此会下意识地躲闪，因为他认为自己所在的位置并不是安全的大楼里（而是屋顶上）。

Sutherland 谦虚地说："我对虚拟现实的一点贡献就是意识到我们不需要摄像头——我们可以用计算机来代替它。然而，当前没有任何一台计算机有足够的能力来胜任这项工作，所以我们不得不去开发专用设备。"

1967 年　Tom Furness（1943.4.19—）曾为空军工作，研究用于武器瞄准的飞行员头戴式显示器。大约 22 年后，他在华盛顿大学建立了人机接口技术（HIT）实验室（见图 5.8）。

根据与 Hughes Aircraft 公司签订的研制合同，美国空军生产出第一套头盔显示器（HMD），使用 1 英寸的电磁偏转 CRT 产生光栅扫描图像，该图像被放大并投影生成具有 30° 视场角的虚拟图像，该项技术可以用于单目镜显示。

1968 年　Sutherland 和他的学生 Bob Foster（1945—），Quintin Foster 以及麻省理工学院的研究生 Chuck Seitz 一起设计了一款头戴式眼镜。这款眼

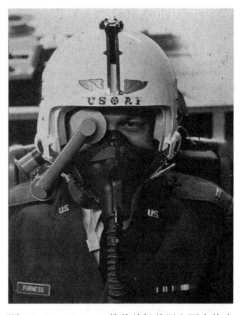

图 5.8　Tom Furness 戴着首架美国空军头戴式显示器（来源：阿姆斯特朗实验室）

镜具有头部位置追踪功能，以及可在单个立方体上叠加文字的特殊辅助功能（见图5.9）。他们与贝尔直升机使用了同一种显示器，每只眼睛分别观看一个CRT，并开发了一种悬挂在天花板上的头戴式显示器，后来这种显示器被称为"达摩克利斯之剑"。

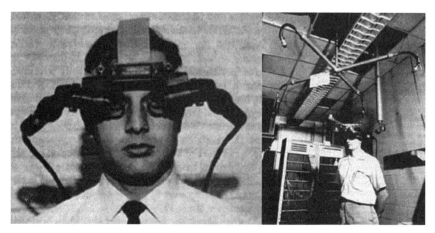

图5.9　观察者看到了计算机生成的图形：一个浮动的线框立方体（来源：计算机历史博物馆）

该装置是部分透视的，所以用户并未完全与周围环境隔绝。这种半透视特性与其他特性结合在一起，使该装置成为了真正意义上增强现实应用的先驱（见图5.10）。

同年晚些时候，Sutherland搬到了犹他州，在那里他加入了由Dave Evans（1924—）创立的犹他大学计算机科学系，Sutherland在麻省理工学院研究自动雷达标绘（ARPA）时就认识了Evans。1968年，他们共同创立了Evans & Sutherland计算机公司，它是世界上第一家研究计算机图形学的公司，也是计算机图形技术的先驱。

自1965年以来，为了改进飞机的人机界面设计，赖特帕特森空军基地航空航天医学研究实验室（AMRL）的人机工程部一直在开拓新技术，以"视觉耦合"的方式使驾驶员更加灵活地运行武器系统。

图5.10　被称为"达摩克利斯之剑"的头戴式显示器（来源：计算机历史博物馆）[12]

1969年　Myron Krueger（1942—）在威斯康星大学麦迪逊分校获得计算机科学博士学位的同时，开发了一系列具有交互特性的计算机图形作品，他称之为"人工现实"。在这些作品中，他开发了计算机生成的虚拟环境，以响应虚拟人的指令，从而实现交互目的。这项技术使两个天南海北的人能够在一个高性能计算机生成的虚拟环境中相互交流，这是远程呈现技术的先驱。此后，他又主持了Glowflow、Metaplay和Psychic Space项目的研究，都是对这项工作的延续和深化。1975年，这些项目又推动了Videoplace技术（由国家艺术基金会资助）的发展，即在不使用护目镜或手套的情况下，能够响应用户的交互动作。在实验室完成的这些研究工作使Myron得到业界广泛的认可，他在1983年出版的著作 *Artificial Reality*[13] 也被大量引用。

　　增强现实通常被认为是在某种类型的视图系统（例如护目镜或平板电脑）上显示增强后的图像。

　　在20世纪70年代到80年代，增强现实是一些机构的重要研究课题，包括美国空军阿姆斯特朗实验室、美国国家航空航天局Ames研究中心、麻省理工学院和北卡罗来纳大学教堂山分校都在研究这个方向。

　　1971年　南非成为头盔式瞄准镜技术的先驱和领导者之一。SAAF（南非空军）也是第一支执行这种头盔式瞄准镜任务的空军。

　　同年，霍尼韦尔（Honeywell）公司根据合同，最终敲定了为美国空军开发的visor投影显示/跟踪系统的方案（见图5.11）。显示图像由位于头盔后部1英寸宽的CRT所生成，并通过相干光纤束的方式传送到头盔前部，图像被准直投射并引入抛物面遮阳板下的反射镜，然后再被反射到抛物面焦点处的镜面上，反射回抛物面上的另一个二向色涂层，最后反射到飞行员的眼睛里。飞行员将看到一幅虚拟的图像，并以22°的视场角在光学

图5.11　测试飞行员佩戴增强现实头盔原型（来源：Tom Furness）

无穷远处与外部世界叠加。头盔上还嵌入了光电探测器，通过其红外三角定位装置对头盔进行追踪，从而创建了最早的非机械耦合透视增强现实显示器。

　　1974年　美国海军率先在战斗机上部署了头盔式作战瞄准系统，即可视化目标采集系统，也称为VTAS（Visual Target Acquisition System）。

　　同年，Steve Mann提出了可穿戴增强现实的概念，使用可穿戴计算机将现象学信号叠加到视觉显示上。Mann还提出并实现了现象学增强现实的概念（见图5.12）。例如，通过他的SWIM（序列波铭刻机）使得不可见的电磁无线电波变得可见。这是增强现实的一种真实表现形式，从某种意义上讲，增强内容直接来自真实的物理世界（现实本身），其中现实世界和虚拟世界之间的对齐近乎完美，带宽近乎无限（见图5.13）。

　　1980年　Steve Mann的WearComp 1集成了许多设备来创造沉浸式视觉体验，其组

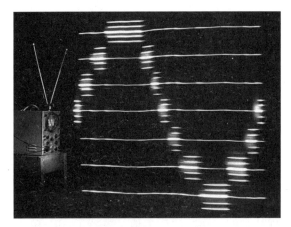

图5.12　真正的增强现实——间接作用（非可见）信息的可视化（来源：Mann）

成还包括一个具备无线通信和视频共享能力
的天线。Steve Mann后来重新命名新版设备
为"EyeTap"。

1981年 Dan Reitan（1960—）提出了
将计算机和雷达增强现实数据叠加到电视图
像上的想法，用于通过电视进行天气预报广
播，为电视带来增强现实效果。Reitan在密
苏里州圣路易斯的KSDK本地新闻网站发明
了最初设想的基于增强现实的天气可视化技
术。这些发明在KSDK、WGN和许多其他站
点进行了现场直播，不仅是叠加，还实时融
合了来自多个雷达成像系统和卫星的实时图

图5.13 1980年左右，Steve Mann在在麻省理工
学院测试他的EyeTap增强现实系统原
型（资料来源：维基百科Steve Mann）

像。后来，Reitain继续升级并开发了一个名为ReinCloud的应用程序，并获得了多项专利[14]。

1985年 Jaron Lanier（1960—）与前Atari研究员Thomas G. Zimmerman（1957—）一起
创立了VPL公司，并在1987年率先提出了"虚拟现实"这个术语。VPL销售的产品包括Data
Glove（由Thomas Zimmerman发明）[15]，它可以让人们用手与虚拟环境进行交互，VPL还推
出了一种头戴式显示器EyePhone。

同年，Tom Furness在阿姆斯特朗实验室工作时，构想了虚拟视网膜显示器（Virtual
Retinal Display，VRD）的概念，将其作为向飞行员提供更高亮度显示的一种替代方法。大约
1986年的同一时间，在日本电力公司工作的Kazuo Yoshinaka（1916—2001）也提出了这个想
法。1991年11月，Furness和他的同事Joel S. Kollin在华盛顿大学人机界面技术实验室完成了
VRD的研发，并于1992年申请了专利。

1986年 Tom Furness为驾驶战斗机的飞行员开发了一种可实现高分辨率虚实叠加的平
视显示器HMD，这项任务当时是美国空军超级驾驶舱项目的组成部分。

1989年 Reflection技术公司推出了Private Eye头戴式显示器，该显示器在1.25英寸显示
屏上集成了单色LED，并使用振动镜进行垂直扫描。
所显示的图像看起来像是显示在距离人眼18英寸远的
15英寸显示屏上（见图5.14）。

1990年 "增强现实"一词的出现归功于前波音
公司研究人员Thomas P. Caudell和David Mizell[16]。
Caudell和Mizell在波音公司工作期间[17]，提出了将计
算机生成的虚拟描述信息叠加在现实物理世界之上的
完整解决方案，从而简化了向装配工人传达飞机组装
布线指令的过程，并将该方案所用的技术称为增强现
实（Augmented Reality）。1992年，该方案发表在第
25届夏威夷系统科学国际会议的论文集中。Krueger在
1983年出版的 *Artificial Reality*[13]一书和1969年在威斯
康星州大学的研究成果中也都提到了这个思想。

图5.14 Steven Feiner 的 Private
Eye（来源：Dan Farber）

1991年　Ben Delaney 推出了 CyberEdge 期刊，从1991年1月到1997年1月，CyberEdge 期刊成为了虚拟现实行业的"代言人"[18]，出版了众多该领域技术及应用文章。

1992年　Louis Rosenberg（1969—）为空军研究实验室开发了 Virtual Fixtures 系统，这是最早产生实用效果的增强现实系统之一，使得军队人员能够基于该系统实现远程协同工作[19]。1993年，Rosenberg 创立了虚拟现实公司 Immersion Corporation，然后在2000年又成立了一家专注于研究先进人机交互方法的公司 Outland Research。谷歌于2001年收购了 Outland Research 及其拥有的专利。

同年，在演示了几种增强现实系统原型的基础上，Steven Feiner（1952—）、Blair Macintyre 和 Doree Seligmann 在图形界面会议上发表了第一篇关于增强现实系统原型 Karma 的专业论文（见图5.15）[20,21]，Karma 是一款基于知识辅助并用于维护、维修领域的增强现实系统。

图5.15　增强现实用于显示碳粉盒和纸盘的位置（来源：Blair Macintyre）

同年，Neal Stephenson 出版了他的小说 *Snow Crash*（《雪崩》），引入了 Metaverse 的概念。需要强调的是，Stephenson 于2015年加入 Magic Leap 公司。

1993年　根据麻省理工学院 Doug Platt 的设计，Thad Starner（1969—）开始不断试用并完善他的可穿戴计算机，该计算机使用 Intel 80286 PC 和基于 Reflection Technology 的 Private Eye 显示器（见上文）[22]，后来该系统被命名为"Lizzy"。

同年，由 STRICOM 赞助的 Loral WDL，首次结合实时装有增强现实设备的车辆和载人模拟器进行了演示（见图5.16）。这些信息来源于 Barrilleaux 在1999年还未发表的论文，题为"将增强现实应用于现场训练的经验和观察"[23]。

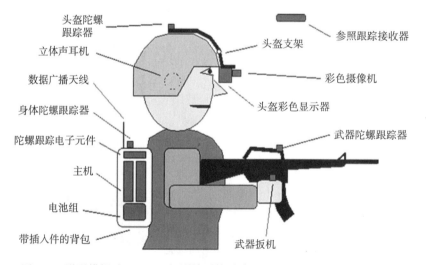

图5.16　增强模拟（AUGSIM）训练系统（来源：Peculiar Technologies）[24]

1994 年 Julie Martin 首次将增强现实技术用于娱乐目的，当时她创作了首部基于增强现实技术的戏剧作品"赛博空间之舞"。这部由澳大利亚艺术委员会资助的电影，模仿了杂技演员和舞蹈演员的身躯特点，实时操纵虚拟对象，并将其投射到同一个物理空间和表演舞台场景中。

SixthSense 是一个基于手势的可穿戴计算机系统，由 Steve Mann 于 1994 年[25]、1997 年（头戴式手势界面）、1998 年（颈部版本）在麻省理工学院媒体实验室开发，并由 Pranav Mistry（也属于麻省理工学院媒体实验室）进一步开发。

1996 年 哥伦比亚大学计算机科学系教授 Steven Feinberg 使用透视显示器，构建了第一个室外移动增强现实系统。

同年，索尼公司发布了 Glasstron，这是一款头戴式显示器，包括两个 LCD 屏幕和两个眼镜镜片，分别用于视频显示和音频播放，它还有一个机械快门，可以使显示屏立刻变得透明（见图 5.17）。

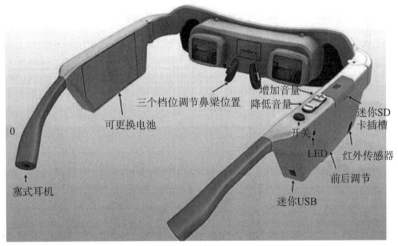

图 5.17 索尼公司的 Glasstron 增强现实眼镜（来源：维基百科）

同年，移动背包式增强现实系统 The Touring Machine 在哥伦比亚研制开发成功，是首款基于图形增强的移动增强现实系统（MARS）。它集成了头戴式显示器、手持平板显示器和移动计算机，还有 GPS 和可连接互联网的背包（见图 5.18）[26]。该系统可以穿戴在身上自由移动，集成了能够叠加三维图形的增强现实软硬件系统，具备移动状态下自由计算处理的能力，验证了增强现实可以在日常移动状态下实现虚实互动的可能性，该系统还通过在大学校园漫游时虚拟信息的叠加进行了集成测试。该系统内部包括：头戴式立体显示屏、头部跟踪模块、手持式视频透视显示屏、带触控笔和触控板的二维显示屏、可携带的不透明背包以及计算机，还有嵌入式差分 GPS 模块，无线网络接入模块等。

1997 年 Ronald T. Azuma 发表的"增强现实综述"一文研究了增强现实在不同领域的用途，如医疗、制造、研究、机械操作和娱乐领域①。

---

① Azuma, Ronald T., http://www.cs.unc.edu/~azuma/ARpresence.pdf

同年，在美国国防部高级研究计划局（DARPA）资助的名为"MicroOptical"的项目中，验证了将基于视觉的光学单元集成到眼镜镜片显示屏上的可能性。

同年，Ronald Azuma因定义了增强现实的三个关键因素而受到广泛赞誉[29]：

- 虚实叠加，即能够连接现实世界和虚拟世界
- 虚实互动，即支持虚拟对象和真实世界的实时互动
- 三维运动，即允许观察者在三维空间中自由移动

1998年　IBM日本公司展示了一款可穿戴式个人计算机，其组件包括：轻量级头戴式单目显示器（具有单色分辨率）、用于语音播放的耳机、麦克风和内部控制单元。它运行的操作系统是Windows 98，处理芯片为233 MHz奔腾MMX处理器，具有64M内存和340M存储器。

20世纪90年代后期，增强现实逐渐成为一个独特的研究领域，关于增强现实的专业会议陆续召开，包括国际研讨会和增强现实专题研讨会[27]、混合现实国际专题讨论会和构建增强现实环境的专题讨论会。此外，还组建了很多相关机构，如诺丁汉的混合现实系统实验室（MRLAB）和德国的Arvika联盟[28]。

图5.18　旅行向导。首款移动背包式增强现实系统，包括增强现实头戴式显示器（来源：哥伦比亚大学）

同年，在体育赛事广播中引入了增强现实技术。其典型代表是，Sportvision公司在竞技比赛直播中使用了基于图形叠加的增强现实技术，其中最著名的案例是美国足球比赛中叠加的（黄色）混战线。

同年，空间增强现实（SAR）概念在北卡罗来纳大学被引入，其典型特点是虚拟对象可以在用户周边的物理空间内或物体表面直接投射（渲染），而观察者无须佩戴任何头盔设备[30]。

1999年　华盛顿大学人机界面技术（HIT）实验室的Mark Billinghurst和Hirokazu Kato开发出了ARToolKit软件开发包，并于1999年首次在SIGGRAPH会议上公开演示。该开发包于2001年由HIT正式对外发布，并由ARToolworks公司在双重许可模式下进行了商业化运作（见图5.19）。后来，ARToolKit被DAQRI收购，并于2015年5月13日重新发布了5.2版开源软件包。

图5.19　Mark Billinghurst和Hirokazu Kato开发了先进且被广泛使用的增强现实工具套件（来源：Thomas Furness和Hirokazu Kato）

同年，NASA将X-38研究计划转向开发增强现实技术，这将使研究人员更好地了解制造廉价可靠的航天器所需的技术。

同年，美国海军研究人员开始研究战场增强现实系统（Battle-field Augmented Reality System，BARS），这应该算是早期士兵可穿戴系统的原始模型。

Steve Mann是最早提出数字化眼镜的先驱之一，他的突破性贡献是实现了移动增强现实，他称之为"介导"现实。他当时是加拿大多伦多大学电气和计算机工程系的教授，IEEE高级会员，也是增强现实初创公司Meta的首席科学家（见图5.20）。

图5.20　Mann戴着EyeTap数字眼镜（来源：Dan Farber）[31]

Mann研发的EyeTap可以直接佩戴在眼前，记录可供眼睛观看的东西，并将视图叠加成数字图像。EyeTap使用分束器将相同的场景发送到眼睛和摄像头，并传输到便携式背包里的计算机中。2000年，Steve Mann被公认为"可穿戴计算机之父"（IEEE ISSCC 2000），即可穿戴技术领域的创始人；麻省理工学院媒体实验室主任Nicholas Negroponte说："Steve Mann是一个坚持自己的梦想并最终建立新学科的完美典范。"

2000年　南澳大利亚可穿戴计算机实验室开发出了室外游戏ARQuake，它集成了头戴式显示器、移动计算机、头部跟踪模块和GPS单元，以提供控制游戏端口的各种输入输出（参见6.1.3.4节的"游戏"部分）。

2001年　诺丁汉的混合现实系统实验室MRLAB完成了他们的试验性研究，并将增强现实专题研讨会与混合和增强现实国际研讨会[32]（ISMaugmented reality）进行了合并，该研讨会已经成为增强现实领域学术交流和工业解决方案商定的权威会议。

2004年　包豪斯大学的Mathias Möhring，Christian Lessig和Oliver Bimber成功研发出首款面向消费者手机的增强现实系统（见图5.21）[33]。

图5.21　手机上的视频透视示例

研究人员在消费者手机上展示了这款可以运行的视频透视增强现实系统，它支持自动识别和区分不同的标记，并通过弱透视投影相机模型和OpenGL渲染管道，将渲染的三维图形正确叠加到实时视频流中。

2009年　1月，丹麦玩具制造商乐高（Lego）推出了基于Metaio的技术的数字盒子（Digital box）产品，德国总理和加利福尼亚州州长还与这款产品进行了合影宣传，这也意味着人们对增强现实的研究越来越感兴趣。

Tomohiko Koyama（又名Saqoosha）将NyARToolKit移植到Flash以创建FLARToolKit，增强现实首次可以在Web浏览器中查看（见图5.22）[34]。

　　FLARToolKit是基于NyARToolKit的，它是ARToolKit的Java移植版本。FLARToolKit从输入图像中识别标记，并计算它们在三维世界中的位置和方向，从而实现虚拟对象的叠加。

　　*Esquire*杂志也开始关注增强现实①。2009年12月出版的该杂志提供了6种增强现实体验，这些体验由杂志封面上印制的黑白块"标记"以及多篇文章和广告进行链接和触发。下载定制软件后，点开标记页面就可以播放这种体验，在虚拟环境中表演的演员能够随着杂志页面的方向而改变（见图5.23）。

图5.22　Tomohiko Koyama（又名Saqoosha）开发的　　　图5.23　*Esquire*在2009年的杂志中展示了增强
　　　　FLARToolKit为网络浏览器带来了增强现实　　　　　　　现实体验（来源：Hearst Publishing）

　　*Esquire*杂志确实起到了推广增强现实理念的作用。不久之后，涉足这个领域的新公司开始以前所未有的速度在各地出现（见图9.1）。

　　高通公司推出一款用于移动设备的增强现实软件开发工具包Vuforia，该工具包能够创建增强现实应用程序。2015年，高通公司的子公司Qualcomm Connected Experiences以6500万美元的价格将其Vuforia增强现实平台出售给计算机辅助设计（CAD）和产品生命周期管理（PLM）软件制造商PTC（前身为Parametric Technology Corporation），以实现物联网中的增强现实应用。

　　2010年　微软推出Baraboo项目，开始启动混合现实智能眼镜开发。其推出的HoloLens产品线可以向前追溯到Kinect，而Kinect是2010年微软推出的Xbox游戏机的附属产品。

　　2011年　人机界面技术（HIT）实验室的工作人员和学生，于2011年12月10日至11日在城市中心的Cashel购物中心向公众展示了CityViewAR应用程序。CityViewAR以增强现实的方式还原了2010年9月4日发生7.1级地震之前的Christchurch市。

　　增强现实初创企业Magic Leap募集到5000万美元资金，这是历史上金额最高的增强现实领域企业融资。截至2014年，Magic Leap正式对外公开其募集资金，已经筹集了14亿美元。

---

① 　*Esquire*（《时尚先生》，又译为《君子》）。该杂志首次发布于1933年10月，其宗旨是"成为男性的共同利益，为所有人做所有事"。创刊人为David A. Smart，Henry L. Jackson和Arnold Gingrich。创刊伊始，它是一本50美分的季度性杂志，每季度销量10万册。在上世纪60年代，它又成为新新闻运动的旗舰，并且一直是美国国家杂志奖最佳特写奖和其他各种奖项的热门选择。

爱普生公司对外展示了其增强现实产品模型，即 Moverio BT-100，并承诺在2014年推出更多款式的时尚眼镜（见图5.24）。爱普生公司的这款产品还发布了另外三个版本，并在2016年推出了带有深度摄像头的 Moverio Pro BT-2000。

谷歌眼镜（Google Glass）项目由 Google X 部门开发①，谷歌是一家由 Jaque Aldrich 领导的致力于技术进步的公司，其研发成果非常多且代表了技术前沿，如无人驾驶汽车（谷歌眼镜原型见图5.25）。

图 5.24　BT-100，爱普生公司研制的增强现实眼镜（来源：爱普生公司）

图 5.25　2012年6月在 Google I/O 上看到的谷歌眼镜原型（来源：维基百科）

该产品于2012年4月公开对外发布，2013年4月，其 Explorer 版本以每套1500美元的价格提供给美国的 Google I/O 开发人员。

2013年　汽车制造商开始使用增强现实技术代替传统汽车维修手册。例如，大众MARTA应用程序（基于移动增强现实辅助维修系统）为维护技术人员提供详细的指导信息，而奥迪增强现实应用程序使用 iPhone 手机的摄像头，提供从雨刮器到油盖的300种部件的详细信息[35]。

同年，东芝公司推出一款用于医疗操作导航的三维增强现实应用程序。

2014年　关于可穿戴增强现实的重要新闻事件开始出现，主要是指谷歌眼镜和其他公司（如爱普生）开发智能眼镜进展的新闻。此外，还有一家创业公司 Innovega 宣布将推出增强现实隐形眼镜 iOptik。2017年，该公司又将其眼镜更名为 eMacula。

2016年　Super Ventures 成立第一个致力于增强现实的孵化器和创业基金[36]。2016年，针对增强现实公司和该领域创业公司的总投资达到15亿美元，其中 Magic Leap 当年获得了8亿美元（除了之前的投资）融资。

微软公司从2010年启动的 Baraboo 项目，衍生出产品价值3000美元的 HoloLens 产品，并于2015年1月22日开始进入商业化市场。

---

① Google X 是谷歌公司最神秘的部门，位于美国旧金山的一处秘密地点，该部门机密程度堪比 CIA，仅少数几位谷歌高层掌握情况，在其中工作的人都是谷歌从其他高科技公司、各大高校和科研院所挖过来的顶级专家。Google X 实验室开发过谷歌眼镜和无人驾驶汽车等多个引起世界关注的项目。

5.1.1　发展趋势分析

在这本书的撰写过程中，我逐渐意识到许多人都在解释增强现实（虚拟现实）；它是什么？它是如何工作的？是谁发明了它？到底从什么时候开始出现的？我认为这些疑问恰恰就是衡量新事物的标准。如果你知道某件事物的工作原理，即使只是基本常识（其实很少人知道汽车的工作细节），这些事物都将被认为是常见的物品，甚至是可以商品化的普通物品。但是，一旦当某些新事物出现时，就会令人兴奋并引起别人的关注和兴趣，也许还会给人们带来新的希望，于是人们就很想知道它是什么？它是如何工作的？它有什么魔力？以至于人们非常感兴趣，并通过询问、阅读、在网上搜索等方式来满足自己的好奇心。

今天，并没有人解释智能手机、个人计算机或电视是如何工作的。这是因为，这些产品以及日常生活中的其他科技产品，所涉及的技术都被认为是常识，都是我们周边环境的一部分，更是我们客观世界的组成部分。

某个产品市场（或技术）的成熟不仅仅体现在其供应商的整合，更体现在当人们停止解释它是什么的时候，或者当人们停止对其进行了解和调查的时候。

5.1.1.1　谷歌趋势监测中随时间变化的兴趣点

使用谷歌的趋势监测系统[37]，人们可以输入某个主题，根据谷歌搜索引擎提供的数据，查看该主题的搜索活动变化趋势是什么样的（见图5.26）。

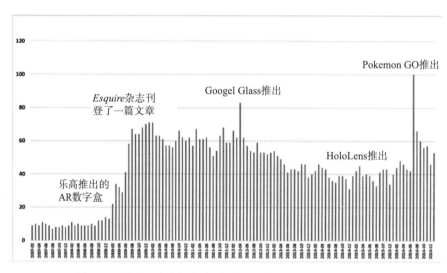

图5.26　增强现实兴趣热度随时间的变化图（全球范围内）

（纵轴）值表示对于给定地理区域和时间区间的最高点搜索兴趣。得分100表示该术语的受欢迎程度最高，而得分50表示该术语受欢迎程度是最高值的50%，同样，得分为0表示该术语的受欢迎程度低于最高值的1%（见图5.27）。

下次重大的变革将发生在本书出版之后。然而，与其他盛行技术（例如，图5.28给出的人工智能关注兴趣度）相比，增强现实的高关注度持续时间最长，可以向前追溯到2006年。

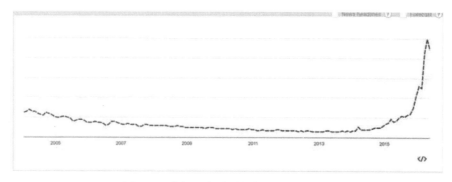

图5.27　虚拟现实随时间变化的兴趣热度

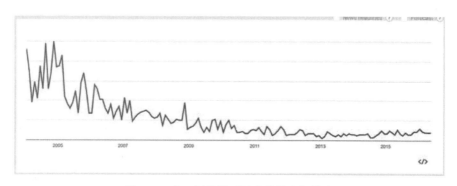

图5.28　人工智能随时间变化的兴趣热度

人们可以将其视为发展曲线的延伸或增强（由 Gartner 在 1995 年提出）[38]。

当人们对某个话题或某个公司的平均兴趣度下降时，这个话题将不再流行，甚至可能会逐渐消失，或者平静地演变成日常生活的一部分（常识）。

5.1.2　实时上下文内容提示

增强现实是一个非常主观和个性化的东西。通过增强现实眼镜，所有用户看到的关于世界的信息视图都不相同，除非他们有意选择这样做，因此，用户可以订阅他们自己喜欢的数据流。增强现实的两个主要用途是向人们提供一般信息和具体指示，这两者之间没有非常明确的界限，但严格来讲，两者不会重叠（见图5.29）。

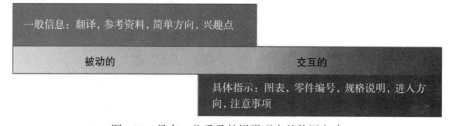

图5.29　具有一些重叠的增强现实的使用方式

正如后面章节将要讨论的，有数十家供应商提供专用的增强现实设备，以及许多在智能手机、平板电脑和笔记本电脑等通用移动设备上运行的应用程序。大量的设备和应用程序证明了增强现实的多样性，并且它将为数百万用户带来丰富的感官体验。

5.1.2.1　一般信息

典型的例子是以平视显示方式实现增强，也就是说，将叠加的信息显示在挡风玻璃上或用户视野的上方，以数字和文本的方式提供，这属于被动式增强现实，并且一般仅用于提供辅助信息。一些研究人员和评论者认为，因为这种方式所显示的信息不会将数字内容覆盖在真实世界之上，而只是将其罗列或者并排显示在透视屏幕上，因此不被视为严格意义上的增强现实。真正增强现实的信息显示方式也被称为终结者视图（见图1.3）。然而，用于显示一般信息的增强现实很可能是最广泛的用例，也是消费者应用最普遍的形式。第6章的图6.25、图6.53和图6.61就是典型的例子。

5.1.2.2　具体指示

用于一般信息的增强现实和用于具体指示的增强现实的主要区别在于：用户与所呈现信息的交互方式以及用户所处的位置不同。增强现实正在将培训、操作和信息内容提升到新的用户体验级别。它通过专门的硬件和软件，将计算机生成的对象叠加到用户周围环境中，并实现二者符合物理常识及规律的"真正"融合。"增强现实"具有独特的能力，通过集成高度精细的三维模型并收集最新设备和设施的在线信息，能够弥合培训和操作之间的鸿沟。不管是技术人员、安装和维修人员、检查员、工程师，还是研究人员，都可以通过使用具有增强现实功能的设备、设施进行工作。

然而，为了使指示信息高效、实用，它必须看起来接近现实。除了可寻址遮挡和可调节的景深（见4.1.1节和4.1.2节），场景中的虚拟对象必须具有合适的材质、颜色和光照效果，才能逼真地还原且具有沉浸感。例如，在图5.30中，墙上的电视、地上的沙发和地毯是虚拟叠加的，虽然它们的位置在几何关系上是正确的，但从光照效果上却不真实，明显感觉与真实环境光照不协调。

准确的光照效果要考虑到现实世界中所有光源的位置、强度和方向，并应用合适的增强现实环境进行处理。为了获得真实感和沉浸感，虚拟对象必须看起来真实，并保持正确的透视关系。如果将动态照明应用于这样的环境，虚拟对象应该看起来坚实、具有正确的材质，并且视点可以交互地平滑移动。需要强调的是，在使用正确光照的情况下（见图5.31），注意整幅图像带给人的视觉感官上的差异（对比图5.30，注意沙发左侧地毯及椅子的颜色和亮度）。

图5.30　增强现实视图中出现了具有不合适光照效果的虚拟对象（来源：高通公司）　　图5.31　增强现实视图中出现了具有正确光照效果的虚拟对象（来源：高通公司）

要在增强现实场景中获得准确的光照效果，首先需要实现不同类型的传感器（真实环境）和渲染系统（虚拟对象）之间进行快速、智能的信息交互，此外，还需要计算机视觉和全局光照算法来动态渲染和叠加现实世界中的虚拟对象。

矢量图形与光栅

增强现实观察家、工程师和制造商正在讨论的一个问题是，增强现实和虚拟现实是否会导致矢量图形（Vector Graphics，VG）的复兴，因为与三维或光栅图形相比，人们可以在很小的空间中存储大量的视觉信息。矢量图形将特别有助于增强现实产生真实的虚拟对象，而在虚拟现实中，由于阴影问题（比如游戏和视频）的存在，它还有很多难点问题有待解决。

答案或许是肯定的，因为随着一项技术的出现、发展和进化，每个想象中的概念都将以达尔文进化论的方式经过实践的检验，而最好的解决方案必然会出现并逐渐成为主导力量。

参考文献

1. Baum, L. F. (1901). *The master key: An electrical fairy tale*. Indianapolis: Bowen-Merrill Company.
2. http://www.smithsonianmag.com/history-archaeology/A-Brief-History-of-the-Teleprompter- 175411341.html
3. *Timeline for the history of the University of Westminster*. University of Westminster. Archived from the original on 16 May 2006. Retrieved 28 August 2009.
4. Clarke, R. W. (1994). *British aircraft armament: RAF guns and gunsights from 1914 to the present day*. Yeovil: Patrick Stephens Ltd.
5. *Gunsight Tracking and Guidance and Control Displays*, SP-3300 Flight Research at Ames, 1940–1997. https://history.nasa.gov/SP-3300/ch6.htm
6. Jarrett, D. N. (2005). *Cockpit engineering*. Surrey: Ashgate/Taylor & Francis.
7. CC BY-SA 3.0. https://commons.wikimedia.org/w/index.php?curid=334814
8. *Army-Navy Instrumentation Program (ANIP)*, ES 29101, Douglas Aircraft, https://archive.org/stream/armynavyinstrumentationprogramanip/army-navy%20instrumentation%20program%20(anip)_djvu.txt
9. Comeau, C. P., & Bryan, J. S. (1961, November 10). Headsight television system provides remote surveillance. *Electronics*, 34, 86–90.
10. *Third Eye for Space Explorers*, page 84 July 1962 Popular Electronics. Also Modern Mechanix August 1962: *Seeing Things' with Electrocular*, and *Second Sight*, Friday, April 13, 1962, Time Magazine
11. http://www8.informatik.umu.se/~jwworth/The%20Ultimate%20Display.pdf
12. http://www.computerhistory.org/revolution/input-output/14/356
13. Krueger, M. (1983). *Artificial reality*. Reading: Addison-Wesley.
14. http://www.businesswire.com/news/home/20141119005448/en/ReinCloud-Invents-Interactive-Immersive-Media-Key-Patent
15. https://en.wikipedia.org/wiki/Wired_glove
16. Caudell, T. P., & Mizell, D.W.. (1992, January 7–10). *Augmented reality: An application of head-up display technology to manual manufacturing processes, research. & technology*. Boeing Computer Services, Seattle, WA, USA, System Sciences, 1992. Proceedings of the Twenty-Fifth Hawaii International Conference on (Volume:ii).
17. Lee, K. (2012, March). Augmented reality in education and training, (PDF). *Techtrends: Linking Research & Practice to Improve Learning* 56 (2). Retrieved 2014 May 15.
18. http://bendelaney.com/write_arch.html

19. Rosenberg L. B (1992). *The use of virtual fixtures as perceptual overlays to enhance operator performance in remote environments* (Technical Report AL-TR-0089), USAF Armstrong Laboratory, Wright-Patterson AFB OH.

20. http://graphics.cs.columbia.edu/projects/karma/karma.html

21. http://www.cs.ucsb.edu/~almeroth/classes/tech-soc/2005-Winter/papers/ar.pdf

22. https://en.wikipedia.org/wiki/Thad_Starner

23. Barrilleaux, J. *Experiences and observations in applying augmented reality to live training*. Retrieved June 9, 2012, Jmbaai.com

24. http://jmbaai.com/vwsim99/vwsim99.html

25. Mann, S., *Wearable, tetherless computer–mediated reality*, February 1996. In Presentation at the American Association of Artificial Intelligence, 1996 Symposium; early draft appears as MIT Media Lab Technical Report 260, December 1994.

26. Feiner, S., MacIntyre, B, Höllerer, T, & Webster, A. *A touring machine: Prototyping 3D mobile augmented reality systems for exploring the urban environment*, Proceedings First IEEE International Symposium on Wearable Computers (ISWC '97), 1997, pp 74–81. Cambridge, MA. http://ieeexplore.ieee.org/xpl/freeabs_all. jsp?arnumber=629922 (PDF) http://graphics.cs.columbia.edu/publications/iswc97.pdf

27. IWaugmented reality'99: Proceedings 2nd International Workshop on Augmented Reality, San Francisco, CA, USA, October 20–21 1999. IEEE CS Press. ISBN 0-7695-0359-4.

28. ISaugmented reality'00: Proceedings International Symposium Augmented Reality, Munich, Germany, October 5–6 2000. IEEE CS Press. ISBN 0-7695-0846-4.

29. Azuma, R. (1997, August). A survey of augmented reality. *Presence: Teleoperators and Virtual Environments,* 6(4), 355–385.

30. Raskar, R., Welch, G., Fuchs, H. First international workshop on augmented reality, San Francisco, November 1, 1998.

31. http://www.cnet.com/pictures/google-glass-ancestors-45-years-of-digital-eyewear-photos/2/

32. ISWC'00: Proceedings 4th International Symposium on Wearable Computers, Atlanta, GA, USA, Oct 16–17 2000. IEEE CS Press. ISBN 0-7695-0795-6.

33. Video See-Through augmented reality on Consumer Cell-Phones, ISMaugmented reality '04 Proceedings of the 3rd IEEE/ACM International Symposium on Mixed and Augmented Reality, Pages 252–253, https://www.computer.org/csdl/proceedings/ismar/2004/2191/00/21910252.pdf

34. https://saqoo.sh/a/labs/FLARToolKit/Introduction-to-FLARToolKit.pdf

35. https://itunes.apple.com/in/app/audi-ekurzinfo/id436341817?mt=8

36. https://gamesalfresco.com/

37. https://www.google.com/trends/

38. https://en.wikipedia.org/wiki/Hype_cycle

第6章 典型应用领域

增强现实的应用领域非常广泛，从最基本的信息领域应用，到企业级需求、教育培训以及现场辅助应急救援等。通过计算机辅助设计（Computer Aided Design，CAD）软件，就可以生成关于目标对象非常精细的三维模型，这将有助于提升人们洞察复杂物体内部结构关系的能力，并且还能促使人们将这种独创性设计应用到服务、维修、设备管理和操作等众多领域。

增强现实将彻底改变传统教育行业，从技能培训、体育训练到矫正教育。

增强现实最早的应用之一是如何辅助人们修理复印机和汽车。在建筑及产品设计领域，增强现实也被用作审查和评估现有模型的工具。而用虚拟模型替代真实产品，可以用来向客户和公众宣传即将推出的最新产品。

增强现实在医学领域的应用则更为广泛，可以单独用整本书进行介绍。例如，允许医院或医生办公室的健康从业人员在非办公场所仍能调阅病人健康记录或直接在表格中填写数据；还可以提供远程医疗辅助支持能力，以便让偏远地区医生可以在世界任何医院的医生指导下实施远程医疗。

军方在可穿戴增强现实领域的研究和发展中扮演了非常重要的角色。从1963年起，在贝尔直升机的工作经历激发了 Ivan Sutherland 提出增强现实概念的灵感[1]，这应该算是一件非常了不起的事情，就好像个人计算机或智能手机的出现一样。因为这种新生事物的提出，不仅仅是"硬件+软件"，还包括其中各种应用程序的集成，它们为未来市场的增长提供了非常好的契机。当然，如果你仅仅把它们认为是技术本身的进步，则不会产生太大的影响。

应该说，在绝大多数情况下，商业企业用户对增强现实的需求和用途，与广大消费者没有什么本质不同。当然，消费者关注的主要是外观和价格，而商业企业用户则更关心其功能和投资回报。

6.1 重要应用领域

增强现实的应用领域从最基本的信息获取，例如以直观方式告诉用户他们正在查看的是什么星座，到企业级需求、教育培训和现场辅助应急救援，等等。在这些领域中，可穿戴设备的未来是什么？它的最佳用例是什么？该领域专家预测未来几年增强现实会发展到什么程度？下面将重点讨论这些问题。

---

[1]　Ivan Sutherland 于 1963 年在麻省理工学院获得博士学位，长期从事计算机图形学、虚拟现实领域的研究工作，对该领域的发展做出了开创性贡献，被称为"计算机图形学之父"和"虚拟现实技术之父"。

在任何情况下，增强现实系统对三维图形的生成能力都有着非常苛刻的要求。增强现实系统要求计算机生成的图形对象（如注释、图表和模型）必须与现实物理世界中的对象"对齐"，即虚拟的图形对象必须严格"放置"在物理世界中，并保持正确的几何透视关系。例如，如果增强现实系统需要在真实建筑物基础上显示其轮廓图或线框图，那么计算机生成的图形对象可能需要相应地透视扭曲变换，以适应观察者和显示设备的观察角度。因此，在观察者运动过程中需要非常精确地跟踪系统，以便感知现实环境几何模型，而实时构建这些模型是一项非常有挑战性的任务，因为即使模型中的一个小误差就可能导致显示终端上的大错误，甚至可能导致增强现实系统无法正常工作。此外，城市结构模型中包含大量不同种类的物体（如建筑物、门、窗等），对这些建筑物进行激光扫描并建立其几何模型，已被证实可以用于构建城市建筑数据库，此外，这种方式对构建机器、建筑物和住宅、汽车和其他设备等物体的模型都非常有帮助。

本节将研究一些比较典型的应用领域，但绝不可能覆盖所有可以应用增强现实的领域；因为每天都可能出现新的想法和应用，因此这个应用列表将会是无穷无尽的。本节的目的是为读者提供一个总体概述，并引导读者对增强现实进行更深入的思考。

根据增强现实系统的潜在使用对象，将这些应用分为三个大类：

- 科学、工程和政府领域
- 商业和企业领域
- 消费者领域

当然，有一些领域的应用，如房地产应用、跨部门应用（如同时涉及商业和消费者），以及医疗领域的应用可能会涉及上述所有三个部分。

6.1.1　科学、工程和政府领域

增强现实最终将使工业和企业发生革命性的变化，并提高如下很多行业的生产力、效率和安全性：

- 医疗保健——将提供更有效的病人护理、诊断和治疗援助、外科培训，以及医学可视化；
- 工业和制造业——将提供培训指导和远程辅助支持，提升生产的安全水平和实时工业诊断能力；
- 教育——将提供沉浸式、个体引导、互动式视觉学习手段，包括针对任何学科的教育，从历史、物理到职业教育，等等；
- 军事——将提供军事教学培训和实战化援助；
- 工程——实现三维可视化和计算机辅助设计（CAD），支持多人协同和交流；
- 应急响应——将提升警察、消防、安全领域的应急响应能力，包括提升潜在能力、缩短响应时间和提高救治能力等方面。

增强现实在这些领域的应用，不仅将提高生产力，同时还能获得更高的工作质量，因为当工程师、技术人员、修理工或者医生佩戴了增强现实眼镜后，会将工作做得更好。例如，戴上眼镜之后，技术人员就知道必须在盖子上转动三个螺栓才能固定电子面板，如果他还能够被进一步提示螺丝的扭矩应该是 35 英尺磅[①]，就不会对它施加过高或者过低的扭矩。通过这样的增强现实应用场景，工作质量将得到提升，并且操作更迅速。

增强现实技术正在不断稳步发展，成本效益也越来越高。例如，航空航天、汽车、海洋和商用车等行业正在推动如何使用增强现实技术进行设计、生产制造、操作、维修服务以及人员培训。事实证明，增强现实是一种在整个产品生命周期中都能使用的有效工具。

6.1.1.1 结构、工程和建筑领域

有了现代计算机辅助设计（CAD）程序，就有可能将各种产品用精细的三维模型数据表示，从而使人们对非常复杂的结构关系具备超常的洞察力。

工业设计师、机械工程师、建筑师、室内设计师等，这些使用 CAD 或类似三维设计程序的人，都可以通过增强现实系统来获得非常有用的帮助。此外，实地勘察人员可以通过增强现实系统将实际结果与原始设计进行直观比较和分析。

20 世纪 90 年代初，增强现实技术被应用到建筑设计领域，用户佩戴眼镜在房间内观察建筑物，可以通过图形方式看到隐藏在建筑物中的内部结构[1]。这个叠加在物理世界之上的虚拟世界，清楚地显示了围绕在房间中的混凝土龙骨、梁和柱子的轮廓，以及嵌入其中的钢筋（见图 6.1）。

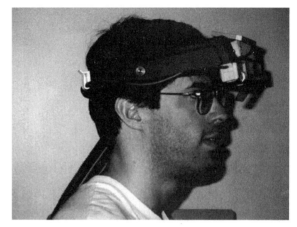

图 6.1 1993 年用于"解剖"建筑物的头戴式显示器（来源：哥伦比亚大学）

这套增强现实系统采用了隐蔽视觉显示反射技术和罗技超声跟踪器，它的图形处理单元输出 720×280 分辨率图像，用于绘制上述应用场景中那些没有被遮挡的三维线框矢量。从那以后，CAD 供应商，例如 Autodesk、Bentley 系统、PTC、Siemens 等，都一直支持将增强现实技术应用于他们的应用程序中。

谈到建筑领域中的增强现实应用，宾利系统（Bentley Systems）公司的 Stéphane Côté 说："终究会有一天，所有建筑工人的衣服上都集成了高端智能手机，以无线方式连接到数字化的隐形眼镜，智能手机中的建筑应用程序可以通过眼镜实现在视觉和听觉上的辅助指导，这种应用模式能够使现场的工人们高效、协同地进行工作。

与人们的想法相反，在一张"三维"纸上解释三维结构既不简单，也不直接。而且，一个人所感知到的情形，另一个人可能会有完全不同的解释。而通过增强现实技术将三维设计直接用在建筑领域中，其功能不仅非常强大，而且非常有效，也很有价值。

虽然 Côté 只是提出将三维设计的能力赋予建筑工人，但增强现实对于城市规划者、建筑设计师和结构工程师也同样非常有用。可以在产品设计软件中体会到这种仿真建模技术的能力，通过这些软件可以实现快速模型开发，否则有时可能需要经过数百次迭代才能决定最优的结构。

---

① 1 英尺磅 ≈ 1.3546 N·m（牛米）。——编者注

增强现实技术使巨大而复杂的三维CAD模型能够传输到平板设备上，然后实现移动环境下的可视化，并且支持其与现实世界之间进行比较分析，这为实际生产安装过程中的检查、装配、导航和定位提供了实时的、可操作的处理能力。

有一家名为MWF-Technology的公司，其总部位于德国法兰克福（2016年被Faro技术公司收购），专门提供移动增强现实解决方案，尤其擅长在移动条件下的模型数据可视化，以及基于三维CAD模型数据实现的其与真实世界的比较分析技术。

关于这些公司在增强现实领域应用的更多讨论参见6.1.1.5节。

设计

在设计领域有很多应用增强现实的场景，可以基于光学穿透式设备，也可以基于视频透视式设备。

例如，微软研发的HoloLens就是一款光学穿透式头戴设备（微软将其称为混合现实设备），而佳能公司研发的MREAL系统则是一款基于视频透视的混合现实系统。

佳能公司以生产相机而闻名，在2012年研发了自己的增强/混合现实头戴设备，并于2013年将其推向市场。该产品定位在设计和工程领域的市场应用，但佳能公司宣称还可以将其应用到救护领域（见图6.2）。

图6.2　佳能公司研制的带有高清摄像头的HM-A1型MREAL头戴设备

MREAL产品硬件HM-A1及其软件平台MP-100，通过一对安装在佩戴者眼前的摄像头生成周边环境的视频，这些视频与计算机生成的图形虚拟对象进行融合。虚实融合结果显示在一对1920×1200（WUXGA）分辨率的微型显示器上，并呈现三维立体效果。该产品定位的潜在用户包括：汽车设计师、制造商、大学研究人员和博物馆展览策划等（见图6.3）。

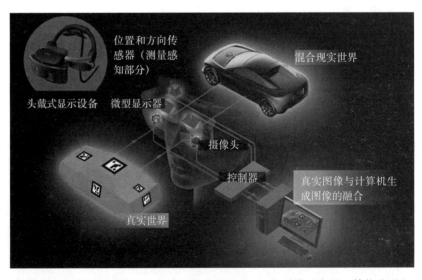

图6.3　佳能公司研制了面向混合现实应用的MREAL系统（来源：佳能公司）

佳能公司还计划向开发人员开放其软件开发包（SDK），以支持对其进行二次开发。因此，基于这款设备的应用程序还可能会继续增加。

佳能公司研制的面向混合现实应用的 MREAL 系统，主要包括头戴式显示设备硬件（HMD）HM-A1 和混合现实软件平台 MP-100，其售价为 125 000 美元，可以集成设计领域相关软件进行应用开发，例如西门子的 CAD/CAM/CAE 系列软件，PLM 的 NX 软件，以及三维可视化软件 RTT DeltaGen 等。

6.1.1.2　航空航天领域

航空领域引领了头戴式显示技术的发展及应用方向，这可以追溯到 1965 年，当时在贝尔直升机公司工作的 Ivan Sutherland 也是受到工作的启发而提出了增强现实头盔应用。在 20 世纪 90 年代初，头戴式显示器在机载、车载和徒步战斗人员等方面的应用潜力得到了充分肯定。这促使相关部门启动了多个头戴式显示设备研发项目，其重点是针对地面上不同类型的应用场景需求，研究针对性的解决方案。然而，地面头戴式显示设备的很多基本特征均来自几十年航空领域头戴式显示设备经验教训总结的成果。

最复杂的航空用头戴式显示设备当属 F-35 飞行员设计的头盔。爱德华州的航空电子公司 Rockwell Collins 与以色列 Elbit 系统公司合作开发了这款最昂贵和最先进的飞行员头盔——F-35 Gen III 头盔显示系统（Helmet Mounted Display System，HMDS）。这款头戴式显示设备的价格为 40 万美元，专为驾驶洛克希德马丁公司 F-35 闪电 II 或其他多功能战斗机的飞行员而设计。该头盔于 2014 年 7 月交付使用（见图 6.4）。

图 6.4　F-35 飞行员头盔（来源：Rockwell Collins 公司）

头戴式显示设备（HMD）能够为飞行员提供白天或夜间的周边环境实时状况图像，并且能精确叠加各类符号信息，以增强飞行员的态势感知和战术操控能力。F-35 JSF 是第一架没有安装专门平视显示器的战术喷气式战斗机，直接使用了 HMDS 提供这种功能。头盔内置两个对角线 0.7 英寸的 SXGA 显示器，其分辨率为 1280×1024。HMDS 提供了横向 40°、纵向 30° 的视场角（FOV）。

航空航天业中的增强现实应用

Christine Perey 是一位广受认可的咨询顾问、研究人员和行业分析师，自 2006 年以来致力于增强现实的技术支持和应用推广。她是增强现实企业联盟（AR for Enterprise Alliance，AREA）的创始人，并于 2013 年至 2016 年期间担任该联盟的首任执行董事。该联盟是唯一一家专注于在企业中推进增强现实技术应用的全球性成员组织，是增强现实社区（Augmented Reality Community）的创建者和主持机构，是一个寻求加速开发开放的增强现实内容并实现互操作、共享经验的全球性基层组织。Perey 还成立了一个名为 PEREY 的专业研究咨询机构，并担任该机构的主任。

Perey 女士就增强现实技术在航空航天业中的应用分享了一些看法，这也是她所关注的众多增强现实应用领域之一。Perey 认为，在航空航天领域有很多关于增强现实的典型用例，并且该领域的很多领先企业对这项技术的跟踪已经很久了。

Perey 说："在航空航天领域，增强现实技术有很多典型用例，该行业的领先企业对这项技术的关注、跟踪和应用有着悠久的历史。"

1969 年，在赖特帕特森空军基地阿姆斯特朗航空航天医学研究实验室（Armstrong Aerospace Medical Research Laboratory，USAF）工作时，Thomas Furness 就曾经向美国航天电子会议的与会者提交并汇报了一篇题为"头盔显示器及其航天应用"的论文。

20 多年以后，也就是在 1989 年，两名波音公司工程师 Thomas Caudell 和 David Mizell 在第二十五届夏威夷系统科学国际会议中联合发表了学术论文，并首次提出"增强现实"（Augmented Reality）一词，而 Furness 的那篇论文成为该论文的 8 篇参考文献之一。该研究团队从 Furness 在华盛顿大学所创建的人机接口技术实验室（Human Interface Technology Lab，HIT）的研究中究竟得到多大程度的启发，目前尚不清楚，但是波音公司团队所关注的应用重点在于：在进行飞机和其他航空航天制造任务的电气配线组装工作时，这种技术能够减少人为错误。

虽然这项技术当时还不够成熟，也无法在当时条件下走出实验室并发挥其真正的应用潜力，但他们也坚信，将来在增强现实辅助系统的帮助下，工程师将能够更快地完成任务并减少操作失误。

概念验证

大约 15 年之后的 2008 年，波音公司研发工程师 Paul Davies 与波音公司高级技术研究人员 Anthony Majoros 进行了合作。Davies 和 Majoros 共同延续了 Caudell 和 Mizell 曾经中断的工作，使用当时市场上相对成熟的技术，如完全沉浸式的融合平台，以展示建造卫星的技术人员怎样在平板电脑上通过增强现实技术来执行复杂的操作任务。

空中客车公司（Airbus）多年来也一直在尝试应用增强现实技术。在 2006 年 ISM 增强现实会议论文集的一篇论文中，Dominik Willers 解释了增强现实技术是如何用于装配和服务任务的，但是他同时也认为该技术还太不成熟，无法真正应用到实际生产环境中[2]。这篇论文是与慕尼黑技术大学合作撰写的，其关注焦点是需要在跟踪方面取得突破。

在这些概念性演示项目不断得到验证之后，增强现实技术在航空航天领域有了越来越多的应用案例，同时人们对增强现实相关技术的研究脚步一直没有放慢。

2017年航天领域的增强现实

2017年，虽然增强现实技术在许多航空航天领域的生产环境中并未普及，但其提高效率的技术前景已经得到了广泛的认可。

在欧洲航天局（European Space Agency，ESA）的地球和太空应用中，可以找到各种各样关于增强现实的可能应用案例。例如，针对多种航天器件的检查以确保其质量，完全可以通过增强现实辅助系统来实现。

虽然导致增强现实难以真正实用的障碍大多被认为还是技术方面的，但同样也存在着人为因素和商业考虑等方面造成的重大阻力。

增强现实技术在航天员训练中的应用

通过头戴式显示器，将三维和二维图像叠加在用户的自然视野空间，这种增强现实技术正在开发并应用于载人航天领域。美国航空航天局的增强现实eProc计划，欧洲航天局的MARSOP计划，都展示了增强现实技术在改善航天员实践培训和实时培训（Just-in-time Training，JITT）方面的潜力。

这方面的研究验证了通过增强现实环境，实现远场或近场的个体之间解放双手，进行即时协作或协同指导的可行性，并测试了系统的性能，可用于训练、任务实施和其他空间应用。实时增强现实协同技术提供了早期系统中所没有的灵活性、即时通信及协作能力。这些协作是通过使用平板或手势识别等方式，在本地绘制或注册先前已有的增强现实图形对象来实现的，当然，其他个人也可以实时查看这些图形。可以使用基于雷达的手势识别装置（传感器）来实现航天员的非接触操作，该装置具有良好的环境稳健性，并且可嵌入刚性材料中。它们能够精确地测量三维环境中的运动，使人的手势适应有限的运动范围。通过嵌入式手势传感器和增强现实眼镜，还可将增强现实技术扩展应用到舱外活动（Extra Vehicular Activity，EVA）或其他太空服应用领域中。增强现实控制在EVA应用中的潜力为增强现实与自主系统之间的通信和交互的未来发展敞开了大门。

Christine Perey是增强现实企业联盟（Augmented Reality for Enterprise Alliance，AREA）的执行董事，也是PEREY研究咨询公司的创始人和首席分析师。她提供关于增强现实技术战略性的研究，以及商业化和市场化建设的相关咨询服务，其重点是建立强有力的推进战略，以便在各领域中成功引入移动增强现实技术，为企业提供相应的产品及服务。

PEREY研究咨询公司是移动增强现实行业的领导者，也是技术、应用及解决方案的提供商，还是研究机构和网络运营商，其提供咨询的领域涉及了移动增强现实和物联网相关的技术、产品和服务，该公司也是增强现实企业联盟AREA的特许会员。

6.1.1.3　教育领域

增强现实技术可应用于培训教育、体育教育和辅导教育，将彻底改变教育行业。

通过增强现实应用程序可以实现对标准课程培训的有效补充。可以将图形、视频、文本或音频等内容作为补充信息，实时添加到教材中，而教材、闪存卡和其他教育读物都可以作为这些补充信息的存储媒介，这也是教材形式能够不断更新迭代的重要支撑。早期的应用案例是：制作带有某些特定标记的页面，当用增强现实设备扫描时，这些页面就会产生以多媒体形式呈现给学生的补充信息[3]。

在高等教育中，增强现实应用程序还可以帮助学生更好地理解物理、数学、几何、电气、化学或机械工程的相关概念。通过这种技术手段，学习过程将变得非常主动、形象而有趣。例如，在化学领域，增强现实技术可使分子的空间结构可视化，并且学生能够与虚拟现实设备中出现的虚拟模型进行交互，而这些虚拟现实设备可以是智能手机或者平板电脑。增强现实技术也可以应用到生理领域，例如以三维模型方式使不同的人体器官和组织可视化。

小学生的教育则可以设计成体验式或可视化的方式。如果通过增强现实设备能够让孩子们看到三维的太阳系模型，他们将能够更好地理解这些概念。在解剖学教学中，教师可以利用增强现实技术使骨骼和器官可视化，并将它们叠加显示在真人身体上[4]，非常直观形象。在语言教学中，可以利用增强现实技术启动翻译程序并叠加翻译后的补充信息[5]。

增强现实应用非常容易实现，并且每个学期都可以在课堂上不断使用。通过带有摄像头的移动设备以及嵌入其中的应用程序，能够将现实生活和虚拟世界有机地融合在一起，这将使得各种信息可以被直观地观察、理解和操纵。

焊接培训

最早用于焊接培训领域的增强现实应用系统是在2013年由位于西班牙韦尔瓦市（Huelva）的Soldamatic开发的。可以让学员感受到真实的车间焊接环境，使用的所有操作工具都是真实的（例如，焊枪、焊接头盔、焊接工件等），利用增强现实技术可以使这些工具相互之间发生作用，基于计算机图形绘制技术生成真实感的焊接效果，从而向学员提供逼真的焊接培训体验（见图6.5）。

这款用于培训焊接的数字化软件工具可以在虚拟世界中非常安全地达到教学目的。

图6.5　增强现实焊接培训系统

医疗训练

增强现实技术已经被应用到高等教育的各个学科，包括环境科学、生态系统学、语言学、化学、地理学、历史学和医学。增强现实在医学领域中的应用可以追溯到1992年，首先是在超声成像中实现的[6]。在医学训练和仿真中，增强现实应用的潜力在于可以远程实时呈现三维医学模型。

临床护理医学领域也可以应用增强现实，因为它能够为医生提供病人的人体内部视图，无须任何侵入性操作。由于学生和医疗专业人员在临床护理方面需要更多的实践经验，特别是首先要为病人的安全考虑，这些客观要求都说明，在医疗保健教育中有必要广泛地运用增强现实技术。近年来，在该领域对增强现实的广泛研究突出体现了以下几个方面[7]：

- 增强现实为医学领域的学生提供了非常丰富的情境式学习环境，以帮助其实现核心实践能力，如诊断决策、团队合作，甚至支持协调运用全球各地的医学资源，以解决本地的紧急医疗活动。
- 增强现实为更真实的学习提供了更多的机会，并允许使用多种学习风格，这为学生提供了更加个性化和探索性的学习体验。
- 允许在增强现实的技能培训中出现错误，但同时患者的安全将会得到保障。

当然，一些从业者仍然认为增强现实技术在医疗保健教育中的应用还处于起步阶段，但同时也承认它在促进医疗保健学习方面有着巨大的发展潜力（见图 6.6）。

增强现实虽然不是一项新技术，但在医学教育领域正逐渐为人们所熟知，这在很大程度上得益于谷歌眼镜和微软的 HoloLens 等产品。增强现实不仅能帮助学生完成教育培训，还能通过增强医学培训的能力来辅助对病人的护理。由于意识到增强现实技术在医学培训领域的重要前景，医学图书馆可以深度参与

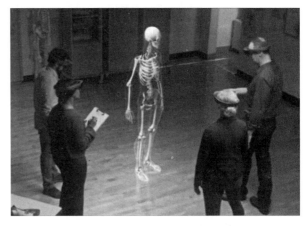

图 6.6　凯斯西储大学的学生使用微软 HoloLens 上人体解剖学课程（来源：凯斯西储大学）

这项技术的应用推广，从而使广大的学生和教育工作者从中受益。

医学培训既可以是互动的，也可以是被动的。互动培训涉及增强现实，而被动（观察）培训则一般不涉及（见 6.1.1.7 节的"录像并不等于增强现实"部分）。

6.1.1.4　检查与维修

增强现实在维修领域的早期应用是指导用户如何修理复印机（见图 5.15）和修理汽车。其基本原理是，采用实时计算机图形学，在实际维修的设备上进行叠加和三维注册，引导用户进行正确操作，这可以大大提高维修人员在培训期间和实际操作时的效率[8]。

增强现实可以通过像视觉"X 射线"这种方式来支持维修维护任务，或者通过传感器直接向用户提供增强的辅助提示信息。

通过增强现实提供技术文档

通过增强现实技术，技术文档可以实现直观可视化和移动显示。无论是在培训、操作、故障排除或维护（特别是涉及复杂的机械或设备时），当技术人员在实际操作中需要得到提示时，应该立即为其提供所需的信息，并且信息应该清晰易懂。毫无疑问，当技术人员不得不停下来查找纸质或数字文件时，他们就失去了寻找正确信息的宝贵时间。而增强现实则开辟了一个全新的维度：只要点击几下，三维指令就会直接投射到机器上。当然，这些数据可以是在线的，因此完全能确保是最新的，而不像传统纸质操作手册那样可能已经过时，或者无法提供精确的文字警示（见图 6.7）。

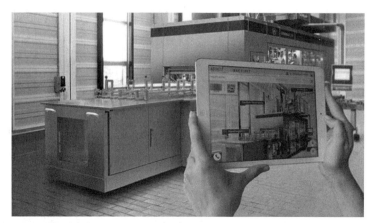

图6.7　通过增强现实技术将手册可视化后投射到机器上（来源：Kothes SIG公司）

德国Kempen市的技术文档咨询服务商Technische Kommunikation有限责任公司已经将增强现实技术应用到技术文档支持领域，该系统称为Kothes。其应用背景为：SIG公司的Combibloc纸箱包装机要求在现有的使用手册基础上进行版本扩充，以便为用户提供更多的、最新的实际操作指导。具体实现方式为，使用带颜色的编码链接所需交互的内容，通过手机或平板电脑直接在机器上查看技术文件的内容。此外，如果有必要，用户还可以访问更多的详细信息或接收增强现实指令，以实现对机器的进一步操作。

Kothes系统为用户操作、维修和维护时查看指导手册提供了一个直观可移动、便于导航的系统原型。用户将他的平板电脑对准目标机器，扫描统一的条形码，平板电脑就能够识别机器，随后出现的虚拟操作指南是符合上下文的，其颜色和布局也是适当的，便于用户现场使用。

实际应用时，用户离机器越近，平板电脑屏幕上就能显示各个模块的更多细节；此外，还可以通过交互，在不同视角生成相应模块的下一级别属性信息（见图6.8）。

图6.8　更换蒸汽过滤器的逐步操作指示（来源：Kothes/SIG公司）

将定义的每个模块信息以全屏显示后，其清晰度将大大提高。在Reflekt和Kothes联合开发的应用程序中，用户可以选择直接在工作环境内接收详细信息和视觉导航。此外，这个总部位于德国慕尼黑的Reflekt公司还开发了针对汽车、工业和房地产领域的增强现实应用。

维护和修理

　　汽车发动机及其内部结构，对许多人来说是完全未知的，并且其组成非常复杂。即使是经验非常丰富的业余（甚至专业）技工，也很可能不完全知道发动机中某些部件的准确位置。而现在，用户可以在智能手机和平板电脑中安装增强现实应用程序，这将使普通用户也能成为精通其内部结构的机械师。基于计算机视觉技术的三维跟踪软件，如通过来自 Inglobe Technologies 的 I-Mechanic 增强现实技术，用户就能够以上下文的方式查看维护汽车所需的各种指令向导（见图6.9）。

图6.9　在汽车中查找零件的增强现实指南应用（来源：AR-media）

　　这类应用的主要突破之一是开发实现了基于无标记场景的图像处理识别技术，在真实物理场景基础上进行自动识别与三维注册，这主要是通过同步定位与建图（Simultaneous Localization And Mapping，SLAM）视觉处理技术来实现的。

汽车、卡车和重型设备驾驶操控

　　汽车、公交车的屏幕显示器，或者摩托车驾驶员头盔上的显示器很常见，如果没有这些设备提供的信息，有时还会感到不适应。然而，从实际应用需求来讲，增强现实技术提供的增强显示内容还包括对真实物理世界的视觉跟踪、三维重建、虚拟对象的注册，以及与虚实世界的融合，而早期安装于汽车前部的显示器并没有这些功能，只是提供了关于速度和燃油余量等基本信息。基于增强现实技术并应用在汽车上的现代化显示器，还包括方向指示和信息帮助等内容，因为它通过网络提供了基于实时位置的数据推送服务，甚至可以提供有关附近兴趣点的相关信息，比如咖啡店或加油站等。

　　人们对安装了屏幕显示器的车辆的认同感并不完全相同，有很多司机非常认可这些设备提供的功能，因为他们在驾驶时能够完全不受影响，并把视线集中在道路上（还能够享受这种驾驶方式带来的兴奋感）；但也有一些人担心这种显示方式阻挡了正常视线或者影响了注意力。然而，这种显示装置已经得到了实践的检验，并且成功应用在很多中型甚至大型车辆上。这种屏幕显示器将有助于保证司机在驾驶过程中的安全，随着更多功能在这种显示装置上的应用，它将被应用到越来越多的车辆上。

用于汽车上的屏幕显示器是一种消费级产品，本书将在6.1.3.6节的"导航与控制"部分进一步讨论。

6.1.1.5　制造业领域

2015年下半年，制造业领域发生了较大变化。苹果公司收购了Metaio，而后者在增强现实领域的市场份额仅次于Vuforia。然后，谷歌投资了Magic Leap，而微软则宣布推出HoloLens混合现实全息眼镜，而基于Needham的计算机辅助设计和产品开发软件公司Parametric Technology Corporation（PTC），从高通手中收购了Vuforia。发生在美国的这些事件引发了全世界围绕增强现实的讨论，毫无疑问，大家都认为这项技术完全可以被用于消费市场以外的更多领域。

"就像19世纪蒸汽机的发明一样，增强现实技术将改变制造业和建筑业的一切。"指数增强现实解决方案（Index augmented reality Solutions）公司的执行副总裁兼首席执行官Dexter Lilley说。

增强现实技术已经并将继续在制造业的日常运营和培训中发挥更大的作用。该领域企业已经认识到，此项技术的成功运用将使人员培训周期缩短一半，并且还能在一定程度上延长人员培训的间隔周期。日常作业活动，如检查、后勤、建筑、操作和维护都有典型用例，这将使工人和技术人员能够在固定时间内做更多的事情，减少部分操作步骤的时间，甚至完全剔除某些不必要的环节（见图6.10）。

图6.10　建筑工人运用增强现实在无图纸的情况下进行施
工设计（来源：Index augmented reality Solutions）

显然，增强现实技术将在工业环境中广泛应用。随着更多企业开始意识到增强现实技术可能对其生产效率和销售利润产生巨大影响，将会有持续不断的推动力，从而实现不断推广运用和进化升级。这种趋势甚至可能是革命性的。

减少制造中的错误

1989年，波音公司率先利用增强现实技术，在飞机制造的线束集成环节减少了误差，这也是关于增强现实技术的最早工业应用之一。如前文所述，"增强现实"一词的提出应该归功于波音公司的Thomas Caudell和David Mizell[9]。

在英国谢菲尔德大学召开的15周年大会上，来自波音公司的Paul Davies就波音公司与艾奥瓦州州立大学合作的机翼装配研究项目进行了专题介绍[10,11]。Davies展示了使用传统二维操作指令和增强现实来执行复杂任务时的操作效果对比，实践结果表现，二者在表现上的差异是巨大的。

现在有三个任务小组，同步展开机翼部件的组装工作，组装机翼有50多个环节，使用了30种不同的部件。每个小组分别使用三种不同的方法执行此项相同的任务：

A小组：1台式计算机，通过其显示器将操作指令显示在pdf文件中。

B小组：1台平板电脑，直接在上面显示pdf文件中的操作指令。

C小组：1台能够运行增强现实软件的平板电脑，将操作引导指令以图形方式叠加显示在实际部件上，通过带有4个摄像头的红外跟踪系统为增强现实模型与现实世界的精确对准提供高精度的运动跟踪。

Davies和艾奥瓦州州立大学共同组建的研究团队让每个小组分别组装2次，由观察人员评测那些基本没有实践经验学员的首次操作时间（这里称之为首次组装质量）。

对于A小组来讲，他们必须不停地往返于台式计算机和组装区域之间（往返1次称为1个"回合"），然后，再循环往复进行下一步操作；而B小组和C小组则可以带着他们的平板电脑，在组装区内根据需要自由地走动。

这些小组的行动和操作均可以通过部署在组装区域周围的网络摄像头记录下来。

观察人员还对每个团队所犯的错误进行了统计和分类，发现B小组和C小组犯的错误明显少于使用固定桌面计算机的A小组。

A小组第1次组装平均犯了8个错误，第2次组装减少到4个，这些变化体现了操作经验的影响和对问题熟悉程度的提高。

B小组平均只犯了1个错误，在第2次组装过程中则没有明显的改进。C小组使用增强现实提供的操作指令向导，第1次组装平均少于1个错误，而第2次则没有犯任何错误。

这项研究表明，首次执行复杂任务可以通过增强现实技术提供的操作指令向导而受益，这已经在上述实验中得到了量化和证实。当然，如果能够同时以较少的错误和更快的速度完成任务，这对生产效率的提升无疑将是非常显著的。

6.1.1.6　潜水艇、快艇和航空母舰建造领域

增强现实技术被一些世界领先的造船厂用作设计评审的有效工具。通过增强现实应用系统，即使还处于设计开发阶段，不同学科领域的参与者和产品应用人员也都有机会针对既有模型参与测试和评估，而这种方式不仅能用虚拟模型取代真实模型，还能用来向客户和公众宣传新产品，例如船舶和海上设施等。

2011年，纽波特纽斯造船厂启动了一个研究开发项目[①]，学习如何将增强现实技术应用于造船。他们称这个项目为"无图纸板"（Drawingless Deckplate）。一年以后，其在造船业领域

---

① 纽波特纽斯（Newport News）是美国弗吉尼亚州东南部的城市，建于1621年。位于詹姆斯河北岸，为弗吉尼亚州东海岸重要的港口城市，同时也是北大西洋航路和国内水运的重要港口。美国现役所有航母都在纽波特纽斯造船厂建造，该厂是目前美国仅有的一个航母造船厂。

潜在的成本节约已经非常大，甚至足以支撑组建一个专门的研究团队。到2017年，这个增强现实研究团队已经组建完成，其正在进行或待展开的项目达到30多个。

　　为美国海军建造航空母舰的公司也正在使用增强现实技术，这将带领造船业进入新的21世纪（见图6.11）。

图6.11　通过可视方式规划设计航母上新设备的安装位置（来源：Huntington Ingalls）

　　Huntington Ingalls公司使用增强现实平板电脑，让造船者能够"看穿"一艘船的内部硬件结构，并且在真实物体空间上叠加设计效果和其他相关信息，还允许技术人员从多个角度进行观察评估。这项研究内容也在支撑一个更加宏伟的计划，就是使造船过程无纸化。该公司建造的第三艘船为CVN级[①]，称为CVN 80，这也是该企业建造的第一艘没有使用图纸的船舶。

6.1.1.7　医学领域

　　医学领域的应用更是非常广泛，有几十个典型应用，足以写成一本书。这里仅仅列举了几个比较流行或有意思的应用。例如，医院或医生办公室的保健工作人员在移动状态下，仍然能随时随地查阅病人健康记录或在表格中输入相应数据。或者，通过增强现实技术提供远程医疗辅助能力，医生在任何地方都可以请教世界各地某大型医院的医生，并在其指导下实施远程医疗。

用增强现实智能眼镜帮助视障人士

　　牛津大学的研究人员开发了增强现实智能眼镜，可以通过它提供基于深度的反馈，以帮助视力有缺陷的人改善视力，从而让这些用户看得更好（见图6.12）。

图6.12　Oxsight生产的智能眼镜为有视力缺陷的人提供帮助（来源：Oxsight公司）

---

① 美国航空母舰编号以CV（Carrier Vessel）开头，而CVN指核动力航母，即Carrier Vessel，Nuclear。——译者注

　　这种智能眼镜（称为 Smart Specs）的用途是增强日常物品的视觉图像，如朋友的脸，或桌子上的物品等。使用它们真正关键的用途是在黑暗中探测巨大的障碍物，如墙壁、桌子、门道、标杆等（见图6.13）。

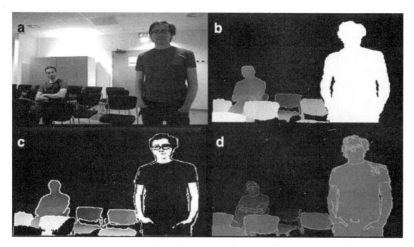

图6.13　根据用户需要，智能眼镜可以显示自然彩色图像或
进行简化的高对比度图像（来源：Oxsight公司）

　　Oxsight公司生产的智能眼镜使用了三维摄像头和智能手机程序来提高周围物体的视觉效果，该软件在隐藏环境背景的同时突出了物体的边缘和特征，这使得许多实际物理对象更容易被看到。这些功能都可以在黑暗环境中工作，得到的视频可以暂停或放大，以提供更多的细节。

　　增强现实眼镜的设计是为了帮助有严重视觉障碍的人。这款智能眼镜是由神经科学研究人员 Stephen Hicks（1960—）博士和他在牛津大学的科研团队共同开发的，该眼镜使用了摄像头来增强人的视力。Hicks说："即使你失明了，你通常还能保留一些视力，通过摄像头与透视显示器的有机结合，能够增强周围物体的图像，使它们更容易被看到，以达到行进间避障或者进行人脸识别的目的。"

　　Hicks说，这种眼镜不同于其他产品，其提供了深度感知能力，这也是这款智能眼镜的独特之处。该团队与英国一家盲人慈善机构及英国政府合作，早期研发的原型系统已经实现了这些功能，之后谷歌还对该研究团队进行了专项经费资助。对这款眼镜进行实验室之外的实际测试之后，将其进行商业量产的最后挑战就是小型化问题。

　　在另一个例子中，英特尔展示了它的RealSense技术，以帮助视力受损的人了解他们周围的环境。Rajiv Mongia是英特尔的RealSense交互设计小组的主管，他的研究团队研制出了一个原型样机，能够将RealSense三维相机技术与振动传感器集成在一起，从而能够让视力受损的人"感知"到周边的人。英特尔已经宣布，将开放该项目的源代码及设计工具，以便允许对其感兴趣的开发人员继续推进这项工作[12]。

帮助无法活动的人通过眼睛交流

　　由LusoVu公司研发的EyeSpeak增强现实头戴设备，是一个能够通过眼睛进行交流的系统，是为那些因疾病或受伤而无法活动从而交流受限的人而特别设计的。EyeSpeak系统由一副眼镜构成，眼镜里边的屏幕上可以显示一个虚拟键盘，它通过内置微型摄像头来检测眼睛的位置和运动，并以这种眼动跟踪方式来识别用户正在观看的按键（见图6.14），从而实现信息输入。用户根据眼睛的移动来选择按键，能够拼写单词和短语。然后，使用内置扬声器系统，用户在输入一个单词或短语后，通过选择"Speak"键将所写的内容转化成声音。这个系统有点类似于Stephen Hawkins用来交流的眼动跟踪和眨眼系统。

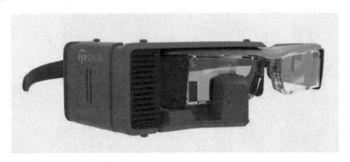

图6.14　EyeSpeak将眼动传感器应用于增强现实眼镜（来源：LusoVu公司）

LusoVu公司的首席执行官Ivo Vieira提出这款产品的想法源于自身家庭实际背景，他的父亲被诊断患有肌萎缩性侧索硬化症，并逐步失去一只手臂的活动能力，他非常渴望寻找一种方法来帮助自己的父亲。Viera解释说，LusoVu公司已经能够为宇航员制作增强现实眼镜，"我意识到我们应该可以在他的镜头里设计一个计算机屏幕，并安装微型摄像头来跟踪眼动。从那一刻起，EyeSpeak产品的初步设计形态就已经被勾勒出来了。"

帮助盲人通过耳朵和手指"看"东西

谷歌开发了一套应用软件，能够将相机（例如智能手机上的摄像头）所"看到"的东西转换成给盲人的语音描述，这款针对Android系统开发的语音软件是谷歌公司在2016年推出的，允许用户免费下载使用。

这款称为vOICe的Android应用软件，能够在相机获得的实时视图里以增强现实方式叠加声音，从而为那些视觉障碍甚至完全失明的人提供关于周边环境的详细描述信息，而这些信息对于盲人来说是无法直接感知到的。也可以把它当成一款用于交互式移动学习的应用程序，向盲童传授关于视觉信息的各种概念。还可以把这款软件当成通用的翻译器，用于将图像信息转化为声音描述。该应用程序可以安装在智能手机、平板电脑上运行，也可以安装在某些智能眼镜上运行。

一旦这款应用程序启动运行，它就会不断地拍照以获取周边环境图像，每张图像按照从左到右的顺序扫描，同时转化为声音信息，将检测到的目标对象高度与音高关联、图像亮度与响度关联。例如，在黑暗背景上的一条明亮的上升线听起来像是一个上升的音调扫描，而一个小的亮点听起来像是一个短的嘟嘟声。用于视觉编码的图像分辨率高达176×64像素（这比植入人体10 000个电极提供的信息分辨率还要大）。

这款软件还具有以下几项典型功能。

提供"会说话指南针"功能　可以指示当前方向。默认情况下，只有在头部方向改变时才进行声音提示，当然，也可以选择提供持续方向信息，还可以选择将该提示功能关闭。方向语音提示功能与描述周边环境的声音相结合，有助于帮助盲人沿着直线行走。当然，这项指南针语音提示功能还可以在黑暗环境下工作，特别是在相机无法给出有用信息的条件下仍能正常工作。

提供"位置语音播报"功能　可以通过语音告诉用户附近的街道名称和交叉路口，其位置信息可以通过GPS或附近的手机基站获取。通过它还可以告诉用户当前的行进速度和海拔高度，而这些功能均可以根据用户的需要进行个性化定制。

提供"人脸检测播报"功能　可以告诉用户当前相机拍摄到的人脸数量，支持在同一视图中最多同时检测几十张人脸。此外，如果在当前场景中只检测到一张人脸，它还会特别说明该人脸位于当前视图的顶部、底部、左侧、右侧或者中心附近，并且告诉用户该人何时接近自己（在一定距离范围）。此外，它还支持设置关于人脸肤色的提示。这个"人脸检测播报"功能不是传统意义上的人脸识别系统，因此不存在隐私保护问题。当然，软件也支持关闭这项功能。

提供"触觉感知反馈"功能　用户可以使用触摸屏"感受"到相机拍摄的实时视图，当然这种感知效果相当粗糙，这主要是受到手机自带传感器的能力限制。

帮助慢性顽固性幻肢疼痛患者

瑞典查尔摩斯理工大学的Max Ortiz Catalan博士开发了一种利用机器学习和增强现实治疗幻肢疼痛的方法。

许多失去手臂或腿的人经常会受到一种被称为幻肢疼痛的疾病困扰，他会觉得失去的肢体还在那里。这种现象还可能成为一种严重的慢性疾病，降低人的生活质量。目前，还不清楚是什么原因引起的幻肢疼痛以及其他类似的幻觉（见图6.15）。

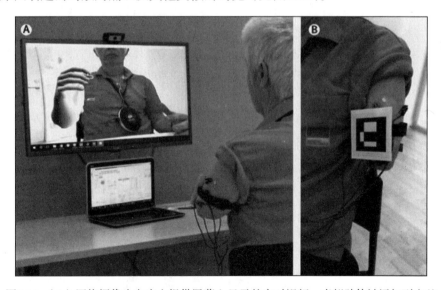

图6.15　（A）网络摄像头向病人提供屏幕上显示的实时视频，虚拟肢体被添加到由基准标记指示的位置上，并叠加到实时视频中；（B）截肢部位贴附的表面电极采集并记录幻肢运动想象过程中的协同肌肉电信号（幻觉运动控制），肌肉电信号被识别后，解码运动意识并自动控制虚拟肢体运动（来源：Lancet）

Ortiz Catalan博士的治疗方法使用了肌肉电信号，这些本可到达截肢部位的肌肉信号被用来控制增强虚拟环境，而这些肌肉中的电信号是由皮肤上的电极接收到的。通过人工智能算法将信号实时转化为虚拟手臂的运动，病人在屏幕上看到自己用虚拟手臂代替失去的手臂，对它的控制就像控制真的手臂一样。Ortiz Catalan博士将其称为新的幻觉运动控制方法[13]。

影像引导下的脊柱、颅骨和外伤手术的手术导航

采用三维X射线成像和光学成像相结合的方法，能够通过增强现实技术为外科医生提供手术过程中病人身体内外结构的视图。

脊柱手术在传统上被认为是一种"开放性手术"，通过一个大切口进入患者伤病区域，以便外科医生能够看到和接触到患者的脊柱，精确定位植入体，如椎弓根螺钉。然而，近年来人们已经明确地转向使用微创技术，通过在病人皮肤上的小切口来操作手术工具，以减少失血和软组织损伤，从而减少术后疼痛。

然而，由于在这些微创手术过程中脊柱内部的可见度明显降低，外科医生不得不依靠实时成像和精确导航方案来指导其手术工具和植入物，从而高效完成手术操作过程。类似地，微创颅骨手术和复杂创伤骨折手术的原理也是如此（见图6.16）。

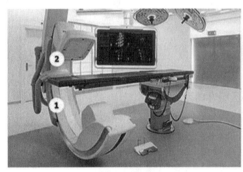

图6.16　基于增强现实技术的低剂量X射线系统。（1）平板X射线探测器上的光学摄像机；（2）实现病人身体部位的表面成像；然后将摄像机捕捉到的外部视图和X射线探测器获取的病人内部三维视图结合起来，构建病人外部和内部解剖的三维增强现实视图；（3）生成并提供患者脊柱与切口部位相关的实时三维增强视图（来源：飞利浦公司）

飞利浦公司开发了一套基于增强现实技术的外科手术导航系统，可与其低剂量X射线系统一起结合使用。该系统使用安装在平板上的小型X射线探测器以及高分辨率光学摄像头，能够得到病人身体部位的内外影像信息；然后，它将摄像头捕捉到的外部图像与X射线探测器获取的内部三维视图结合起来，以构建病人外部和内部解剖的三维增强现实视图。与传统基于皮肤切口的手术操作方式相比，这种高科技手段提供患者脊柱部位的实时三维视图并进行精准引导，从而提高了手术过程规划、手术工具导航和植入的准确性，并缩短了手术时间。

基于增强现实的远程医疗

2013年，美国阿拉巴马大学伯明翰分校的一个外科研究团队基于虚拟增强现实技术，并通过VIPAR（Virtual Interactive Presence and Augmented Reality）公司实施了第一批使用该技术的远程医疗手术。

远程医生观看计算机上的显示屏，其中的视频来自本地医生头戴设备上的摄像头，而远程医生面前有一个大约18英寸的正方形黑色护垫①，也需要通过摄像头将其手势操作视频传输

———————————

① 使用单一黑色，便于将其背景剔除。——译者注

到本地显示屏上，该视频同步传输到本地医生的头戴式显示设备中。这样的结果是，本地医生不仅看到了病人本身，还看到了叠加在病人身上远程医生的手，远程医生的手势告诉本地医生应该做什么事情（例如，在指定部位做一个切口），从而实现基于增强现实的远程手术向导。

基于增强现实的饮食管理

2012年，在日本东京大学进行的一项科学研究中开发出一种专门的眼镜，它能够使人们从感官上调整对某些食物的食欲。领导该项目的Michitaka Hirose教授说，这款基于增强现实技术的眼镜能够在视觉上明显改变食物的大小，从而改变人们的食欲感官。

在实验过程中，一名受试者一边吃着饼干，一边戴着配备摄像头的增强现实眼镜，这使得饼干看起来更大了，其目的是帮助受试者完成节食。Hirose教授组织了一项实验，要求受试者分别在戴和不戴眼镜的情况下，吃他们想吃的各种饼干。实验结果显示，当眼镜中显示的饼干是实际大小的1.5倍时，他们平均少吃9.3%；而当饼干看起来只有实际的三分之二大小时，他们平均多吃15%（见图6.17）。

他们的另一个项目称为"元曲奇"（meta cookie），能够诱使受试者认为他们在吃甜食。所佩戴的头盔上不仅有视觉增强组件，使食物看起来更让人有食欲，它还有一个香水瓶，能够散发出多种食物的香味，这样做的目的是试图欺骗受试者，使他们认为正在吃他们喜欢吃的东西。例如，即使给受试者吃的是简单的饼干，研究人员也能让受试者认为他们吃的是草莓或者巧克力饼干，这项实验的成功率为80%。

图6.17　增强饱腹感是一种通过增强现实改变食物的感官尺寸，从而影响人的饱腹感和控制食物摄入的方法（来源：东京大学网络接口实验室）

"现实其实就在你的脑海里"，Hirose教授说。

基于增强现实的静脉观察

美国加州罗西维尔市的Evena医疗公司推出了一种基于超声波和近红外技术的头戴式智能眼镜，供临床医生观察人体静脉。这项应用最终设计的眼镜使用了爱普生的Moverio技术，以便将增强图像叠加到佩戴者的视野中。

这种眼镜能够将红外光和超声波投射到皮肤上，前者用于探测人体表层静脉信息，而后者则可以投射到更深层次，如股静脉和动脉，其采集的图像由各自的传感器分别获取，并融合转化成一幅叠加到患者皮肤上并能看到的实时图像（见图6.18）。

红外发射器安装在头戴设备的拐角处，两个数码摄像头安装在中心位置，并提供图像放大能力，甚至可以看到微小的静脉。该系统还支持向护士站或其他偏远地点提供远程医疗信息实时传送。还有一个好处是，护士无须另外用手操作眼镜，并能在病人之间快速移动和切换，也无须使用手推车（见图6.19）。

用红外技术对病人进行检查，或通过佩戴红外过滤眼镜对病人进行血液测试和静脉注射，这样做已经许多年了。如果将其与增强现实技术相结合并增加更多的传感器，将会使这项应用提升到更高层次。

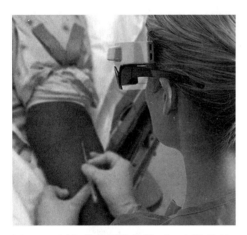

图6.18 用红外检测的静脉可以在增强现实眼镜中看到，以便医生准确放置注射器（来源：Eveba医疗公司）

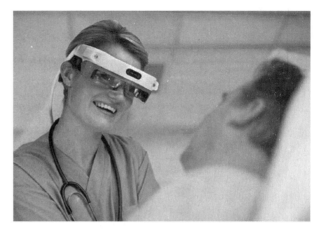

图6.19 使用接触式超声波传感器，临床医生可以看到股静脉和动脉（来源：Eveba医疗公司）

录像并不等于增强现实

2013年，美国的外科医生通过头戴式谷歌眼镜开展了"预制式"手术。头戴式设备以视频方式记录和传送外科医生的操作，但这就是其全部工作，此时并没有任何其他额外交互性信息提供给医生，事实上医生也并没有因为使用眼镜而分散精力，此时所记录的视频流只对观摩的学生有用。

这种仅仅通过录像方式对操作人员进行提示指导的手段并不属于增强现实的范畴。

6.1.1.8　军事领域

军事领域通常被认为是可穿戴增强现实技术的起源，早在1963年，被称为"虚拟现实技术之父"的Ivan Sutherland就受到在贝尔直升机工作的启发而提出这些概念。

传统的计算机信息系统不是可穿戴的（即在军事行动中与人是分离的），在使用中需要士兵俯视查看地图或者通过查看移动设备来获取战术信息。在这种情况下往往需要低头，因此注意力将不得不从眼前所发生的事情转移。通过可穿戴增强现实系统，士兵可以在"抬头平视"和"视线不离开"当前战场环境的前提下获取实时战术信息（见图6.20）。

图6.20　面向军事领域的可穿戴的士兵增强现实系统（来源：美国应用研究协会）

美国应用研究协会（Applied Research Associates，ARA）开发了一款野外增强现实系统，使陆上机动作战人员能够通过该装备具备实时态势感知能力。相对于需要低头查看的二维地图或者智能手持终端装备，士兵能够看到虚拟的图标（例如导航路径关键点、蓝军兵力部署，作战飞机等目标）实时叠加到真实的战场中。ARA研发的这款ARC4系统使用增强现实融合引擎，配合头部位置姿态跟踪传感器、网络管理软件和用户界面，在用户周边视野环境上叠加虚拟图标信息。此外，它还实现了白天使用穿透式显示器与晚上使用夜视镜的集成。图中所示的系统采用Lumus生产的光学显示器件进行了验证（见图6.21）[1]。

Elbit公司是美军F-35增强现实头盔的开发者（见6.1.1.2节），他们还将这项技术应用于坦克乘员的头盔。他们在坦克顶部安装了摄像头，并且位置尽量隐蔽使其不被发现，而坦克里乘坐的指挥员可以360°查看周边环境，这种方式称为"态势感知"（见图6.22）。

图 6.21 ARA研制的ARC4增强现实头盔系统，其实并不是完整头盔，而是类似智能眼镜的头戴式显示器（来源：美国应用研究协会）

图 6.22 Elbit开发的Iron Vision头盔系统，该系统通过传感器、软件及友好的用户界面（最初是为飞行员设计开发的），使得坦克内部的指挥官和驾驶人员可以获取外部实时视频（来源：Elbit公司）

Elbit公司说，这个"铁视"（Iron Vision）系统提供周边环境实时图像，并且具有零延迟、高分辨率、全彩色和360°无缝视野等特点。这个头盔监视器重量轻，结构紧凑，内部软件采用失真校正算法来消除视觉畸变和运动晕眩。此外，该系统还具有夜视感知能力，并且可以直接在指挥员面前增强显示相关辅助信息。它还拥有头部位姿跟踪技术，能够锁定潜在的威胁和目标，而这些功能通过指挥员观察时的眼动跟踪扫视即可快速实现（见图6.23）。

该系统使坦克指挥员具有类似于"X射线"的视觉感知能力，使他们能够"穿透"坦克进行外部战场的观察。

---

① Lumus是以色列的增强现实眼镜光学方案提供商，致力于研发基于光波导技术的近眼成像光学元器件，在该领域处于领先地位，在业界有一定影响力。

图6.23　Elbit公司的装甲穿透（See-through armor，STA）技术（来源：Elbit公司）

6.1.1.9　动力能源领域

在动力能源领域，增强现实可以使技术人员立即获得专家级知识。技术人员可以在平板电脑或增强现实头戴式设备上直接获取关于所有发电厂、分站或地下设备的最新文档信息，可以在实际设备上看到叠加显示的三维模型，还可以查看具体设备的内部部件并研究其内部工作原理。通过这种先进手段，该领域的系统维修和升级过程将比以往任何时期都更快。

增强现实还能提高操作的安全性，因为应用这项技术不仅有利于更好地进行员工培训，还能将不可见资产和复杂组件可视化，直观化，从而减少事故的发生。

2015年初，电力研究组织（Electric Power Research Institute，EPRI），一个专注于电力行业研究并由该领域企业资助的非营利性组织，对全球大型公用事业公司进行了一次大规模调查，以了解增强现实技术如何适应并提升这个行业的劳动效率。EPRI发布的TECH简报介绍了基于地理空间信息系统（Geospatial Information System，GIS）和资产管理系统（Asset Management Systems，AMS）的数据如何能够有效提升工作人员检查或维修设备的能力。

该项目被称为"野战部队数据可视化"（Field Force Data Visualization，FFDV），其实现基于以下3项技术：

- 增强现实。在应用程序分发或传输环境的交互视图上叠加GIS数据、测量结果、菜单和文档。
- GIS上下文感知。获取用户相对于实际资产的位置，定制用户的体验，并告诉用户哪些可以做以及哪些不能做。
- 公共信息模型（Common Information Model，CIM）消息传递。通过CIM与多个后台系统实现通信，以完成所需的各种工作流。

EPRI在增强现实方面的研究源于这样一个事实："如果你能在足球比赛视频中叠加基于真实场景空间位置的方向指示标记，为什么不能在工作场景中叠加关于现实环境的GIS信息呢？"

6.1.1.10　公共服务领域

经过仔细规划设计，公共服务部门可以在关键行业部署增强现实应用，以改进业务办理质量和为公众提供高效的服务。通过增强现实应用可以提升各种政府事务管理职能，包括建筑行业检查、车辆维护、计划与风险评估、公共安全、应急救援、搜索与救助以及教育培训等。

许多国家职能部门使用移动设备进行规划和风险评估，此时，如果将设施内部尺寸的照片与实物结合起来进行分析比较，将会非常有用。其他相关领域还有车辆维护，因为技术人员佩戴增强现实眼镜后，可以通过扫描条形码识别或维护机器部件，还可以通过类似的方式实现对建筑物内部的检查。

通过增强现实技术还可以提升在旅行服务中心、过境点和公共区域的安全甄别能力。

公民和公共服务人员均受益于公共服务领域的高科技发展，通过增强现实提供的感知能力、前沿技术运用以及公共服务场所改善带来的优势，双方能够更好地进行信息沟通和文化交流。超过半数的公共服务人员认为，基于新技术构建的工作场所将能使他们更好地获取工作所需信息，还能帮助他们更好地完成公众服务任务，以及改善相互之间的协作水平。此外，新技术还有助于提升公共服务部门的工作效率，促进面向公众的人性化服务，从而缓解公共服务部门的组织管理压力。

应急救援

尽管出现了很多可用的新技术，但对警察、医护人员、消防队员和搜救人员的应急救援训练方法几十年来几乎没有什么变化。出现这种现象，一方面是因为人们担心新技术的不可靠可能导致发生事故；另一方面是因为学习这种新技术可能相对比较困难。这些原因都在一定程度上阻碍了新技术的有效推广应用。基于增强现实技术的应急救援软硬件系统能够提高医护人员、消防队员的工作效率，以及其他相关救援培训的效果和效率。当然，这些新技术必须与现有系统实现无缝集成，其目的是强化现有培训手段，实现两者有机共存，而不是简单地取代。

用于应急救援的增强现实头戴式设备必须提供救援人员与被救人员之间的实时位置与视点显示，还要能够为后期的流程分析提供数据源，在救援人员需要时提供必要的信息辅助支持。指挥协调人员能够在公用视图上精确地监控救援人员活动，还能够实现成员之间的协同共享，这样会极大地增强指挥协调人员的情境感知能力（见图6.24）。

应急救援人员在行动中需要得到尽量详细和准确的环境信息，通过佩戴头戴式显示设备就可以解放其双手。救援人员可以在头盔显示器上看到关于路径向导的可视化显示（以便后期按照该路径实施撤离），还可以提供虚拟信标的增强显示能力，以便标注环境中重要的位置点或目标对象。

瑞士洛桑综合技术公司（École polytechnique fédérale de Lausanne，EPFL）的工程师们研制出了 VIZIR 系统，这是一款基于增强现实技术的智能防火面罩，可以让救援人员通过呼吸面罩直接看到关于现场的热成像，而无须双手操作。

此外，谷歌在 Tango 项目中所研究的技术可用来创建实时地图，以帮助那些不熟悉环境的救援人员在未知场景中实现导航。该公司还计划面向开发人员提供该项目的软件开发包（SDK），以便用户基于该技术实现自定义应用开发。

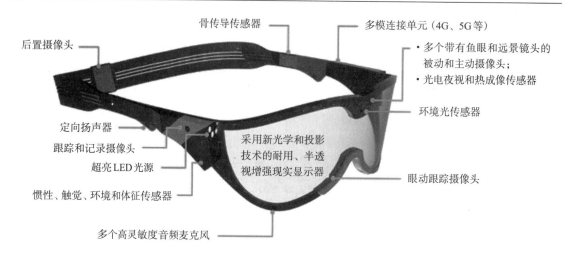

骨传导传感器

多模连接单元（4G、5G等）

后置摄像头

- 多个带有鱼眼和远景镜头的
  被动和主动摄像头；
- 光电夜视和热成像传感器

环境光传感器

定向扬声器

跟踪和记录摄像头

超亮LED光源

采用新光学和投影
技术的耐用、半透
视增强现实显示器

惯性、触觉、环境和体征传感器

眼动跟踪摄像头

多个高灵敏度音频麦克风

图6.24　下一代增强现实应急救援眼镜概念原型（来源：高通公司）

公众服务

政府和公共服务机构，如公共交通（公共汽车、无轨电车、地铁等）行业正在引入增强现实技术，并为智能手机或平板电脑安装本地化应用程序，可以帮助公民和游客寻找他们感兴趣的地方，提供公交路线和时间表，提供即时翻译和紧急援助等。

utah.gov网站推出了一款公交状态跟踪应用程序，允许居民实时获取公共交通数据，并在公共汽车或火车快到站时接收短信通知，还可以通过地图帮助他们找到最近的公交站点和路线。

洛杉矶市的市民资源组织（Civic Resource Group，CRG）基于增强现实技术为普通市民研发了一套应用程序，使政府部门和公共服务机构能够通过便携的移动设备，为市民和社区提供高度定制的个性化信息服务（见图6.25）。

在加州的圣莫尼卡市，CRG为游客和市民提供了一套在线旅游信息系统。该系统将各个城市和第三方提供的数据源共享在一个基于云架构的数据平台上，然后通过智能手机、网络、交互式信息亭和数字化道路标牌向公众推送实时信息。通过这种形式，鼓励市民骑行、乘坐公共交通工具和步行，这样能够极大地简化城市交通管理需求，降低行政管理负担。

机场安全

进入机场的所有旅客都会被安装在机场不同部位的摄像头拍摄，这些监控数据能够记录乘客的动作、手势和行为特征，并将这些信息处理后传送至高度复杂的数据管理系统中（见图6.26）。

图6.25　CRG推出的增强现实应用程序，无须图像标记，为公众提供本地信息服务（来源：CRG）

数据管理系统通过视频分析、人脸识别和威胁判断等算法来获取关键摘要信息,并通过信息关联为每位乘客生成可能的威胁判断。当乘客接近安全检查人员,例如美国的运输检查机构(Transportation Screening Agency,TSA)派遣人员的时候,乘客的威胁特征就会通过增强现实眼镜叠加到派遣人员视野中。

图6.26 在机场安保人员的增强现实眼镜上叠加安全与威胁评估信息(来源:Deloitte公司)

邮政服务

2009年,美国邮政服务公司(US Postal Service,USPS)推出了一个名为"虚拟包装箱模拟器"的增强现实应用程序,以确保客户无须担心其运输的物品是否符合USPS标准的包装箱要求。

虚拟包装箱模拟器是美国邮政服务公司推出的三维增强现实应用程序,该系统以Web服务的形式供用户使用(见图6.27)。

图6.27 美国邮局推出的"虚拟包装箱模拟器",通过增强现实应用程序与用户
个人计算机的网络摄像头相连,以便选择合适(标准费率)大小的包装箱

在邮寄物品时，用户需要选择合适的标准费率包装箱，此时只需在网络摄像头前拿起一个打印好已知"标记"的页面，以定位虚拟的半透明标准包装箱，然后拿起想要装运的物品，并将其与虚拟包装箱的大小进行比较。

找点乐趣

在2014年美国假日期间，美国邮政服务公司发起了一项移动营销活动，通过增强现实技术，将其发往全国各地的156 271个蓝色邮件包裹转变为假日移动体验。

"无论你是走在繁忙的城市大街上，还是走在小镇的主干道路上，在全国各地都能找到我们的标志性的蓝色包装箱，邮政公司首席营销官Nagisa Manabe说，"智能手机用户可以使用我们的增强现实应用程序，将这些包装箱变成节日期间独特的交互式体验，而不仅仅是发送邮件。"（见图6.28）

图6.28　通过增强现实技术，利用手机进行扫描，发往美国各地的
邮件包裹变成了假日贺卡（来源：美国邮政服务公司）

增强现实技术的创新之处在于非常有意思的交互式体验，如先展示闪烁的节日灯光或跳舞的动画企鹅，然后再提示用户订购邮筒或邮票。

邮政服务领域一直在推广应用增强现实技术，作为营销人员添加数字信息的一种新型手段，以引导用户办理邮政包裹业务；对于邮政服务公司来讲，这样还能获得更大的投资回报。

2015年，美国邮政服务公司进一步拓展了增强现实技术应用，允许用户和虚拟的小角色合影拍照，使用这款增强现实应用程序，用户可以在现实世界中的某些地点，与查理·布朗（Charlie Brown）和史努比① （Snoopy）这样的角色合影（见图6.29）。

将广受欢迎的虚拟小角色专营权添加到增强现实的促销活动中，极大地增强了客户参与的主动

图6.29　和你最喜欢的卡通形象、文字和邮
戳合影（来源：美国邮政服务公司）

① 查理·布朗是漫画《花生漫画》的主人公，史努比是他的宠物狗。——译者注

性。这些事实表明，即使电子邮件、网络程序对传统邮政服务业的冲击非常大，美国邮政服务公司仍然无意退出这项公众服务领域。

6.1.1.11　不动产领域

增强现实技术在不动产领域可用于增强显示市场上销售的房地产信息，还可以提供房屋内部的结构布局信息。当用户将增强现实设备（通常是移动设备）朝向房屋时，其上面自动叠加该房屋相关信息，甚至在某些情况下，购房者不仅能够看到叠加的数据，还可以看到房屋完工后的内部展示效果。

购房者可以参观未完工的新房，而无须进入房屋内部。他们可以在建筑外步行或开车经过房屋时观看它们，特别是还可以查看、比较周边房屋，以便确定首选的房屋位置，这样有助于做出正确的购买决定。

如果潜在买家可以通过不同方式来直观感受未来房屋的样子，就能使房屋对买家更有吸引力。还有一些增强现实应用程序可以改变墙壁的颜色，从而呈现出根据买家喜好而装修的房屋样式。通过这样的应用程序，可以给用户提供非常详细的视图，即使房间内没有任何真正物体，用户也能真实感受到房间内部的设计规划效果，因为通过增强现实应用程序可以将虚拟的家具放置在房间里合适的位置上。

此外，通过增强现实应用程序还可以让购房者摆脱对房地产销售员的依赖，并且完全不受销售营业时间的限制。

增强现实对房地产经纪人的好处

通过使用增强现实技术，房地产经纪人可以和买家一样受益，他们能够与消费者之间建立更加快捷的沟通方式。这项技术还将帮助他们发现新的客户，因为经纪人可以在正确的时间并借助地理围栏功能向潜在的客户提供正确的销售信息，而这些功能正好是大多数增强现实应用程序所具备的。

还有一些应用程序可以辅助房地产经纪人了解潜在买家何时在观看房产，并了解客户的实时精确位置。例如，当用户观看印刷广告时，他们就会得到这些信息，基于这些已掌握的数据，他们可以精准地定向推送通知并与潜在客户进行沟通交流。通过互动式标记、图像和列表等方式，房地产经纪人将能更好地吸引潜在买家的注意力。增强现实技术将大大降低营销成本，通过及时与潜在买家沟通互动，有针对性地营销，房地产经纪人能够创造更多的成交机会。

增强现实对潜在买家的好处

除此之外，通过增强现实应用程序，购房者可以使用移动设备进行虚拟的家庭旅游。通过传单扫码、横幅或任何其他印刷品（增强现实应用集成在其中），购房者能看到真实感的房产，使寻找和搜索房产变得非常容易。

增强现实技术有助于购房者找到房产的位置，了解从自己的当前位置到房产的确切距离。使用增强现实应用程序还能查看该房产的照片，帮助购房者获得有关物业的详细信息，如价格、房屋总面积、房间数量等。一些应用程序还提供了能够直接与业主联系的选项。所有这些信息都将有助于购买者做出购置房产的最后决定。

6.1.1.12　远程呈现领域

远程呈现（Telepresence）涉及一系列技术，使人感觉亲临现场，或者通过远程遥控技术使得周边环境产生人就在现场的效果。

远程呈现可被认为是增强现实的一个子集，因为从定义上讲，它不包括虚实合成信息在观众视觉上的叠加显示。它可以被认为是"增强现实精简版"或者是增强视觉显示。有几家公司，如 AMA XpertEye，Interapt 和 Crowd Optic 等，通过增强现实头戴式装置或者头盔作为远程呈现设备，可以实现与技术专家在不同场合（例如，医疗救护、修理作业、远程会议）的远程协同。

6.1.1.13　小结

具体描述增强现实并不是件简单的事，不像个人计算机或智能手机这么具体，而是众多垂直应用（vertical application）的集合，因此其所涉及领域的列表几乎是无限的。当然，从市场商机和产业增长的角度来看，这是好消息，而如果你想详细记录和分析它，则非常困难。

如果想跟踪增强现实在工业和科学领域的最新应用，推荐关注增强现实企业联盟（Augmented Reality for Enterprise Alliance，AREA），读者可以访问网站 http://thearea.org/。

6.1.2　商业和企业领域

商业及企业类型的用户对增强现实的需求与消费者的差别很大，对此这里无须过多解释。消费者主要关注的是外观和价格，而商业及企业用户则更关心产品功能和投资回报（Return On Investment，ROI）。

然而对于商业用户来说，也要推广面向普通消费者的应用软件程序，因此必须向消费者提供合适的观看设备，当然设备首选无外乎还是智能手机或者平板电脑。

与普通消费者不同的是，在"企业后台"——例如，仓库、工程、维修和车队管理（仅仅举几个例子）中，这些公司（商业和企业）拥有由数据库服务器、通信设备、眼镜或头盔组成的完整系统。

下面将重点介绍商业及企业组织采用或计划采用的众多增强现实应用中的几种。

6.1.2.1　个性化电子邮件

这种关于增强现实如何改变电子邮件的美好愿景是由 Magic Leap 公司首先提出的，期望将电子邮件客户端叠加到你所看到的任何东西上（见图6.30）。

这类系统具有高度友好的人机交互性，甚至可以变成视频会议系统。想象一下，与其交换四五封电子邮件来安排会议，还不如让电子邮件系统直接与人进行交流，并且可以实现两个、三个或更多的人以会议方式实时讨论。

6.1.2.2　广告及市场推广

视觉增强营销是指通过图像识别、增强现实和视觉发现等手段增强品牌传播和效用，各种基于增强现实技术的营销手段有助于加深和提升与消费者之间的品牌对话，其内容可以包括针对各种日常用品的沉浸式数字信息叠加。

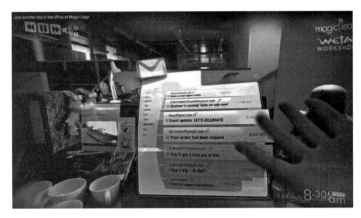

图 6.30 通过 Magic Leap 的光场技术，在实际桌面上叠加增强现实虚拟桌面（来源：Magic Leap 公司）

最早的增强营销项目是在杂志上以 QR（Quick Response）码形式印制的商品广告，QR 码最早是在日本汽车工业设计领域提出的一种二维矩阵条形码商标（见图 6.31）。

图 6.31 一个典型的 QR 码示例（来源：维基百科）

QR 码是基于标记的增强现实应用中最常见的形式。当然还有其他形式，相关内容将在后续章节进行详细讨论（见 8.9.2 节）。

有一些商业性增强现实应用被认为是"面向消费者"的，这就意味着它们是由商业组织设计并提供给消费者使用的应用程序，例如增强现实贺卡就是这样的典型例子。这类应用的早期版本中也大多使用了类似 QR 码作为标记，但主要还是进行简单字符或者虚拟对象的增强现实嵌入。

总部位于密苏里州堪萨斯市的大型贺卡公司 Hallmark，于 2010 年 1 月针对情人节主题推出了首张增强现实贺卡[14]。在下载并安装了相应的应用程序之后，接收到贺卡的人可以将卡片放到个人计算机的摄像头前，观看基于增强现实技术的三维动画展示。在 2017 年 6 月的晚些时候，该公司还推出了针对 iPhone/iPad 的应用程序，可用于查看增强现实贺卡。

最早使用增强现实技术的杂志是 2009 年发行的 *Esquire*（《时尚先生》），如图 5.23 所示。从那以后，有几家杂志在广告和评论中也使用了这项技术。

增强现实技术已经被应用于各种广告宣传活动，例如，在 2010 年中期，可口可乐公司推出了一款称为 Magic 的应用程序，该软件使用了增强现实技术，由 Arloopa 公司开发研制。它允许用户通过识别特定的增强现实标记（如 QR 码）实现 3 方面的体验：

- 能够在可口可乐圣诞瓶上扫描并发现惊喜；
- 能够通过扫描，详细查看城市里有该品牌广告的公交车站；
- 在购物中心和年轻人活跃的地方，通过扫描可口可乐标志找到圣诞老人发来的消息（见图 6.32）。

从交互式产品包装、营销资料到印刷广告及广告牌，增强现实技术正在开辟新的营销模式。增强现实技术可以让用户通过自己的移动设备，在自选时间里，以自己喜欢的方式自由地处理各类信息。如果消费者能够轻松、方便，甚至有趣地获取产品相关信息，他们就会对品牌产生更积极的购买倾向。

将摄像头对准标记　　　　等待　　　　发现惊喜！

图6.32　可口可乐的假日增强现实广告（来源：Arloopa公司）

零售商

零售商一直面临着生存的压力，主要是因为有互联网销售方式的竞争。对于销售通用商品的商店来说，它们之间几乎没有任何差别，只需要提供购买便利（假设你愿意在其营业时间内购买商品）。在美国，零售业销售额约为每年40亿到50亿美元，但线上电子商务销售额已经超过3000亿美元[15]。而增强现实提供了一种将线上、线下两种模式融合在一起的方法，该技术为企业的零售模式和销售能力带来了巨大的影响。

公司在产品设计中经常会使用三维模型。如果在增强现实中使用这些模型，潜在客户在订购产品之前就可以对其进行评估，甚至还能根据供应商要求进行定制。这些都有助于公司在正式销售之前更有效地演示产品原型，并使产品更快地进入生产阶段。

零售商使用增强现实技术进行产品包装，并通过显示屏和招牌来吸引顾客在商店购物。许多玩具公司已经在商店里安装了售货亭，顾客可以在这里扫描产品的包装，直接能看到成品的三维视图。

然而，对于其他商店来说，网络可以作为展示产品目录和广告的工具。应用增强现实技术，网络甚至可以成为主要客户的来源，同时也成为一种新的服务平台。Neal Leavitt经营着一家国际营销传播公司，他对该公司的运作方式提出了这种看法。

增强现实如何改变消费者的购物方式

Neal Leavitt于1991年创建了Leavitt通信公司，累计为客户提供了25年以上的营销、传播和新闻专业知识。他说："多年来，购买家具往往需要大胆地尝试。通过增强现实，就能测量沙发、椅子、餐桌的可用空间，或者拍些照片，然后走进一家商店，选择自己觉得有用的东西，并希望一切顺利。"

家居用品零售商宜家（Ikea）公司在2014年进行了一项调查研究，似乎证实了消费者在选择家具方面所面临的挑战：

- 超过70%的人表示，他们不知道自己的房间有多大；
- 14%的顾客为自己的房间购买了尺寸不相符的家具；
- 33%的人表示，他们对如何正确地测量家具感到困惑。

有了增强现实，上述这些问题将不复存在。

手持智能手机或平板电脑，通过增强现实技术可以在摄像头拍摄的真实场景视频上叠加虚拟对象，而这些虚拟对象是对现实世界的数字化描述。

当前，家具零售商和消费者可以从谷歌的Tango项目中获益，该项目最初可以运行在联想的智能手机Phab 2 Pro上。Tango基于运动跟踪摄像头、传感器和应用软件，通过移动设备创建室内空间三维地图，并根据手机的位置和姿态实时调整地图的方向。由于采用红外传感器可以获取房间内不同物体的三维形状，Phab 2手机还可以有深度感知功能，从而使虚拟的沙发、椅子等集成到真实环境的某些"固定位置"，无论从任何方位观察，效果都不变（见图6.33）。

图6.33　将虚拟物体（如家具）增强叠加到指定环境中（来源：谷歌）

"一旦Phab 2手机创建了房间的三维地图并将其存储起来，你就可以选择某件家具的数字化模型，将它插入三维地图中，然后还可以移动它，这样就能看到将它放在不同位置和不同角度时的效果"，Smithsonian说。

Forbes还补充说，"利用Tango，通过手持设备可以知道门、窗、货架的准确空间位置，这样当你参观大型商场时就能准确找到所需的东西。"

零售商看到了这项技术的绝好前景，Lowe开发了一款基于Tango的应用程序。运行该程序后，购物者可以将Phab 2手机朝向他们的洗衣房，看看不同的洗衣机或烘干机放在这个空间里的效果如何。

家用家具公司WayFair推出了一款可在Google Play应用商店下载的智能手机增强现实软件WayFairView。该公司表示，这款应用程序允许客户在购买前将家具和装修效果在家中全面地可视化。通过Phab 2手机，客户可以选择一款WayFair的产品并将其虚拟模型放入房间中，看看该产品是否适合这个空间。WayFair公司还说，购物者还可以移动和旋转这款产品，"以便对各种可能的布局和视角进行可视化，并且如果客户准备购买这款产品，还可以无缝地将其链接到Google Play应用商店中的WayFair购物程序。"

虽然应用增强现实技术并不能完全避免开车去家具店现场，但仍然有一些家具公司的高管认为这种应用效果很好。Jerome's是一家著名的区域性家具连锁店，其副总裁Scott Petty就曾经表示，增强现实应用虽然大大提升了用户体验，但目前仍无法取代实体商店体验。

Petty说："我们希望客户在购买家具之前不仅能看到、感受到，还要喜欢它，因为这会让顾客更愉快。"然而，她同时也指出，在家里体验过虚拟家具的消费者总量比通过网站浏览或到商店观看的消费者总量高出35%，并且最终购买商品的可能性要高出65%。

许多专家都认为，增强现实将有助于支撑实体零售商。

Shop.org零售部、全国零售业联盟（National Retail Federation）副总裁Artemis Berry说："我认为这种技术的确是零售行业的游戏规则改变者；不过，我们现在还必须清楚地认识到，它还处在非常早期的阶段。"

产品评论

韩国Letsee公司开发了一款应用程序，能够安装在智能手机上运行，运用增强现实技术扫描产品以获取即时产品评论。该公司声称，Web 2.0技术使得在用户和内容之间实现了直接互动，通过用户体验可以获得很多的评论，这让普通消费者变成了"生产型"消费者。这虽然是一个早期的应用程序，但在当时确实是个很好的创意。它是一个支持扩展以创造新价值的平台，因为对各类产品会产生很多公正的评论，而这些客观评论可以作为其他购买者的重要参考。例如，Letsee针对啤酒消费者开发了一款应用程序，允许他们将智能手机朝向啤酒瓶，以获取啤酒相关信息，并查看其他用户对它的评价等级。

另一个例子是Yelp公司[①]开发的资源查找器，它为人们提供关于周边的信息服务。2009年推出的Yelp单目镜眼镜能够为手机摄像头添加一个三维图层，这项技术将图像（图层）从电视/计算机/视频电话中提取出来，并通过增强现实技术叠加到您的周围环境中（见图6.34）。

图6.34　Yelp公司的Monocle应用程序根据摄像头的位置识别商店（来源：Yelp）

单目镜眼镜的功能通过Yelp提供的应用程序来实现，使用安卓手机中的摄像头、GPS定位芯片和指南针来获取周边企业位置，并查看消费者的评论。有这项功能的好处是显而易见的，因为Yelp已经对每个主题都收集了大量的评论，这些信息总体上讲是值得信赖的。这款单目镜眼镜提供的信息对于处在陌生环境的游客应该更有参考价值。

后增强现实

在电视节目或电影中植入广告，由销售企业付费，以使其产品能够出现在一个或多个镜头中，这种做法可以追溯到20世纪60年代。2011年之前，在英国，人们如果支付了电视许

---

① Yelp是美国著名商户点评网站，创立于2004年，囊括各地餐馆、购物中心、酒店、旅游等领域的商户。用户可以在Yelp网站中给商户打分，提交评论，交流购物体验等。

可费，就能使自己观看的电视节目免于插播广告，并强制阻止任何商品广告的插入。而如今，通过增强现实技术，几乎可以通过数字手段将广告以自然的方式植入任何电影或电视节目中，不论是常规类展示节目还是以前的电视节目。

更有意思的是，一家成立于 2008 年的英国公司 Mirriad，很早就提出这一理念并实现了这项技术。该公司采用先进的特征检测和跟踪算法，基于视频实时跟踪对象和场景信息，这里最重要的一项关键技术就是跟踪图像特征，而这些特征是指能够在每帧图像中准确定位和识别的特征点（见图 6.35）。

图 6.35　在场景中检测特征以获取其三维信息并嵌入虚拟对象（来源：Mirriad 公司）

为了准确理解场景并确定在哪里自动将品牌广告嵌入视频中，Mirriad 公司在整个视频序列中将场景分割为可识别的不同区域。为了使用移动摄像头将虚拟对象（品牌广告）嵌入三维场景的开放空间中，实现三维跟踪是前提条件。

此时，需要计算每帧图像对应的相机位置和方向。如果想要将标记图像（Logo）放置在平面上，例如墙壁或窗户上，则可以使用平面跟踪方法，甚至还允许跟踪的平面在场景中移动。当然，还可以根据受众的不同改变品牌广告的内容（见图 6.36）。

图 6.36　在相同的场景中插入两种不同的广告（来源：Mirriad 公司）

这项技术创造了一种新的广告形式。在这种形式下，品牌整合成本将会更低且可扩展，并且支持在多个内容环节中运行。由此产生的广告是无缝的、逼真的，可以在所有类型的显示设备上使用。2013 年，他们因这项技术获得了奥斯卡奖。然而，如果将现代产品放在偶像剧电视节目的背景中，可能并不合适。当然，在没有智能手机或平板电脑的旧时代，这种场景肯定也是无法实现的。

6.1.3　消费者领域

现在，增强现实已经出现并得到推广应用，但从消费者的角度来看，它仍然还处于初级阶段。就像智能手机一样，增强现实的发展需要数年时间，但其潜力巨大。消费者必将逐渐参与到增强现实中：

- 营销和广告业——提供基于上下文的个性化广告，提供像"他们喜欢什么"、"正在看什么"等类型的消费者数据。
- 零售业——在购买前进行尝试，如衣服、家具、汽车、房产等，还可以提供产品导航和个性化优惠券等。

认知技术对增强现实应用来说非常关键。增强现实认知将大大扩展人类的能力。通过理解环境并提供个性化辅助，增强现实将能够：

- 帮助视障人士——帮助他们感知周边环境地图并允许其自由走动。
- 让旅行更容易——向你描述周围的地理标志并将其转化为路标。
- 成为专业人士——帮助你做一顿美食，修车，或帮助你做一些"投机取巧"的事情。

增强现实是未来发展趋势，但对于普通消费者来说，应用这项技术仍然存在一些障碍。

当前，就像虚拟现实一样，增强现实已应用于工业、军事和科学领域的可控环境中，或者被那些了解这些技术并能容忍其局限性的专业人员使用，同时不断推动这项技术的改进和提升。但是，经常出现的社会现象是，当某项新的技术，如增强现实、虚拟现实或神经控制游戏得到一点报道时，新闻界和华尔街就开始下结论，将其推断为下一次技术革命，就像新的 DVD、MP3 或 UHD（超高清，Ultra High Defination）一样。然后，当这种预测在有限的时期内没有成为现实后，他们就会说这项技术失败了，然后再继续寻找并报道下一个亮点技术，这就是众所周知的炒作曲线（Hype Curve）。

增强现实、虚拟现实和神经控制游戏也可能会遭受类似 3DTV 的命运，而 S3D PC 游戏已经被预言失败了。现在，人们谈论的另一项新技术是混合现实，像 HoloLens 和其他混合现实技术，如 CastAR 和 Magic Leap，不同于增强现实，也不同于虚拟现实。沉浸式技术联盟（Immersive Technology Alliance）喜欢将所有的移除现实或增强现实都打包到一起，称为沉浸式现实。这是一个比混合现实、虚拟现实、增强现实或神经控制游戏更好的总称，但这些概念或逻辑并未被所有大企业全部认可。

然而，增强现实的绝对支持者总是迫不及待地想实现它。当然，我们也看到了它在发展过程中遇到的障碍，因此这里也给出一些客观的建议。

首先是千码凝视①。当佩戴者眼神只专注于谷歌眼镜的屏幕而不是外面的世界时，这对佩戴者周围的人，特别是与他进行交谈的人来说是显而易见的（见图 6.37）。

对一副实用的增强现实眼镜的评价是这样的：它并不令人反感，不应该让人们产生对它自身的注意。也就是说，要把佩戴者的注意力从眼镜本身移开，或者对眼镜本身的注意只是下意识的。

① 千码凝视这个词起源于第二次世界大战时期，是当时美国人使用的一个术语。意思是说，在战场上，一场恶仗打下来，士兵们的眼神是那种难以形容的状态，呆滞而且麻木。

具体来讲,谷歌眼镜是面向消费者增强现实产品的第一个成功案例,也是最著名的失败案例之一。该设备是一款低分辨率、单眼、斜视15°的离轴显示器。人类有两只眼睛,而15°视场角是一个很小的范围,用一只眼睛观察这个角度似乎并不适合消费者使用(见图6.38)。

人们将来都可能会佩戴增强现实眼镜,就像现在戴矫正(近视或远视)眼镜和太阳镜一样,但其显示器必须非常智能,能够将焦平面自动移到人们所看到的地方(实现自动变焦)。它应该支持近距离观察,如阅读或与某人交谈;还应支持远距离观察,如步行或试图寻找远处的路标等。

另外的关键点是能源,理论上能耗越少越好,因为人们既不想带一个地面的能源装置,也不想戴上电池组。

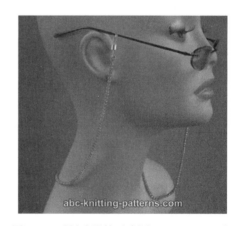

图6.37 美国陆军TomLea——"千码凝视"

新一代的移动设备,如高通公司的SoC、联发科(MediaTek)和其他公司的SoC,都是耗电的主力,而且已经被广泛使用。这些芯片都将被用于下一代增强现实眼镜(又称智能眼镜,因为人们有智能手机,所以眼镜也必须是智能的)(见图6.39)。

图6.38 谷歌眼镜(来源:维基百科)

图6.39 系链式眼镜(来源:Aunt Lydia's)

系链式眼镜(又称"奶奶"眼镜)设计是明智、合乎逻辑且实用的。因为你永远不会丢失它们,不用时可以把眼镜取下来,需要时可以迅速戴上。现在设想在中心后方的链子上带一个AA电池,并且链子是一个超轻、灵活、装饰性的电源线,甚至它还能成为一个感应式天线,由放在鞋内的动力传感器进行供电。

还有一个关键点是内容和大数据。这与前一个建议是相对的,因为你能看到的越多,你能做的就会越多(见图6.40)。

为了让增强现实真正"增强"人们的生活，需要让数据"流"到人体上，并且最好实现本地化存储，因此增强现实眼镜需要知道人们在哪里，人们要去哪里，并预测人们可能想要或需要看到的未来。这是潜在的大数据负载问题，对网络带宽提出了巨大的需求。微蜂窝技术将有助于实现这个目标，并且增强现实眼镜将需要大数据提供商对其进行优先支持。人们也可能有个近距离的出行计划，告诉眼镜"要去杂货店"，或者"要去酒吧、机场"等，然后，此时只需传输与路径密切相关的信息，而传输的对象可能是你的家人、朋友和同事。

图 6.40　增强现实眼镜使 Tom Cruise 出现在 *Minority Report*（《少数派报告》）①中（来源：shutterstock.com）

人们一直想将摄像头连接到眼睛上，而增强现实眼镜可以做到这一点。例如，如果快速眨眼 3 次，那么它将拍摄 10 张所看到的任何地方的快照，如果眨眼 5 次，那么它将拍摄 3 分钟的视频。或者，它可能会一直记录着，然后通过眨眼表示只需保存最后 2 或 3 分钟，这里的"保存"意味着保存到网络云存储环境中，而不是仅仅在眼镜本地存储，以防拍摄的是生死攸关的信息，这样就不会成为个人的"黑匣子"。

当然，如果眼镜能连接到所有的信息源，就永远不会遇到这种情况。增强现实产生和获取的信息，不可能发生得那么快。

6.1.3.1　无标记物体识别

多年以来，人们学会了如何使用产品和商业广告中的 QR 码来获取更多信息。Blippar 公司说他们已经将这种方式提升到了更高层次，为用户提供更多的互动内容。该公司甚至创建了自己的动词——"blipping"和"blipable"。

2011 年，Ambarish Mitra 和 Omar Tayeb 在英国创建了 Blippar 公司。该公司是一家基于增强现实和机器学习技术实现图像识别和视觉发现应用的解决方案供应商。

2015 年，该公司在其应用程序中增加了基于机器学习和计算机视觉算法的视觉搜索功能，允许用户通过移动设备的摄像头拍摄目标来获取目标有关信息，实践证明该应用程序可用于苹果手机、门禁和汽车。

2014 年，Blippar 收购了 Layar，一家由 Raimo van der Klein 于 2009 年在荷兰成立的增强现实技术公司。Layar 开发了基于地理定位的图像识别技术，可以在移动设备上运行。它可以

---

① *Minority Report* 是一部科幻悬疑电影，改编自 Philip K. Dick 的同名短篇小说，由 Steven Spielberg 执导，Tom Cruise、Colin Farrell、Samantha Morton 等主演。电影讲述了 2054 年的华盛顿特区，谋杀事件已消失，因为未来是可以预知的，而罪犯在实施犯罪前就已受到了惩罚。司法部内的专职精英们——预防犯罪小组，负责破译所有犯罪的证据，从间接的意象到时间、地点和其他的细节，这些证据都由"预测人"负责解析。他们是三个超自然的人，在预测谋杀想象方面还从未失过手。——译者注

识别已知的（经过训练和分类）对象，并触发或链接到一个URL、一段视频，一个商店，或一个网站，或其他相关信息，该公司将其称为"层"（layer），就好像一个图层叠加在相机所显示的图像上一样。

　　例如，通过Blippar的应用程序查看专辑的封面，可以生成关于该乐队的相关内容，包括该乐队的视频、购买其近期音乐会门票的地址、人们在Twitter上谈论该乐队的详细信息，以及该乐队成员的照片等（见图6.41）。

图6.41　在线数字体验与店内体验的融合（来源：Layar公司）

　　随着越来越多的开发人员将其用作增强现实平台，Layar拥有了数千个内容层，而且还将会继续增加。有许多人适应城市的生活方式，而还有一部分人则只是生活在某些特定的地方。然而，每个内容层都必须被单独开发。另一方面，谷歌公司希望借助增强现实技术和称为"视觉搜索"的功能将整个网络推送给带有Android智能手机的用户。视觉搜索使人们能够对自己想了解的东西拍照，比如汽车、衣服、绘画或建筑物等，并且通过谷歌搜索找到该对象的相关信息，而这些信息可以直接呈现在用户的屏幕上（或他的智能眼镜中）。

　　2014年，Blippar收购了Layar，建立了当时世界上最大的增强现实用户群。然后，Blippar于2015年3月在得克萨斯州奥斯汀举行的South by Southwest（SXSW）会议上展示了其最新推出的"视觉浏览器"应用程序。

　　通过将摄像头朝向日常对象，该应用程序可以识别和分类场景中的几乎所有内容，即该应用程序先"看到"你所指的对象，然后识别它。例如，如果您将智能手机或智能眼镜朝向键盘，它会将其标记为键盘，并将其放在应用程序底部的一个小窗口中。该公司已经建立了自己的知识图谱BlipParsphere，与视觉搜索引擎相结合，就能获得更多有关该键盘的信息。

　　如果你在买什么东西，比如键盘，这会为你节省大量找当地供应商的时间。

　　Blippar公司的Mitra认为，增强现实可以打破不同语言之间的经济壁垒，通过使用可视化网络，人们可以基于图像识别方式在网上无声地买卖东西。Mitra特别热衷于消除文盲，因为他说这是制约第三世界国家发展的主要障碍。

　　"人们扰乱了汽车业、零售业、银行业，这就像破坏了人类文明史以来的社会结构一样，在世界上带来了知识的均等"，Mitra说。

PEREY研究咨询机构负责人和增强现实企业联盟（AREA）执行董事Christine Perey表示，增强现实技术有望将世界变成一个巨大的"交互式目录"。

6.1.3.2　虚拟时尚商品

增强现实技术为消费者提供了寻找时尚产品的良好途径。从衣服到眼镜，再到化妆品，再到头发，开发人员都想出了非常有创意的方法，让摄像头拍摄和扫描消费者，然后创建一个三维模型，最后将虚拟的东西应用到这个模型上，比如发型、化妆品、衣服和其他配饰。

实际上，这并不像听起来那么容易，人们已经尝试了几十年，但大都失败了。关键在于，这里需要更高的分辨率、更小和更便宜的摄像头（多亏了智能手机的广泛应用）、更快和更便宜的处理器（多亏了摩尔定律）、更复杂的三维建模软件（多亏了大量具有传奇色彩的程序员的努力工作）以及实时位置和姿态跟踪。当然，最重要的是，客户对增强现实技术的熟悉及广泛认可。

服装

英国的特易购（Tesco）公司推出了配有摄像头和图像识别软件的大屏幕，以制作出"神奇"的镜子，让消费者通过增强现实与镜子实现互动。当消费者使用这些镜子时，他们可以选择浏览各种各样的衣服，并运用数字化技术"试穿"这些衣服。通过增强现实技术可以将这些衣服"穿着"在消费者身上，从而让他们知道自己是否适合特定款式的服装。

特易购公司提出的另一项创新是数字人体模型。虽然人体模型在客观世界有其物理表现，但通过各种增强现实全息手段可以将其进行动画制作。这个数字化模型可以与周围环境实现互动，并通过各种录制的音频使其具有个性，以吸引消费者并在浏览特易购商店时引起关注。

FaceCake在2011年2月推出了一个基于增强现实技术的虚拟更衣室，用于在线零售网站，他们称其为Swille，并在Bloomingdale的百货商店中将其推广使用。这项技术可以让你站在连接好的摄像头前，通过将不同衣服的数字图像叠加到你身体上（如前所述），来"试穿"不同的衣服。它甚至可以让你尝试不同的配饰，如钱包和皮带等。如果你举起手臂，"衣服"也会相应地调整，甚至可以转身看到身体两边和后面。

Neiman Marcus也在试验新技术和镜子，其所在的公司与加州帕洛阿尔托的Memomi实验室合作，制作了一套由70英寸液晶显示器、高清摄像头和1台计算机组成的全身化妆镜。但它使用的不是真正的增强现实技术，而只是提供视频。镜子里录下了一段很短的视频，内容是有人对着摄像头试穿裙子，然后，顾客可以同步观看不同角度的视频而无须重新试穿衣服，他们还可以将其与朋友分享。Memomi实验室还开发了另外一项功能，允许顾客看到穿不同颜色衣服的效果，但这款设备目前还没有达到实用的程度。

配镜

21世纪初，笔者参加的第一个增强现实项目是给坐在摄像头前的人戴上虚拟眼镜。看上去似乎很简单，但事实上并非如此。实践证明，没有两个人的瞳距、头的大小、鼻子高度和弧度，或者眼睛高于鼻子的高度是完全相同的。这就是为什么当你买眼镜时必须根据个人尺寸对眼镜进行调整。不用说，这个项目没有取得最终的成功，因为当时的技术和知识还没有到位。

三维扫描公司Fuel3D开发了一种用于面部识别的智能镜子，它可以发现并分析人脸上所有独特的细微差别。然后，该公司与眼镜开发商Sfered合作，为其零售商的验光人员研制了一套三维扫描镜，从而能够为客户自动找到一副完全合适的眼镜，只需在扫描镜前扫一下人脸即可。

Fuel3D建立了一套高精度的面部扫描系统，可以在一次扫描中采集到定制眼镜需要的所有指标参数。三维扫描镜可以在0.1 s内捕捉到真实的面部三维数据，获得需要的所有信息，包括瞳孔距离、鼻梁宽度、面部宽度和到耳朵的距离等。该系统还允许配镜师和验光师虚拟地为客户佩戴框架，以增强客户体验。

化妆

FaceCake公司还推出了一种镜子，能够让观众在购买之前尝试化妆效果。这款称为NextGen的化妆镜由美国电视制造商Element Electronics生产，使用了相机和内置灯光，为观众的脸部化妆提供增强现实体验。

智能镜子使用相机捕捉面部图像，而增强现实软件允许用户实时化妆，并记录已经使用的化妆品（以避免出现不合理的组合）或化妆箱中不存在的产品。通过这种方式就能在购买之前进行尝试。镜子也会给出个性化的产品推荐，还可以将其分享到社交媒体。

除了虚拟化妆品，镜子还使用传感器检测房间的照明情况，因为在自然光和人造光下预览化妆效果会略有不同。提供的双LED也有助于生成理想的灯光预览效果，就像某些化妆镜一样。

Modifice公司为55个顶级化妆品品牌（如Sephora、宝洁和联合利华）提供增强现实解决方案。与FaceCake不同的是，Modifice公司使用了便携式设备，如平板电脑或智能手机，以及公司自主研发的应用程序。顾客可以进入商店的化妆柜台，选择不同风格的口红、眼影或其他化妆品，系统能够在屏幕上实时地将其施加到顾客的皮肤上。顾客尝试移动、眨眼和微笑，就能看到自己使用这些化妆品的不同效果。

Modifice还可以模拟头发的变化、抗老化处理等效果（见后续章节）。

零售商报告说，销售额增加是因为顾客对他们所购买的产品更满意。因此，各品牌化妆品每年花费20万至50万美元，将Modifice的增强现实技术集成到自己的应用程序中。

发型设计

在计算机图形学中，头发是所有动物体上最难表现也是计算最密集的部位。每根毛发都有其自身的物理特性、光反射与吸收特性、长度属性，并且与其他毛发还会产生相互作用，此外，头发几乎从不静止，随着风、身体运动和重力作用而发生移动。

增强现实应用程序允许用户在自己照片的基础上尝试新的发型效果，并允许在多个发型之间进行比较，还可以进行分享。面向移动应用的优化程序可以在任何手持设备上运行，使用户可以通过在手机上拍照来直接尝试最新的发型和效果。

这款Conair应用程序为消费者提供了一种尝试新发型效果的绝好方法。特别好的一点是，通过照片拼贴，用户可以立即看到多种发型效果，让朋友和家人投票并评论最佳发型。用户还可以通过这种方式向发型师表达自己想要什么。除非常实用之外，这款应用程序还具有很好的社交管理能力。

6.1.3.3　艺术

自从2010年以来，从美术馆、博物馆，到室内和室外展品，都一直在尝试使用增强现实技术来提升其展览展示效果，主要实现途径是让游客通过移动设备进行观看，从而实现画廊墙壁上的展示内容与云端存储图像的有机融合。

此外，博物馆还可以为这些图片提供补充的"背景故事"，以及相关人物的一些历史描述（见图6.42）。

图6.42　在意大利米兰国际信息通信技术展上，一位女士带着增强
现实眼镜看那些实际上并不存在的东西（来源：Tinxt）

还有一个在博物馆中应用增强现实技术的创意，由荷兰南部赫托根博什（Hertogenbosch）的博物馆提出并实现，他们将该技术用在了被盗艺术品的展示上。这是一项有关艺术品保护的很好的倡议，让人们能够感受到由于被盗而无法实际欣赏的那些艺术（见图6.43）。

图6.43　失窃艺术博物馆在画廊展览，展出当前失窃或丢失的作品（来源：MOSA失窃艺术博物馆）

此外，纽约大学ITP[①]的Ziv Schneider于2014年创办了针对被盗艺术品的虚拟现实博物馆。

---

① ITP（Interactive Telecommunications Program）是纽约大学艺术学院的一项研究生项目，致力于让学生们探索技术与艺术的关系，使他们能够以创造性的方式去利用现代科技，并且以艺术的形式改善和娱乐人们的生活。

2015年，一群学生发起了"无广告化"（NO AD）倡议，这是一个增强现实应用项目，旨在避免使纽约地铁站的墙壁上充斥各种电影海报、产品广告等内容，而通过增强现实技术可以将其替换成各种虚拟的艺术作品（见图6.44）。

图 6.44　纽约地铁中通过增强现实技术叠加艺术作品（来源：NO AD）

这是由Vandalog（街头艺术博客公司）的RJ Rushmore为地铁通勤人群设计和策划的，由13位艺术家集体创作的39幅GIF艺术作品组成。因为NO AD移动应用是一个艺术类倡议项目，也是一个关于头戴式显示设备普及后展示周边场景的概念演示项目，一年后该项目被终止。此外，自2010年以来，各地博物馆还出现了其他的"弹出式"增强现实展示应用。

6.1.3.4　娱乐

随着增强现实技术的发展，娱乐领域将被提升到崭新的、沉浸式、令人兴奋甚至惊讶的高度，这项技术已被广泛运用于电影、电视、公关和营销等宣传活动中。典型的应用场景是，商家提供打印的图形图像标记或者基于真实物体的识别，应用软件通过网络摄像头或手机摄像头识别这些独特标记，并将虚拟对象增强到现实场景中。其他关于增强现实娱乐领域应用的例子，包括电影宣传亭和水族馆互动展览等，其目的大都是面向儿童提供教育或娱乐应用。

本节回顾了增强现实技术在娱乐领域中的一些可能应用。

游戏

应该说，游戏已经遍及世界各地。早期的增强现实游戏非常简单，通常与产品广告有关，主要基于笔记本电脑、平板电脑和智能手机等移动设备来实现，而基于专用增强现实设备（如眼镜或头盔）的增强现实游戏将很快面世。

20世纪90年代末，麻省理工学院和南澳大利亚大学最早使用增强现实技术开展了游戏开发及应用实验。

和许多新技术一样，增强现实技术也能很快应用于游戏中。曾经有一段时间，除了军事领域，增强现实似乎注定只能用于游戏领域应用。当然，事实并没有想象的这么简单，因为在"Cool Technology"这样的网站上，将增强现实技术转化成实际应用将非常烦琐。这种情况直到21世纪末才发生了改善，因为在增强现实技术和领域应用之间有了能够支持二次开发的工具，如ARQuake等。

ARQuake

2000年，位于南澳大利亚大学莫森湖校区的高级计算研究中心的可穿戴计算实验室，一个名为Bruce Thomas的科研人员演示了首款针对室外的移动增强现实游戏，该游戏使玩家摆脱了传统的游戏操纵杆或手持控制器，并且允许玩家在室外自由走动（见图6.45）。

这款游戏叫做ARQuake，它只需要一个移动计算机背包和陀螺仪，通过安装在用户头部的显示器，就能够依据当前位置向用户呈现基于增强现实的游戏视图。

图6.45　2000年左右的ARQuake游戏背包（来源：南澳大利亚大学的Wayne Piekarski博士和Bruce Thomas教授）

智能手机

在21世纪初，智能手机上开始出现了增强现实应用程序，从而使得全世界的人们都可以通过智能手机享受最新技术。最早的应用程序是针对Symbian系统①手机用户的，允许他们使用手机摄像头拍摄并在屏幕上看到不同的增强信息，用来指示各种兴趣点。后来，这个功能也被移植到使用iPhone和Android操作系统的手机上。

有意思的是，第一款计算机模拟游戏是关于双人网球比赛的，这是1958年在布鲁克海文国家实验室（Brookhaven National Laboratory）完成的[16]；同样巧合的是，第一款运行于智能手机的增强现实游戏也是针对网球比赛的。

2005年，NVIS Linköping大学的Anders Henrysson将ARToolkit移植到Symbian平台上，并研制出了一款名为"增强现实网球"的双人协同游戏[17]。在游戏中，玩家会看到一个虚拟的网球场被叠加到纸上，而纸上实际只是印有用于视觉跟踪的几个方块（见图6.46）。

图6.46　2005年左右的增强现实网球游戏（来源：Anders Henrysson）

---

① Symbian系统是Symbian（塞班）公司为手机而设计的操作系统，2008年12月，塞班被诺基亚收购；2011年底，诺基亚官方宣布放弃更新塞班品牌，由于缺乏新技术支持，塞班市场份额日益萎缩。

增强现实网球游戏基于ARToolkit计算机视觉库实现场景标记跟踪，该库被移植到Symbian操作系统平台上并进行了高度的性能优化，而虚拟对象的绘制则是通过OpenGL ES图形库实现的。这款游戏可以在诺基亚6600和6630手机上运行。

同一时期开发的另外一款增强现实游戏，是在2004至2005年间由奥地利格拉茨大学的Wagner、Pintaric和Schmalstieg开发的隐形小火车（Invisible Train）（见图6.47）[18]。

这款多人游戏（各平板电脑之间通过WiFi进行连接）的目的是，在真实的木质铁轨上驾驶虚拟小火车，而玩家可以通过触摸屏调节列车的速度，还可以通过拨动轨道开关实现虚实互动。

图6.47 隐形小火车（Invisible Train）增强现实游戏（来源：Wagner、Pintaric和Schmalstieg）

操控台游戏

第一款采用增强现实技术的操控台游戏是2007年10月发布的，称之为"判断之眼"（The Eye of Judgment），这是针对PlayStation 3开发的一款基于回合的对抗类游戏（见图6.48）。

这款游戏由SCE日本工作室开发，其原理是由控制台上的PlayStation Eye摄像头采集真实世界图像，获取实物交易卡上的编码（标记）信息，而游戏软件通过这些信息使交易卡上的人物在显示屏幕上动起来，该游戏在2010年入选吉尼斯世界纪录的游戏版[19]。

玩家使用各种角色和咒语来完成每个对抗环节，在垫子上轮流选择他们需要的交易卡，并通过PlayStation Eye摄像头捕捉到的手势来执行各种交互动作。

图6.48 第一款增强现实控制台游戏"判断之眼"（来源：维基百科）

Pokémon GO

在21世纪末到2016年开发的所有智能手机增强现实游戏中，可以说没有哪个游戏比任天堂的 *Pokémon Go*（《口袋妖怪Go》）更能将增强现实的概念展示给消费者了。*Pokémon Go* 是Niantic为iOS和Android设备研制的一款基于位置的免费增强现实游戏。它最初于2016年7月在某些国家发布推广，其下载量迅速超过7500万次。这款游戏的玩家已经扩展到全球范围，多年来一直广受欢迎。

这款游戏最早于1996年在日本推出，并且在世界各地迅速普及，这也使得其游戏卡成为一种商品来进行交易。这款游戏对儿童来说非常受欢迎，但同时也给老师甚至警察的管理增加了很多麻烦（见图6.49）。

这款游戏的基本玩法是，当在场景中发现Pokémon角色时，必须将Poké球（通过轻击球并朝向Pokémon弹过去）扔向这个Pokémon角色以捕获它。

这款游戏同样也引起了人们对于个人隐私的关注。这是一款让世界卷入争议旋涡的应用程序，受到了一些隐私保护人士的批评。例如，电子隐私信息中心（Electronic Privacy Information Center）批评其针对消费者隐私数据收集的做法，违背了隐私保护有关政策，并要求联邦贸易委员会针对这款应用程序展开调查。然而，作为技术专家同时也是 *Identify & Sort* 的作者的Joseph Ansorge 当时评论说，"当今社会，保护个人隐私已经不再是现实中的权利争取问题，最近的技术进步基本上不再允许任何公共领域的匿名活动发生，与其试图阻止这种情况的发展，还不如确保消费者有权掌控他们的个人数据。"

Wharton 营销领域教授 David Bell 认为，*Pokémon GO* 和增强现实技术为更多的本地化广告和沉浸式营销活动指明了道路。

图6.49　在 *Pokémon GO* 游戏中遇到一只Doduo鸟（来源：维基百科）

Bell 说："我看到了增强现实技术进入广告领域的美好前景"。"互联网的下一次革命将是把你自己沉浸在一个虚拟的环境中……，而增强现实就是要使你沉浸在周围环境中，并将环境增强放大（见图6.50）[20]。"

图6.50　关于增强现实技术，Pokémon角色对消费者产生了积极的影响

Pokémon GO 的巨大作用在于，它让数百万从来没有接触过增强现实游戏或者相关硬件设备的人，逐渐理解并接受了这项技术。

地理位置相关的增强现实游戏

奥克兰议会是新西兰奥克兰地区的地方政府委员会，该管理机构由一名市长和从13个行政区中选出的20名议员组成。另外，在21个地方管理委员会中，还有149名成员就其所在社区的事务做出决定。

2016年，奥克兰议会与新西兰Geo AR游戏组织（由混合现实体验设计师组成，该组织成立于2015年9月）建立了合作关系，让孩子们能够借助这项技术在冬季假期期间，离开沙发到室外玩耍。

Geo AR游戏组织成员说："我们不能抵制技术的进步，当然也不应该这样做。我们所能做的就是顺应这种趋势，利用增强现实显示手段，让孩子们在室外活动，从而与最新科技之间建立良好的关系。"

奥克兰议会还签署了一项协议，于2017年7月4日至9月4日在奥克兰周边八个公园试用Geo AR组织提供的"魔幻公园"数字游乐场应用程序，为期两个月。这个数字游乐场体验重点针对6岁到11岁的儿童，其内容是：让孩子们通过智能手机或平板电脑观看数字内容，以虚实互动的方式探索现实世界中的数字内容。

射击游戏

随着智能手机和平板电脑的不断普及，将虚拟图像或用户行为嵌入现实世界并实现二者融合的想法已经出现很多年了。典型的例子是一个名为Real Strike的游戏程序，它支持将摄像头对准周边环境，将三维枪械模型叠加到合成视图中，这样就允许用户将森林、街道、办公室或他们所在的任何环境转换为军事对抗模拟战场。此外，他们还可以将对抗的过程制作成一部电影（即以拍摄方式）（见图6.51）。

图6.51　Real Strike三维增强现实应用程序截图

6.1.3.5　教育

增强现实应用为从小学到大学的标准课程提供有效补充。图形、文本、视频和音频信息可以通过嵌入式标记的方式叠加到教材、识字卡和其他阅读材料中。此外，这些补充信息还可以定期更新，甚至可以在线更新，从而使学校的书籍永远不会过时。

增强现实使各种数字信息作为虚拟图层，通过智能眼镜、平板电脑和智能手机叠加在现实物理世界之上。增强现实是一种友好的人机用户界面，因为它可以在众多类型的数字媒体上快速生成，如详细的图表、引人入胜的模型和交互式地图等。

学生可以通过名为Construct的三维研究性应用程序（http://studierstube.icg.tugraz.at/main.php）学习机械工程概念、数学或几何，其中运用了增强现实技术。这将是积极主动的学习过程，学生完全沉浸在其中学习专业技术。增强现实可以帮助学生理解化学概念，使某些分子的内部空间结构可视化，学生还可以与虚拟模型相互作用。对于生理学专业的学生，增强现实也可以使人体的不同器官及生物系统在三维空间中可视化。

教师和学生之间的问答反馈回路也可以通过使用增强现实眼镜得到改善。例如，在回答学生的问题时，老师就可以在线请求获得更多的参考资料。

2013年，为了改善课堂互动，西班牙马德里卡洛斯三世大学的研究人员开发了一种基于增强现实的智能眼镜原型。当教师戴上增强现实眼镜时，可以看到学生头顶上方的图标，表示他们在任何给定时间的心理状态，即能够显示他们何时有疑问或是否理解老师正在讲解的内容（见图6.52）。

这些研究人员开发的原型系统是基于微软Kinect提供的手势识别功能来实现控制的。该系统被称为

图6.52　学生上方的图标代表他们的心理状态，还可以表示他们何时有问题或是否理解老师提出的观点（来源：Atelier）

增强课堂反馈系统（Augmented Lecture Feedback System，ALFS），要求老师佩戴增强现实眼镜，以便看到学生头上的符号，还可以促进学生和老师之间的交流互动[25]。

Frank Baum在小说 *Master Key: An Electrical Fairy Tale*（《万能钥匙：一个电子童话》）里描述了一套被称为"角色标记"的电子眼镜，戴上这种眼镜之后可以揭示某个人隐藏的性格特征（见5.1节）。

美国南卡罗来纳州数学和工程教师Chris Beyerle列出了32个课堂上增强现实应用程序的列表，详细内容可参见网址 https://edshelf.com/shelf/cbeyerle-augmented-reality-for-education/。

博物馆和画廊中的教育

在博物馆和画廊里的教学应用中，学生还可以使用自己的智能手机或增强现实智能眼镜，或博物馆为他们提供的智能眼镜，来实现增强现实应用（见图6.53）。

可以在学校参观博物馆或历史古迹时使用这种增强现实程序，此时所有关于参观对象的重要数据，如有关地标的实物和数字属性信息，都可以立即呈现在屏幕上。

6.1.3.6　导航与控制

在德国，增强现实技术在航空器领域的应用可以追溯到1937年。

图6.53　学生可以通过增强现实应用了解更多关于展品的信息（来源：大英博物馆）

航空器

增强现实技术，可以在飞行员所看到的真实世界基础上叠加实时飞行状态信息，而这些信息可以被投射到飞机的挡风玻璃上。

飞机上的增强现实系统通常由三个基本部件组成：投影单元、屏幕或挡风玻璃（也称为融合器）和计算机生成系统。一般的平视显示，尤其是在飞机上，用户无须从他们正常的视角改变视线方向就能显示数据。计算机生成的显示结果有两种类型：一种是真实的，另一种是合成的（见图6.54）。

图 6.54   C-130J飞机上副驾驶的平视
显示（来源：维基百科）

飞行员所使用的平视显示器，可以追溯到第二次世界大战之前使用的反射瞄准具，这是一种为军用战斗机开发的无视差光学瞄准装置[26]。在十字线上增加一个陀螺瞄准具，该十字线根据飞机的速度和转弯速度移动，并通过瞄准具动态校准，以便在机动时能够预测待打击目标所需的变化量。

然而，飞行员必须具备在各种天气条件下飞行的能力，有时根本看不见外面，只能依靠飞机上的六种基本仪器，这就是众所周知的仪表飞行规则（Instrument Flight Rules，IFR）。为了提升飞行员在这种情况下的感知能力，提出了合成视觉（Synthetic Vision）的概念。

美国国家航空航天局（NASA）和美国空军在20世纪70年代末和80年代开发了合成视觉系统，以支持先进的驾驶舱技术研究，并在90年代作为航空安全计划（Aviation Safety Program）的重要组成部分。在天空中的高速公路（Highway In The Sky，HITS）或空中之路（Path In-The-Sky）项目中，增强现实技术可用来在透视环境下中描述飞机的投影路径。

1998年，在NASA的X-38[①]系统中，首次实现了将增强现实技术用于导航。它使用了当时称为混合合成视觉（Hybrid Synthetic Vision）系统的技术，将地图数据叠加在视频上，为飞船提供增强的导航功能，而地图数据来源于1995年由Rapid Imaging公司开发的LandForm地形软件。X-38是最早的载人系统之一，但是合成视觉技术在20世纪90年代后期被用于载人直升机（见图6.55）。

图 6.55   直升机飞行员使用的Landform合成视觉
显示（约在1997年）（来源：维基百科）

增强现实技术在军事应用上很常见，然后在1970年用在了商用飞机上，后来在无人机上也很常用。现在，这项技术已经变得和飞机上的无线电技术一样普遍，甚至后来还被用在了

---

① X-38是美国研制的太空站成员返回飞行器（CRV）原型机，作为宇航员紧急逃逸装置使用。X-38最初打算作为国际空间站宇航员的紧急救生船，但后来NASA认为其功能定位太单一，对其进行了大幅修改，以使它既能运送宇航员上空间站，又能用于宇航员撤离空间站。

私人飞机上。1998年，"猎鹰2000"（Falcon 2000）是第一架获得认证的商用飞机，日本航空局（JAA）和联邦航空局（FAA）将其划分到第三代平视显示器中[27]。

2014年，Elbit系统公司（军用增强现实头盔和HMD技术开发商）在其商用飞行员增强视觉系统（Enhanced Vision Systems，EVS）中引入了ClearVision增强视觉系统和SkyLens可穿戴平视显示器，并且实现了传感器图像和合成视觉的融合。

2009年，某独立的飞行安全基金会（Flight Safety Foundation）研究得出结论：平视制导系统技术（Head-Up Guidance System Technology）可能会对数百起航空事故的避免产生积极影响[28]。此项研究发现，如果飞行员有平视显示器，就可能或者说极有可能避免38%的事故。

2012年，在美国奥什科什（Oshkosh）公司的实验航空协会（Experimental Aviation Association，EAA）年会上，首次展示了针对私人飞机的平视显示系统，即意大利的PAT航空电子公司展示的G-Hulp系统（见图6.56）。

图6.56　私人飞机使用的加改装平视显示器（来源：PAT航空电子公司）

与军用版本一样，G-Hulp平视显示器采用激光投影技术，将信息叠加在一块7英寸×3.5英寸（178 mm×89 mm）的透视显示器上。不过现在这家公司已不存在了。

到2015年，该领域出现了更多的可改装的平视显示器（见图6.57）。

MyGoFlight公司的MGF平视显示器包含三个主要组件：投影单元、融合器，以及与iPad或其他计算单元的接口。安装这样的平视显示器后，图像似乎漂浮在飞行员面前，聚焦在无穷远处，但能以最快的时间提供关于外部世界的提示信息（见图6.58）。

私人飞机上所用的增强现实系统，可以是如图6.57和图6.58所示的加改装显示器，也可以是一副智能眼镜。

图6.57　私人飞机上的加改装平视显示器（来源：MyGoFlight公司）

图 6.58　由 Rockwell Collins 公司为私人飞机研制的 HGS 3500 加改装平视显示器（来源：DigiLens 公司）

2011 年，NASA 位于弗吉尼亚州的兰利研究中心（Langley Research Center）开始为商业飞行员开发增强现实头戴式设备[29]。此研究中心对这款设备的开发是由 NASA 的合成视觉技术演变而来的（见图 6.59）。

NASA 的飞行员系统包括：头戴式显示器、增强现实头戴式设备、计算机硬件和软件，以及语音识别系统。该系统在平视显示器上叠加计算机生成的机场图像、出租车路线和交通信息，取代了飞行员通常携带的传统纸质机场地图。NASA 当时宣布，他们正在寻找对该系统的制造、商业化和市场化授权感兴趣的公司。

2014 年 8 月，美国航空玻璃（Aero Glass）公司在威斯康星州举行的 EAA 年会上，推出了首款商用增强现实智能眼镜镜片（见图 6.60）。这款由爱普生（Epson）公司制造的眼镜为飞行员提供了航向和方位指示，该区域其他飞机的状态以及天气信息等（见图 6.61）。

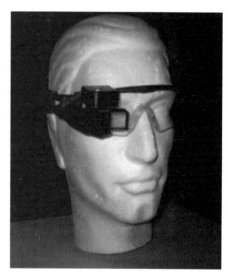

图 6.59　NASA 商用飞行员增强现实头戴式设备原型（来源：NASA）

图 6.60　Aero Glass 推出的第一代飞行员智能眼镜（来源：Aero Glass 公司）

图 6.61　戴上增强现实智能眼镜后飞行员所看到的场景（来源：Aero Glass 公司）

2015年，Aero Glass公司推出了由Osterhout团队设计的R-7新型智能眼镜系统。

消费者也开始使用增强现实智能眼镜操控无人机。2015年，智能眼镜制造商开始推广将眼镜用于无人机操控上，当时业内领先的智能眼镜供应商之一爱普生报告称，过去四年，该公司面向企业的销量超过了面向业余无人机飞行员的销量。这种半透视的智能眼镜可以让飞行员同时看到他们的无人机以及附加的数据，例如无人机载摄像头的实时视频输入等信息。

步行和开车

对于驾驶员来讲，最重要的功能是能够直观看到并清楚你要去哪里，平视显示器可以在挡风玻璃上投射信息，告知驾驶员汽车的速度、在哪里转弯、车道标志的位置、距离前面的汽车有多近，以及附近的感兴趣的地点，如加油站或停车场等。

最早的汽车平视显示器在1988年由Hughes和通用汽车公司EDS部门推出。通用汽车公司在1996年出产的Corvette汽车上首次采用彩色平视显示器（见图6.62）。

图6.62　1996年的Corvette汽车首次采用彩色平视显示器（来源：*Car and Driver*）

早期的汽车平视显示器只提供速度和燃油表数值显示，而导航功能是随着GPS定位芯片在汽车上的引入而逐渐出现的，另外一个原因是，谷歌和其他公司提供的地图数据库也很廉价。车内导航系统最早于2003年部署应用，这些信息可用在平视显示器上。然而，直到2010年，来自Garmin公司和Tom Tom公司的导航信息才被独立的平视显示器供应商所集成和使用。

2010年，Springteg公司推出了首款汽车市场所需的平视显示器WeGo，它在汽车挡风玻璃的平视显示系统中生成虚拟图像，用于显示导航信息（见图6.63）。

平视显示器还可以连接汽车的车载摄像头和自适应巡航控制系统，因此它很可能成为汽车最好的安全系统之一。新型的平视显示系统还可以利用外部的红外线摄像头穿过雾气，探测行车路线或前方看不见的汽车和障碍物。它还可以向您叠加展示如何绕过另一辆车，以避免发生事故或其他道路危险事故。此外，摄像头还可以用于识别和勾勒道路标志，以提醒司机注意。

总部位于瑞士的WayRay公司推出了一款可改装导航系统Navion。该设备能够在汽车挡风玻璃上投射全息箭头，使用该公司称为"无限聚焦"（Infinity Focus）的专有技术，箭头与前方道路进行视觉叠加，并且只有驾驶员才能看到箭头的投影。这种导航方式将驾驶员注意力集中在道路上，无须俯视仪表板或智能手机，可大大提高安全驾驶水平（见图6.64）。

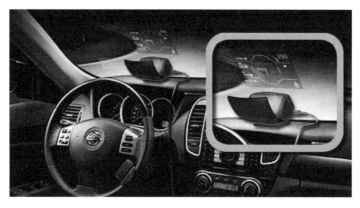

图6.63　导航信息通过驾驶员正前方的平视显示器投射到挡风玻璃上（来源：Springteg公司）

图6.64　Navion导航系统使用手势控制和语音命令实现与驾驶员的交互（来源：WayRay）

　　该系统还可以与智能手机集成，将其应用程序下载到手机上运行，再将显示结果投射到汽车挡风玻璃上。

　　这项技术能将生成图像叠加到驾驶员前方合适距离的道路上，这种虚实叠加的效果不仅不会让驾驶员产生不适，还能让驾驶过程更安全，因为驾驶员不必低头观察智能手机的屏幕。

　　从本质上讲，这个系统看起来就像视频游戏，因为只需沿着车前面的指示箭头驾驶汽车。

　　还有几种类似功能的"智能手机HUD"，它们一般由手机支架和一套显示透镜（半透半反镜面）组成。如果放置的位置合适，这个透镜可以与挡风玻璃集成在一起。

路标

　　通过智能图像处理软件，汽车平视显示器还将连接汽车的前置摄像头，以查看和识别高速公路标志，如限速标志、铁路交叉路口警告、高速公路出口提示，以及驾驶员可能由于某种原因错过的道路标志。

　　为了确保汽车不会向驾驶员提供错误信息，该系统还通过导航信息和车辆数据的融合，印证来自摄像头的信息，以防止在双车道郊区街道上行驶时错误识别而出现诸如超速之类的虚假警告。

小结

2010年，在步行和汽车领域使用增强现实技术实现地面导航，在商业上已经变得可行，针对普通消费者的增强现实导航应用在2010后被推出。Wikitude导航是一个概念验证项目，最早针对行人和汽车导航系统集成了增强现实显示功能，并取消了人们对地图的依赖。这些功能于2010年首次发布，最初的目的是"Drive"，它向用户提供了基于GPS的精细化导航，并且不用把驾驶员的视线从正常行驶的道路上移开，极大地提升了驾驶的便利性和安全性。

6.1.3.7　翻译

2011年，腾讯公司推出了一款基于增强现实技术的光学字符识别（Optical Character Recognition，OCR）翻译应用软件——翻译君，它使用智能手机的摄像头来阅读和翻译单词。

在2014年春被收购之前，出色的语言翻译软件是Word lens，该软件由Otavio Good、John DeWeese、Maia Good、Bryan Lin和Eric Park于2009年开发，并于2010年发布。该软件可以运行在本地智能手机或者平板电脑上，谷歌还计划将其作为2014年至2015年开展的谷歌眼镜项目的组成部分。尽管如此，翻译软件现在已经成为面向消费者增强现实设备的标配功能，并且在全世界每天都在使用。

实时文本翻译

谷歌翻译软件已经使人们在世界各地旅行变得更容易，而不用担心语言问题。因为它改进了传统翻译应用软件，增加了增强现实功能，并添加了多种语言支持（见图6.65）。

该公司正在提供实时文本翻译服务，这就是增强现实发挥作用的地方。该应用程序中添加了100多种语言。你所需要做的就是打开谷歌翻译软件，使用你移动设备上的摄像头，把它聚焦在文本上，你会看

图6.65　使用谷歌翻译软件进行的实时标记翻译（来源：谷歌公司）

到英文翻译的单词，并且翻译不只是单向的。除印地语和泰语外，你可以将其他语言翻译成英语，或者从英语翻译成其他语言。

6.1.3.8　体育与训练

增强现实技术应用最著名和最早的案例之一，是1998年在美国足球比赛球场上叠加展示实时"合成黄线"。然而，早在1978年，David W. Crain就已经提出了这个想法并申请了发明专利[30]，即通过在赛场上设置标志来帮助电视观众识别球路和距离，当时Crain曾向美国广播公司体育频道（ABC）和哥伦比亚广播公司（CBS）播放了这段视频，但对方都认为在当时的广播行业无法实现。然而，SportsVision实现了这项技术，其他行业和世界范围内很快进行了效仿。

SportsVision还在体育比赛广播中扩展了增强现实的概念及应用，包括在棒球比赛中显示击球手的球盒，以及在运动场上显示投掷美式足球的轨迹。

福克斯体育频道（Fox Sports）是另一个在体育领域的增强现实技术创新者，该广播公司在1996年推出了FoxTrax-Puck跟踪系统，这项技术使得观看冰球比赛的电视观众可以通过在屏幕上生成的一条红色尾巴来跟随球的运动轨迹（见图6.66）。

红色运动轨迹

图6.66　在冰球比赛画面上叠加红色的尾巴（来源：Fox Sports）

人们的目标是在球周围叠加一个蓝色的光晕，让人们在比赛中更容易通过眼镜看到和跟踪它。此外，当球以每小时70英里以上的速度被击中时，视频上会出现一条红色的尾巴，以显示球的运动轨迹。

其实现原理是：首先将标准球分成两半，然后在球内放置红外传感器，以便在比赛时向放置在赛场周边的接收器发送实时位置信号。这些数据被传输到外面的一辆FoxTrax转播卡车上，车上装有计算机，以生成实时图像，并与赛场摄像机的广播信号进行叠加和同步。

然而，当时球迷们都不喜欢这个发光的球，导致这项技术最终被放弃。FoxTrax-Puck跟踪系统是一个典型的例子，表明一些ICT（Information and Communication Technology）创新无论多么用心和深思熟虑，都有可能因为现实问题而面临失败。

但福克斯体育并没有因此气馁，而是继续推广使用增强现实技术，并将其应用于网球、足球、棒球和高尔夫等多项体育运动（见图6.67）。

图6.67　能够看到球去哪里，或者应该去哪里，大大增强了观众观看体育赛事的能力（来源：Fox Sports）

2001年，英国的Paul Hawkins开发了鹰眼（Hawk-Eye）系统，它最初是为板球而设计的，后来在网球比赛中因其能够解决双方争议而受到欢迎，到2014年，几乎每个国家都采用了这项技术。2006年6月，以维斯登集团（Wisden Group）为首的一批投资者收购了该公司，2011年索尼公司又一次收购了这家公司。

2010年以来，增强现实技术产品大多以智能眼镜的形式推广到普通消费者。

最早针对运动的增强现实眼镜来自Recon仪器公司，该公司于2009年在加拿大温哥华成立，并于2010年推出一款增强现实护目镜Recon-Zeal Transcend，其目标客户是滑雪爱好者和滑雪板运动员。利用微型液晶显示屏，这款护目镜能够显示速度、经纬度、高度、垂直行程、总行程、计时/秒表模式、跑步计数器、温度和时间等信息。

2015年，Recon公司又推出了一款新的更轻的增强现实运动太阳镜，带有侧面安装的平视显示系统，其中还包括一个摄像头。它是为跑步和骑自行车运动而设计的，并且基于其自带的软件开发包（Software Development Kit，SDK）还可以开发其他应用。在此期间，该公司推出了几代雪地运动产品（见图6.68）。

图6.68　Recon公司的运动增强现实
眼镜（来源：Recon-Intel）

摩托罗拉于2013年对这个公司进行了投资，2016年英特尔收购了该公司。

为体育运动设计的增强现实穿戴设备，一般还包含其他的生物特征传感器。例如，得克萨斯大学达拉斯分校的研究人员已经研制出了一种能够可靠地检测和量化分析人体汗液中葡萄糖的生物传感器[31]。

狩猎中的增强现实

这可以追溯到1901年，Howard Grubb为他的对焦望远镜瞄准器申请了专利（见5.1节），因为那时人们都希望拥有高超的射击技能。随着技术的快速发展，再加上更小、更轻、耗电更少电子设备的出现，以及更低的成本，现在甚至有可能拥有与先进战斗机相当的跟踪和火控能力（见图6.69）。

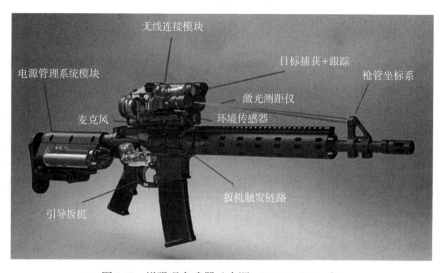

图6.69　增强现实武器（来源：TrackingPoint）

现在，任何水平的射手都比以前最优秀的射手水平更高，因为有了目标跟踪与精确制导武器，这些装置能够在极端距离和高目标速度下为射手提供更高的引导精度（见图6.70）。

增强现实武器的数字显示屏能够显示视场角、目标距离、目标速度、射角、罗盘航向、电池状态、WiFi状态、风速和方向、杀伤区域大小、弹药类型、温度、气压和时间等。

图 6.70　该武器的平视显示器（HUD）显示目标和重要数据，其中包括目标距离、目标速度、射角、罗盘航向和电池状态等（来源：TrackingPoint）

6.2　总结

增强现实的应用案例几乎是无穷无尽的，而且每年都在不断出现新的创意和想法。除了本节强调的每家公司，还有很多有类似应用的公司，甚至还有更多的公司正在开发此类产品。随着这项技术的进一步部署落地，将会产生更多的想法。增强现实给人们的生活带来了如此丰富的内容，希望它能够在将来的时间内为人们做越来越多的事情。

2012年，谷歌用眼镜激发了消费者对可穿戴增强现实技术的梦想。2016年，*Pokémon GO* 游戏与其进行了应用集成。现在，增强现实已经得到了广泛认可并且人们对其寄予了美好的预期。在不久的将来，增强现实行业将继续得到工业、科学和头盔类应用（应急救援、检查员、危险修理、军用等）的支持和迭代改进。增强现实应用分为两大类：可穿戴式和不可穿戴式。不可穿戴式的应用包括车内的平视显示器，或在电视上观看增强现实（如虚实叠加）节目。而本章的重点是关于可穿戴增强现实的讨论。

Vuforia是业界领先、应用非常广泛的增强现实开发平台之一，它已经被2万多个应用程序所使用，全球下载量超过2亿次。然而，尽管大家都付出了这么多努力，但很少有手机游戏或广告因为使用了增强现实技术而获得巨大成功。

所有不针对消费者（企业级用户）的可穿戴增强现实系统和应用程序都具有其特殊性，并具有与之相关的特定的投资回报率（Region Of Interest，ROI）。在这种情况下，眼镜或头盔是定制而不是通用的，每个硬件供应商（在2016年，至少有75个）都在努力满足特定的一个或两个特定市场（当然也可能大于三个，其前提是他们不专注或过于雄心勃勃）。

不管你信还是不信，虚拟现实实际上比增强现实容易得多。在虚拟现实中，用户在一个相对封闭可控的环境中观看一块屏幕，并且所有屏幕充满了用户的视野，用户无法看到视野之外的其他东西。而在增强现实中，只有用户所关注的一小部分视场角（Field Of View，FOV）用来显示计算机所生成的内容，并且要满足不同的注视范围、呈现方式和虚实一致性条件，使该区域达到大小合适、透明度合适、焦点合适，这是非常具有挑战性的，而且到目前为止还存在许多未解决的实际问题。非消费者用户可以容忍整个系统中的许多弊端，因为只要他们所需的那个关键特性能够正确完成即可。然而，对于普通消费者来说，这种增强现实体验的优越性还并不十分明显（见图6.71）。

最雄心勃勃的公司之一是总部位于洛杉矶的 Laforge Optical，该公司推出了称为 Shima 的增强现实眼镜，并宣称将设计针对普通消费者具有吸引力的增强现实眼镜。非常有意思的是，这家公司并不是以 *Star Trek*（《星际迷航》）中的 Geordi LaForge 这个角色来命名的，而在这个影片中，LaForge 角色是个盲人，能够使用特异功能来观察东西（见图 6.72）。

图 6.71　要想让消费者接受增强现实，眼镜必须具有吸引力。Patrick Farley 的艺术来自 David Brin 的小说 *Existence*（《存在》）

图 6.72　Laforge 推出的增强现实眼镜，外观看起来非常普通（来源：Laforge 公司）

另一家提供消费者级增强现实眼镜的公司是 Meta，它推出了 MetaPro，但后来又放弃了。其他几家公司，如 Ricon（Intel）和索尼，也提供了类似于谷歌眼镜等侧置投影仪结构的穿戴式眼镜。这种设计对于滑雪、自行车和跑步等特殊类型应用，其风格样式是可接受的。

在这 80 家公司中，截至本书完成撰写，Laforge 是唯一一家有希望真正生产出消费者级别的增强现实眼镜的公司。当然，Laforge 是否真的能够研制出这样的眼镜，不是本书所讨论的范畴，关键是其他供应商都没有能直面这个挑战。

正如前文所说，可以将硬件供应商划分为面向消费者和面向企业的两大类。这两类供应商都有成功的和失败的案例。例如，宝马公司为摩托车手研制了一款增强现实头盔，而另一家摩托车头盔公司也推出过类似的产品，但又放弃了，这种事情很可悲。和 Recon 一样，宝马也在瞄准某一个特殊的应用市场。

全国性的商业调查公司 Colloquy 进行了一项针对可穿戴技术的调查，发现大多数美国消费者认为可穿戴设备太昂贵了（注意，这里的范围也包括可穿戴的智能手表和健康监测系统，而不仅仅是增强现实设备）[32]，有超过一半的受访者表示，他们对可穿戴设备的了解还不够，甚至并不了解。另一方面，有 35% 的消费者表示，可穿戴技术用起来很麻烦，但也显得"很酷"。

大众性传播媒体在推动、宣传可穿戴设备技术如何进入人们生活方面还存在一定的差距。这个过程并不会从消费者开始，尽管许多公司（或媒体）希望如此。所有这些设备需要找到一个切合实际的应用场景和使用方式，这将首先在工业、企业、军事、教育、医疗和娱乐领域开始。对于普通消费者来讲，穿上一件可穿戴的衣服并非迫在眉睫，当然它也不可能马上达到真正实用的程度，这种想法目前也并不现实。有些人认为，需要大约 10 到 15 年的时间才能有足够的可能性使它们得到普及，并建议应该根据实际需要来使用（或穿戴）这些设备，不要一直穿在身上。

　　笔者并不同意这个观点，只要得到低成本、好看的眼镜和实用的应用程序，基于增强现实的可穿戴设备将允许用户把智能手机放在口袋里，并且完全不用管它，因为手机将成为眼镜的服务器和通信中心。摩尔定律以及开发商和供应商的想象力、创造力，都总是让人感到吃惊，人们所处的不仅仅是一个信息驱动的社会，还是一个思想驱动的社会，几乎不可能预测明天会出现什么新思想，而从事这些创新的人就像在写科幻小说一样。

参考文献

1. Feiner, S.K., Webster, A.C., Krueger III, T.E., MacIntyre, B., & Keller, E.J. (1995, Summer). *Architectural anatomy*, Department of Computer Science, School of Architecture. New York: Columbia University, 10027. Journal presence: Teleoperators and virtual environments archive, 4(3), 318–325, MIT Press, Cambridge, MA.

2. Willers, D. (2006). *Augmented reality at Airbus*, International Symposium on Mixex & Augmented Reality, http://ismar06.tinmith.net/data/3a-Airbus.pdf.

3. *Groundbreaking augmented reality-based reading curriculum launches*, "PRweb", 23 October 2011.

4. Keerthi, K., *Using virtual reality and augmented reality to teach human anatomy*, The University of Toledo Digital Repository, May 2011, http://utdr.utoledo.edu/cgi/viewcontent.cgi?article=1625&context=theses-dissertations

5. Hoffelder, N.. *Augmented reality shows up in a Japanese textbook (video)*, April, 2012, http://the-digital-reader.com/2012/04/08/augmented-reality-shows-up-in-a-japanese-textbook-video/

6. Bajura, F., Ohbuchi Bajura, M., Fuchs, H., & Ohbuchi, R. (1992). Merging virtual objects with the real world: seeing ultrasound imagery within the patient. ACM, 26(2), 203–210. doi:10.1145/142920.134061.

7. Zhu, E., Hadadgar, A., Masiello, I., & Zary N.. *Augmented reality in healthcare education: An integrative review*, http://www.ncbi.nlm.nih.gov/pmc/articles/PMC4103088/

8. Boud, A. C., Haniff, D. J., Baber C., & Steiner S. J.. *Virtual reality and augmented reality as a training tool for Assembly Tasks*, Proceedings of the IEEE International Conference on Information Visualization, 1999, pp. 32–36. Grubb, Howard, *A new collimating-telescope gun sight for large and small ordnance*, The Scientific Transactions of the Royal Dublin Society March 20 1901.

9. Lee, K. (2012, March). *Augmented Reality in Education and Training*, (PDF). Techtrends: Linking Research & Practice To Improve Learning 56(2). Retrieved 2014-05-15.

10. Davies, P. *How to measure enterprise AR impact*, https://www.youtube.com/watch?v=P-qJ6U-ixX0&feature=youtu.be&list=PLV7deeu6k7SjpDldZJT91sKQg2qyEBYzV

11. Babb, G. *Augmented reality can increase productivity*, AREA blog » Analysis, http://thearea.org/augmented-reality-can-increase-productivity/

12. Papagiannis, H. *Augmented reality applications: Helping the blind to see*, Tech Innovation, Intel, February 10, 2015. https://iq.intel.com/augmented-reality-applications-helping-the-blind-to-see/

13. Ortiz-Catalan, M., Guðmundsdóttir, R.A., Kristoffersen, M.B., et al. *Phantom motor execution facilitated by machine learning and augmented reality as treatment for phantom limb pain: a single group, clinical trial in patients with chronic intractable phantom limb pain*, published online in the medical journal The Lancet on December 2016, http://www.thelancet.com/journals/lancet/article/PIIS0140-6736(16)31598-7/fulltext

14. http://www.loyalreview.com/www-hallmark-comextra-watch-hallmark-webcam-greetings/

15. Retail Data: 100 Stats About Retail, eCommerce & Digital Marketing, https://www.nchannel.com/blog/retail-data-ecommerce-statistics/

16. Peddie, J. (2013). *The history of visual magic in computers*. London: Springer. ISBN 978-1-4471-4931-6.

17. Augmented reality Tennis. https://www.researchgate.net/publication/29488914_AR_tennis. December 2005.

18. *The Invisible Train*. https://www.youtube.com/watch?v=CmZhCUhDtRE

19. First augmented reality game for a console. http://www.guinnessworldrecords.com/world-records/first-augmented-reality-game-for-a-console [Edition 2010]

20. How Pokémon, G. O. (2016, July 21) Took Augmented Reality Mainstream. http://knowledge.wharton.upenn.edu/article/how-Pokémon-go-took-augmented-reality-mainstream/

21. Brian D. Wassom, *augmented reality eyewear & the problem of Porn*, http://www.wassom.com/augmented-reality-eyewear-the-problem-of-porn-from-the-archives.html

22. Hartley, A. (2010, January 10). *Pink technology develops augmented reality porn.* http://www.techradar.com/news/world-of-tech/future-tech/pink-technology-develops-augmented-reality-porn-662635?src=rss&attr=all

23. Rampolla, J. (2015, March 12). *Virtual/augmented reality adult porn bridges gap to augmented child porn .... Not if, but when.* http://www.ardirt.com/general-news/virtual-augmented-reality-adult-porn-bridges-gap-to-augmented-child-porn-not-if-but-when.html

24. Wassom, B. (2014, December 10). *Augmented reality law, privacy, and ethics.* Elsevier. ISBN-13: 978–0128002087

25. http://augmentedtomorrow.com/augmented-reality-glasses-helping-students/

26. Jarrett, D. N. (2005). *Cockpit engineering* (p. 189). Ashgate Pub. ISBN 0-7546-1751-3. ISBN 9780754617518. Retrieved 2012-07-14.

27. *Falcon 2000 Becomes First Business Jet Certified Category III A by JAA and FAA*; Aviation Weeks Show News Online September 7, 1998.

28. *Head-up guidance system technology—A clear path to increasing flight safety*, http://www.mygoflight.com/content/Flight%20Safety%20HGS%20HUD%20Study%20Nov%202009.pdf

29. *NASA develops Augmented Reality headset for commercial pilots.* http://phys.org/news/2012-03-nasa-ar-headset-commercial.html.

30. Crain, D.W. TV Object locator and image identifier. US Patent 4,084,184.

31. *Bioengineers Create Sensor That Measures Perspiration to Monitor Glucose Levels.* http://www.utdallas.edu/news/2016/10/13-32235_Bioengineers-Create-Sensor-That-Measures-Perspirat_story-sidebar.html?WT.mc_id=NewsHomePage

32. https://www.colloquy.com/latest-news/passing-fad-or-cool-nerdy-colloquy-research-shows-63-of-u-s-consumers-wary-of-wearable-prices/

第7章 软件工具

目前，一些公司正在研发并提供增强现实应用软件工具包，以帮助开发人员快捷创建在增强现实环境中能够稳定运行的各类应用程序，本章将介绍一些比较流行的工具包和应用程序接口（Application Programming Interface，API）。

通常，大型公司不仅会给合作伙伴提供先进的硬件，还会提供配套的软件工具，以此来使自己的产品获得稳定的市场优势。然而，科学技术要实现快速发展，就必须打破企业之间的壁垒，特别是现阶段更需要通过协同创新来帮助新兴的增强现实产业更好地发掘潜力。基于开放标准的增强现实技术会最终占据主导地位，只有这样才能为新创意和新技术提供广阔的发展空间。

目前一些公司提供了增强现实相关软件工具包，以帮助开发人员创建在增强现实环境中能够稳定运行的应用程序。本章列举了一些典型工具，以便让读者了解这些工具所涉及的具体内容。这些内容可能非常深奥，专业性很强，文中会尽量避免涉及具体细节，但也希望读者能掌握一些必要的技术知识。

以下各节所列出的公司并不代表所有的工具包和应用程序的供应商，也不代表最好的或最受欢迎的那些企业，只是随机挑选或者正好是笔者比较熟悉的公司。本章并不是增强现实产品购买者的指南！

一般来讲，增强现实系统硬件是由传感器输入（摄像头、麦克风等）、处理器、输出（显示器、眼镜等）三部分组成的计算机系统。当然，为了使所有这些组件能够形成整体并且具有生命力，还要做到易用、好用，必须要有应用程序来整合它们。这个应用程序通过操作系统（如Android和Windows等）以及被称为应用程序接口（API）的专用软件层与处理器和传感器进行通信，而专用软件层又需要处理器供应商为其处理器创建的特定设备驱动程序。这些组成元素之间的关系如图7.1所示。

正如大家日常所理解的，增强现实系统以及任何计算机系统的软件工具包都可以划分为多个层次，主

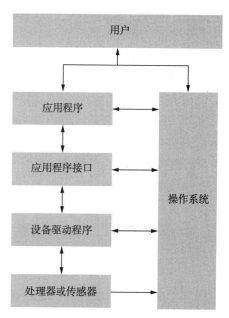

图7.1　增强现实系统中从处理器到用户的各层划分

要由应用程序接口（API）、专用函数库，以及开发系统时所需的开发人员用户界面等部分组成，其典型层次结构如图7.2所示。

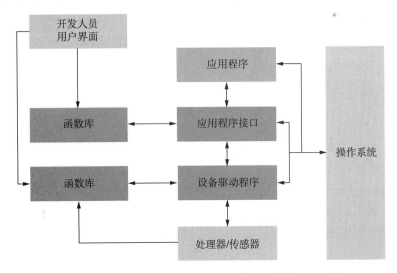

图7.2　软件工具包由函数库和设备驱动程序等部分组成

软件开发工具包（Software Development Kit，SDK）实际上是一组实用程序的集合，包括各种软件例程，以及开发软件所需的集成开发环境，维护应用和数据库所需的各种实用程序等。

软件开发工具包通常是指一组为特定设备创建应用程序的软件开发工具。主要用于开发应用程序的高级功能，如发布广告、推送通知等。大多数应用程序开发人员根据应用程序的类型（例如增强现实）或设备的差异来使用特定的软件开发工具包。如果开发人员希望为特定的操作系统（例如iOS、Android和Windows等）或操作系统特有的软件创建应用程序，那么选择使用合适的SDK就变得至关重要。例如，Android应用程序的开发需要Java SDK，iOS应用程序需要苹果Swift的iOS SDK，Microsoft Windows应用程序需要.Net Framework SDK。

增强现实系统的典型结构如图7.3所示。具体的功能模块、传感器、无线通信、输入和输出设备可能会因制造商和应用场景的不同而不同。不过，最基本的配置将包括摄像头、位置传感器（GPS定位芯片或磁力仪）、通信单元（至少应该包含WiFi）和显示器。从中我们应该认识到，一套完整的增强现实系统就像在你头上安装一台超级计算机，至少应包括计算机所具有的各种基本组成部分（见图7.3）。

增强现实领域现有的标准非常少，而这些标准对于增强现实系统的二次开发，对于系统维护升级从而延长使用寿命，以及对新产品的原型开发和测试都非常重要。

增强现实系统中关键的组成要素之一就是传感器中枢。传感器中枢应该兼容所有类型的传感器，并以复杂的软件驱动方式将传感器数据分配给处理器（即DSP，GPU和CPU）。其中，部分传感器需要实时访问处理器（例如摄像头传感器），而其他传感器则不一定需要实时访问（例如陀螺仪）。由于在增强现实系统中存在多个传感器、输入和输出设备，因此需要多个设备驱动程序，以及进程、流驱动程序和API。

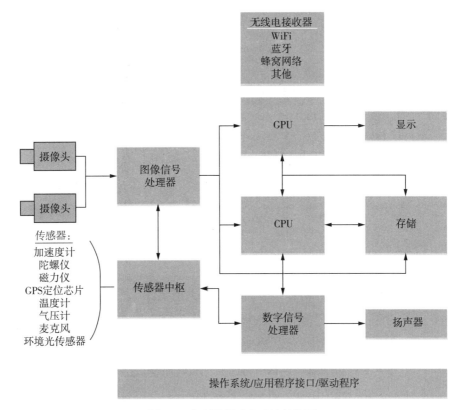

图 7.3 典型增强现实系统结构图

一些增强现实设备制造商已经开发了自己的专用 API、设备驱动程序，以及用于增强现实设备中某些功能的专用硬件。然而，在大多数情况下，设备供应商主要还是使用市面上现有的、基于开放标准［商用货架（Commercial Off-The-Shelf, COTS）］的各种处理器，比如在智能手机、平板电脑和嵌入式系统中使用的处理器类型。然而，这些 COTS 处理器内部的组件也有所不同。例如，有些处理器内部有一到两个图像信号处理器（ISP），而有些处理器内部则没有。还有一些 COTS 处理器具有传感器中枢和数字信号处理器（DSP），而另一些处理器则不需要。

对于绝大多数系统集成商而言，设计和开发系统的最简单的首选方法是使用开放标准。开放标准将开发成本分摊给多个公司或个人（开放标准组织成员），并确保软硬件的可互换性以及使用最新的数据版本。

7.1 Khronos 团队

Khronos 团队是一个以免版税和开放标准为宗旨的机构[1]。该组织成立于 2000 年，致力于维护和协调图形处理器（GPU）的 API，现已稳步发展到包括并行处理程序语言（OpenCL）、处理器间通信（EGL）、新一代三维图形开发接口（Vulkan）和多个视觉处理 API。该组织一直处于支持增强现实和虚拟现实领域应用开发 API 的最前沿。

Khronos 对开放标准有一个包容性的方案，以解决当前研发摄像头、视觉和传感器融合管道（pipeline）中的所有技术问题。OpenVX 是视觉处理加速的关键 API，于 2013 年推出。

在撰写本书时，OpenKCam对高级摄像头控制的需求和发展方向，以及传感器融合的流输入（StreamInput）方式仍在评估中。

图7.4给出了用于增强现实开发的Khronos API架构以及这些API之间的关联关系。

增强现实不仅需要先进的传感器处理、视觉加速、计算和渲染，而且还需要所有这些子系统之间高效地协同工作。

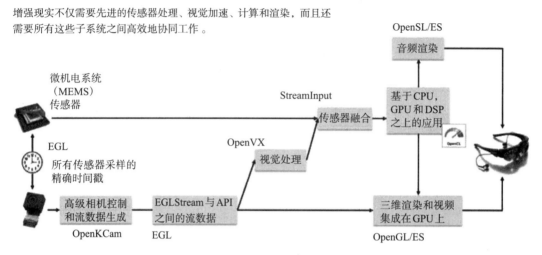

图7.4　用于增强现实开发的Khronos API架构（来源：Khronos组织）

快速而高效的视觉处理是增强现实的关键。视觉处理API的架构非常广泛，因此，在通常情况下，不同的API用于访问不同类型的处理器，并行进行视觉处理。

OpenCL提供通用的计算加速能力，包括针对神经网络等算法的加速，因此可用于视觉处理方面。然而，Khronos也有一个专门的视觉处理API，称为OpenVX，能够针对实时性、移动的和嵌入式平台实现视觉加速。OpenVX具有比OpenCL更高的抽象级别，可以跨多核CPU、GPU、DSP及DSP阵列、ISP和专用硬件等不同的处理器体系结构进行性能移植，这对于低功耗前端视觉处理非常重要（见图7.5）。

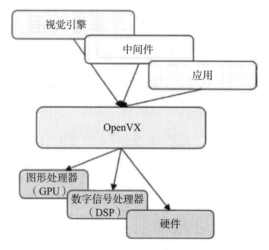

图7.5　OpenVX是低功耗视觉加速
API（来源：Khronos团队）

进行OpenVX开发的程序员只需要将视觉功能，即OpenVX"节点"连接到一个图形中，而无须选择或设置加速硬件。这使得OpenVX开发人员能够将图形映射到任何处理器上，从而为各种加速架构提供应用程序可移植性，包括用于低功耗的专用硬件，这一点是可编程API无法达到的（见图7.6）。

在可编程处理器上，如果OpenCL可用，那么OpenVX通常会被OpenCL加速。

神经网络处理在许多视觉处理任务中变得越来越重要，尤其是针对模式识别类型的应用。OpenVX神经网络扩展使卷积神经网络拓扑能够表示为OpenVX图形，从而可以与传统视觉节点混合使用。

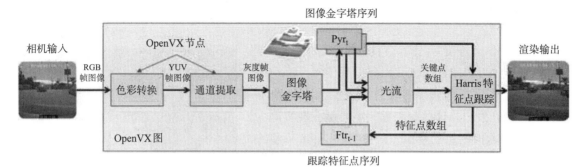

图像金字塔序列

特征提取流程示例图

图7.6　执行开始前需要生成的OpenVX图结构（来源：Khronos团队）

7.1.1　OpenCV

除了标准API还有各种行业开放库，例如OpenCV就是其中的典型例子。OpenCV（Open source Computer Vision，开源计算机视觉）是一个用于实时计算机视觉的编程函数库，最初由Intel公司于1999年在俄罗斯下诺夫哥罗德市（Nizhny Novgorod）的研究中心开发，后来得到了Willow Garage的支持，现在由Itseez（http://itseez.com/）维护。该库是跨平台的，可以在开源BSD许可下免费使用，用户非常广泛（见图7.7）。

广泛使用的开源视觉库——用优化的 C / C ++ 编写
在BSD许可下免费使用
支持C ++, C, Python和Java接口
可以在Windows、Linux、Mac OS、iOS和Android等操作系统下使用
越来越多地利用OpenCL进行异构处理
OpenCV 3.X透明API
每个函数/算法对应着单个API
可以根据需要动态加载OpenCL运行时库（如果可用）否则回退到CPU实现
运行时调度
不需要重编译

未加载OpenCL内核的OpenCV透明API
每个CPU线程对应一个OpenCL队列
CPU线程可以共享同一设备
OpenCL内核是异步执行的

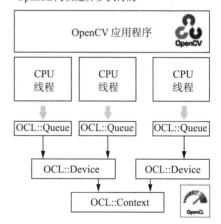

图7.7　OpenCV 3.X将透明地使用OpenCL

在开发人员决定使用哪些API和驱动程序之后，下一步就是选择合适的应用开发工具包。这里有如下几种方案可供选择：开放系统、工业或专有系统。下面将讨论一些比较流行的增强现实开发工具包，以及使用它们的一些典型示例。

7.2　ARToolKit

　　ARToolKit最早是由日本奈良先端科学技术大学院大学（NAIST）的Hirokazu Kato开发的，是一个用于构建增强现实应用程序的软件开发库，于1999年首次对外公开发布。这些应用程序主要是在现实世界基础上实现虚拟图像的叠加。例如，在图7.8所示的场景图像中，一个三维虚拟人物站在一张真实的卡片上，而用户可以在头戴式显示器上看到这种虚实叠加效果。当用户移动卡片时，虚拟人物会随之移动并始终"站立"在这张真实的卡片上。

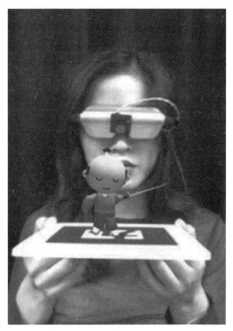

图7.8　通过ARToolKit实现虚拟人物的叠加（来源：华盛顿大学HIT实验室）

　　开发增强现实应用程序的关键难点之一是跟踪用户的视点和视角。因为要想知道从什么角度来绘制虚拟图像，应用程序必须先知道用户在现实世界中的位置及观察方向，这是进行虚实融合的基本前提。

　　ARToolKit使用计算机视觉算法来解决这个问题。利用视频跟踪库实时计算真实摄像头相对于物理标记的位置和方向，将这些信息实时传递给图形绘制引擎，生成虚拟对象，从而使开发各种增强现实应用变得非常容易。ARToolKit的一些特性包括：

- 基于单摄像头实现对其位置/方向的追踪；
- 基于简易黑色方块作为跟踪标记；
- 能够使用任何方形标记图案作为标记；
- 简单易用的摄像头初始校准代码；
- 算法足够高效，并支持实时增强现实应用程序；
- 支持平台包括SGI IRIX、Linux、MacOS和Windows OS发行版；
- 由Daqri发布，开源且带有完整的源码。

　　2015年春天，增强现实创业公司Daqri收购了维护开源ARToolKit库的公司ARToolWorks，当时的ARToolKit非常流行。那时，Daqri正在研发一款类似HoloLens风格的增强现实头盔，并且已经提供了多种增强现实软件工具。作为收购条件的一部分，Daqri将在开源许可下免费提供ARToolKit的商业版Pro工具。Daqri公司还表示，将继续投资ARToolKit的技术研发。

7.2.1　Vuforia

　　Vuforia是最著名的增强现实工具集之一，在全球有超过30万应用该工具的开发人员。如前文所述，超过3.5万个应用程序中使用了这款工具，其应用安装次数合计超过3亿次。2016年，Vuforia的母公司Parametric Technology（PTC）公司宣布与Unity合作，将Vuforia平台整合到Unity的流行游戏引擎和开发平台中。而Unity是一个跨平台的游戏引擎，拥有至少550万开发人员，可以运行在个人计算机、游戏机、电视、虚拟现实和增强现实系统等21种平台上。

Vuforia 能够使虚拟的三维内容"融合"放置在真实的物理环境中。该产品的核心是 Vuforia 引擎，提供对象识别和环境重建等计算机视觉功能。Vuforia 的识别组件之一是 VuMark，这是一种可定制的可视化代码工具，可嵌入任何产品或机器中，或在生产过程中定制。它旨在直观地向用户展示增强现实体验的实用性，例如用于组装、使用、清洗、维修、检查等功能的逐步说明。

Vuforia 提供的图像目标识别功能，允许开发人员识别和跟踪打印在平面上的图像标识。Vuforia 可以识别存储在本地设备中的多达 1000 个图像或存储在云环境中的数百万个不同图像。这些图像目标通常用于在书籍、杂志和产品包装等平面上放置内容。

Vuforia 提供的三维重建堆栈技术称为"智能地形"（Smart Terrain），为开发人员提供了构建物理环境及环境中物体表面的技术途径。借助这个开发包，开发人员可以创建与现实世界中物理对象进行实时交互的增强现实游戏。

VuMark 设计者允许 Adobe Illustrator 用户基于现有图形和品牌商标创建独特的标识（VuMark），例如直接用现有品牌商标来创建。这样就能创建吸引人注目的 VuMark，同时能够将任何类型的数据进行编码，比如序列号或 URL 等。

创建新的虚拟三维内容的过程依然是复杂的、劳动密集型的，而且对于许多大规模的增强现实应用部署来说，这样做的成本过高。然而，现有的三维内容存储库大多是用计算机辅助设计（Computer Aided Design，CAD）工具创建的，PTC 公司也正在开发创建这些模型存储库的功能。

人们的目标是为了使开发变得更简单。Vuforia 对于编写代码的人来说是一个很好用的工具。但是对于那些制作技术图纸和教学内容的人员来说，他们大多不会编写代码。如果他们拥有适合的简单化工具，就可以自己构建增强现实体验。ThingWorx Studio 工具很好地解决了上述问题，这款软件就是在 Vuforia 平台和 PTC 三维集成的背景下设计开发的。

ThingWorx Studio 使内容创建者能够从现有的三维内容中直接构建增强现实体验，无论是使用 PTC 还是第三方工具创建，只需点击几下鼠标，就可以将其发布到云端。而一旦发布成功，用户通过手机上下载的 ThingWorx 视图工具扫描一下"ThingMark"标记，就可以看到手机上显示的增强现实虚拟模型，从而向用户提供相关的下载支持和发布体验。

此外，ThingWorx Studio 还能使物联网（Internet of Things，IoT）解决方案企业能够为连接的产品创建虚拟仪表板。由于 ThingWorx Studio 与 PTC 的 ThingWorx 物联网平台集成在一起，因此开发人员可以创建虚拟的仪表，并将其连接到能够提供实时数据的传感器上。它们可以通过 ThingWorx 视图工具发布和启动。

Vuforia 6.1 版本完全支持微软的 HoloLens。https://library.vuforia.com/ 列举了它的一些典型用途。

这里需要说明的是，其他一些增强现实工具集（例如 Augment、ScopeAR 和 ViewAR）是基于 Vuforia 构建的。

7.2.2 Augment

Augment 公司成立于 2011 年 10 月，总部位于法国巴黎，现已成为增强现实产品可视化领域的领导者之一。该公司为品牌、零售商和制造商提供增强现实电子商务 SDK 解决方案，用于开发本地化移动应用和网络化（Javascript）应用集成。

Augment创立的想法来自其联合创始人兼首席执行官Jean-Francois Chianetta的切身网购经历。他当时正在阅读一个产品的介绍，这个产品宣称自己是同类商品中规模最大的。"虽然有照片，但是你也不能真正看到它。"他说。随后，有位机械工程师提出了一个基于增强现实的解决方案——研发在现实世界中能够使三维模型可视化的应用程序（见图7.9）。

SDK通过将增强现实产品可视化地嵌入现有的电子商务和移动商务平台上，为零售商提供个性化客户购物体验。点击智能手机或平板电脑上的可视化按钮，就会启动增强现实浏览器，在客户的真实环境中实时、按比例地显示产品的最终效果图。

SDK还包括Augment提供的集中式产品数据库，其中包括各种产品的三维模型。如果Augment的数据库中有可用的产品，则会在产品页面上显示"Augment"按钮；如果没有，则不显示。即只有当三维模型可用时，才会出现按钮。

该公司称每月将增加数百种产品模型。但是，如果用户需要立即使用新的产品模型，Augment还会提供附加的三维设计服务，以帮助用户创建属于自己的定制模型。

图7.9　Augment将一个虚拟的三维咖啡壶放在柜台上，让客户自行选择咖啡壶的颜色（来源：Augment）

7.2.3　Infinity AR

Infinity AR公司成立于2006年，位于以色列的佩塔提科瓦（Petach Tikva）。Infinity AR声称其引擎使用了通用且价格合理的硬件基础设施：二维立体摄像头和惯性测量单元（IMU），这些硬件能够完成对当前物理环境的精确数字化三维场景构建与表示，并且通过创建深度图实现三维重建，从而实现对所映射的三维场景的智能理解，这也是实现虚拟对象嵌入的前提基础。

有很多影响环境理解的因素，如光源、反射、透视角度和阴影等，还有对现实世界物体的识别。这些影响因素的物理特性以及它们如何影响环境，对于建立高质量的现实生活中的增强现实体验十分重要（见图7.10）。

该公司的增强现实引擎软件具有如下6项功能：

- 图像匹配与识别；
- 位置和方向感知；
- 对物理世界的数字化；
- 控制和基于手势的自然用户界面；
- 三维模型跟踪；
- 面对面交互。

要实现增强现实应用，需要持续获取用户在真实环境中的观察方向和所处位置，并要从用户的视角真实呈现"虚实融合"环境，因为这个过程是不断移动变化的。

Infinity AR 的计算机视觉算法经过了优化，可以在集中式的增强现实眼镜应用处理器上运行，从而降低了功耗。

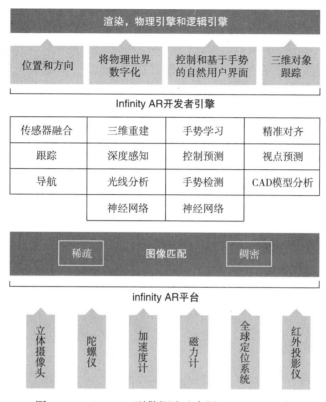

图 7.10 Infinity AR 引擎概述（来源：Infinity AR）

7.2.4 Intel RealSense

Intel 公司的 RealSense 技术将硬件和软件结合在了一起。Intel 公司一直通过收购其他公司来扩展自身技术，并以此来吸引更优秀的开发人员。基本的 RealSense 包括摄像头流媒体功能、必要的开发接口和工具软件。还可以根据开发需要，在应用程序中添加其他必要的组件。

光标模式：启用 UI 界面，这个界面依赖于手势识别的准确性和稳定性。Intel 提供多种特定手势识别，实现不同的智能交互目的。

三维扫描：从各种视角拍摄的一系列图像中捕捉静止物体，然后可以将该物体模型转换为三维的三角形网格，并用于模拟、编辑、打印和分析。

用户背景分割：RealSense 可以将前景中的对象和人从背景中分离，以替换和使用不同的背景。

面部跟踪与识别：用于识别和跟踪面部。它支持 78 个采样点的精确度，能够进行三维人脸检测以及人脸转动、头部俯仰和偏航的识别。

手部跟踪与手势识别：支持多种手势，例如竖起大拇指等，但不适用于需要精确手部跟踪的应用程序。

RealSense SDK 可以从 https://software.intel.com/en-us/intel-realsense-sdk/ 下载。

7.2.5　Kudan

Kudan公司由Tomo Ohno于2011年在英国布里斯托市创立，并担任公司CEO。该公司从创建伊始就致力于增强现实技术，而当时大多数人都不了解增强现实，也没有多少可实用的技术。该公司花了4年时间开发了用于各种品牌和领域的增强现实工具，同时不断构建和完善自己的引擎。经过4年的客户工作和研发积累，Kudan公司决定将工具集和引擎准备好，面向全世界提供增强现实技术服务。此外，他们还针对移动设备实现了许多独特的功能。

就像新兴市场中的许多其他公司一样（如果说增强现实出现于20世纪60年代，就可以认为是新兴市场），由于当时第三方的增强现实工具和计算机视觉引擎缺乏技术成熟度，难以确保应用质量，所以Kudan公司立足自己研发相关技术。当时，他们对业内的看法是，现有工具在移动领域的可用性和技术适用性非常有限，这是增强现实技术及相关计算机视觉应用发展的一个主要障碍。如今，该公司提供了一套自己的增强现实SDK，该SDK带有一个由专用的计算机视觉（Computer Vision，CV）跟踪技术，如SLAM技术支持的二维/三维识别引擎，可以支持有标记识别和无标记操作两种情形。

Kudan公司宣称，所用SLAM引擎可在没有深度传感器或立体摄像头的情况下，通过捕捉特征点并计算具有6 DOF跟踪视点的实时轨迹，实现基于二维图像的实时三维姿态和位置跟踪。

7.2.6　Google Tango

谷歌的Tango技术能够根据周围环境绘制地图，还能创建用于导航的三维地图。该技术可以使虚拟物体被正确地放置在某个空间内，并可用于游戏和任务实施，如室内设计和房屋构造等行业。另外，针对应急救援人员还有着专门的应用场景。

谷歌与高通公司合作密切，所以后者的snapdragon芯片提供了对Tango的专门支持，也因此产生了市场上最初的一批增强现实手机，如联想的Phablet 2 Pro和华硕的ZenFone AR都支持Tango。这些都应该算是刚刚开始，更多的品牌型号还在酝酿准备之中。很多企业正在关注这些设备的成功，并且它们在市场上的可用性将有效地推动增强现实技术的持续性发展。

7.2.7　HoloLens

微软的HoloLens不仅技术非常先进，而且在商业化方面非常成功，这款产品有能力在事后定义这个市场。现在，他们已经可以轻松下来并且观察市面上出现的相关产品。鉴于当前该领域技术发展水平的限制，微软已经推出了他们认为目前最好的HoloLens头戴式增强现实设备。

Windows作为个人计算机的主要操作系统平台之一，在商业和工业应用中占据了主导地位。微软没有提供一个专门的HoloLens SDK，而是将其作为Visual Studio集成开发环境中开发产品的一部分。它也成为了Windows生态系统功能的组成部分。微软正在召集来自工业、游戏和消费者应用开发领域的合作伙伴[①]，为增强现实应用创建一个基于Windows的开发环境。

---

① 微软HoloLens在投入市场后，受关注度一直很高。2017年7月，微软全球发布混合现实合作伙伴项目（Mixed Reality Partner Program，MRPP），这一认证旨在帮助各地区找到最优质的合作伙伴，结合他们的技术开发能力、行业应用认知以及市场开拓能力，与微软一起助力基于增强现实技术的企业数字化转型。

7.2.8　Scope AR

Scope AR 公司成立于 2011 年，地点位于加拿大阿尔伯塔省埃德蒙顿市，是一家为工业客户提供增强现实应用产品的开发商，能够针对客户的需要提供专业化的定制服务。该公司声称是第一个真正的增强现实智能指令和实时视频呼叫解决方案 WorkLink 和远程增强现实应用的创造者。通过 WorkLink，该公司还提供了一套工具，允许项目专家（Subject Matter Expert，SME）自己创建丰富的动画效果，逐步提供增强现实引导指令。用户将把他们自己变成专家，无论他们身在何处，都可以学习组装、修理或排除故障问题。

利用现有 CAD 文件中包含的信息，SME（并非开发人员或程序员）将能够创建以前不可能实现的复杂动作和清晰内容。通过添加文本描述层、图片或视频参考以及简单直观的效果，几乎任何人都可以在未经大量培训，或实际经验不足的情况下达到前所未有的学习质量。

完成的功能模块可以实时发布，使员工能够随时访问最新的操作指令，同时确保做好版本控制（见图 7.11）。

图 7.11　在平板电脑上实现增强现实并将其作为训练设备（来源：Scope AR）

Scope AR 还提供了一套基于增强现实的远程协助应用程序，即 Remote AR，该应用程序被 Caterpillar、Assa Abloy 和 Seal Air 等多家行业公司使用。Remote AR 就像在 Facetime 上添加增强现实效果一样，允许专家对世界任何地方的技术人员进行支持，即修改来自技术人员视频上的增强现实注释和三维模型。最新版本的 Remote AR 具有以下几个特性：

- 支持深度摄像头，无须标记；
- 支持在应用中使用电话音频，无须增加单独的电话连接，技术人员和专家就可以进行语音联系；
- 支持低带宽模式，即使网络条件很差，员工也能正常工作并获得技术支持；
- Windows 桌面专家，使 Windows 用户能够为移动用户提供支持。

Scope AR 相信，增强现实技术将使组织中的每个人都能及时获得所需专家的指导，从而轻松地对任何设备执行复杂的操作任务，并能轻松地进行更新。除此之外，他们还提供个人绩效评估功能。如今，培训中的增强现实技术让这一切成为现实。

7.2.9　ViewAR

ViewAR 公司创立于 2010 年，地点位于奥地利维也纳，是一家针对移动商务解决方案研发三维可视化应用程序的供应商。当时，该公司的创始人 Markus Meixner 正在开发一个使用增强现实技术的游戏项目，他坚信增强现实技术应该能从游戏应用扩展到更实际的商业化应用。当时，面向企业的增强现实工具集还不成熟，所以 Meixner 起初就把 ViewAR 作为单独的项目进行开发，并且将具有三维设计和增强现实呈现体验的前端，与基于数据库和服务器基础设施的后端结合起来。

欧洲家具行业对增强现实可视化解决方案提供的优势表示认可，从那时起，该公司开始为建筑师、建筑公司、室内设计师等创建定制化的增强现实应用程序。

ViewAR SDK 提供了一个可定制的 HTML、Javascript 和 CSS 接口，可以为模型及其各个部分提供材料选项。对象捕捉可用于模型操作和定制，该 SDK 支持 Vuforia、Metaio、Pointcloud、RealityCap 和 indoo.rs 等跟踪系统。支持深度摄像头、蓝牙手柄、激光测距仪、通用 HMD 等外设，其 SDK 可以在 iOS、Android、Windows 和 WebGL（浏览器）上运行。

7.3 增强现实操作系统

2013 年，位于日本大阪的 Brilliant Service 公司推出了一款名为 Viking 的新型操作系统，专门为增强现实眼镜而设计，并且该公司为其设定的目标是完全取代智能手机。2016 年，该公司又将这款操作系统的名称从 Viking 改为 Mirama。

该操作系统使用面向对象的 C 语言编写，最初只能提供一些基本功能，如电话、导航等，但如今已经扩展到能够实现智能手机上的大多数功能，甚至是手机上没有的功能。该公司还计划向广大开发人员开放 Mirama，以便他们能为这款操作系统编写更多的应用程序，建立良好的应用开发生态。

此外，该公司还开发了一款增强现实头戴式设备，名为 Glass。这款设备是基于当前市场上现成的部件集成的，仅仅用于测试目的。图 7.12 所示为该公司基于 Vuzix STAR 1200XL 眼镜、普通的 RGB 摄像头和 PMD CamBoard 纳米深度摄像头集成制作的演示设备。

这款头戴式设备能够执行非常基础的面部识别功能。当人们注视着负责操作系统的高级工程师 Johannes Lundberg 时，他的头上会出现了一个方框，正确地显示了他的名字。然而，当人们注视另一个未列入系统数据库的参与者时，软件可能会错误地将他识别为其他人，而不是简单地报告他不在数据库中。

图 7.12 Brilliant Service 公司员工演示其增强现实头戴式设备（来源：Brilliant Service 公司）

7.4 增强现实接口的作用

随着工业人士和消费者开始意识到增强现实技术带来的深远影响，人们常常会问这样的问题：它是否会取代常见的通信工具，如键盘、鼠标和显示器，甚至是智能手机？

使用增强现实智能眼镜确实可以取代现在所用的常规交互设备，如键盘、鼠标和显示器等，但这个原则并非普遍适用。例如，在一个私人或半私人性质的公司中，办公室职员、工程师或经理靠在椅背上，把脚随意架在桌子上，通过语音识别来口述备忘录、回复电子邮件、撰写博客或填写表格，那么商业交易、各类文档和 Web 页面将只能出现在用户自己的增强现实眼镜中，缺乏相互之间的共享和交流。显然，增强现实眼镜不太适用于这种情况。

当然，在许多情况下，这种方式确实非常有效、易于使用，而且可以很方便地将这些信息固定到办公室中的桌子上和计算机中。然而，旧技术仍将继续存在并发挥作用，人们会慢慢倾向于使用代表新技术的增强现实眼镜，但采用到什么程度将依实际需求而有所不同。

7.4.1 谁来定义增强现实

最初，制造商们只会定义什么是增强现实，什么不是增强现实。这是因为他们不得不先向市场投放一些东西作为前期试验，就像所有的新兴市场一样，都会有行业的先驱者。每个应用程序都将拥有其独特的操作系统、应用程序、用户界面和安全性等；开发人员介绍应用程序有哪些新的特性，而这些特性再去吸引用户；然后，用户将通过反馈期望和需求，迭代改进等方式来驱动市场，从而有新特性和新改变。从进化的角度来看，慢慢地将会出现更广泛的行业标准，允许和支持不同制造商之间的互操作性，就像人们今天在个人计算机和（大多数）智能手机上所做到的那样。

增强现实技术将成为乌托邦式（utopian）未来的一部分，在某些情况下还将成为反乌托邦式未来的一部分。一旦有了能够更有效地实现新事物和现有事物的能力，就会有人利用它来伤害弱者，甚至发动战争。贪婪和不满足是人性的本质，而增强现实就像蒸汽机、炸药、个人计算机和以前的网络等颠覆性技术一样，将同时可能被用于正义与邪恶。

7.5 小结：参与者与平台

苹果、英特尔、谷歌、微软和高通之类的大公司都有能力向合作伙伴提供增强现实硬件和相应的SDK。然而，科技世界并不喜欢封闭的空间，尤其是在需要通过创新来帮助新兴的增强现实行业发掘潜力的时候。基于开放标准的增强现实技术最终会胜出，从而为更新的想法和方法提供广阔的发展空间。

本章中没有提到苹果公司的增强现实技术。因为苹果公司的想法总是让人猜不透，但是苹果公司通过收购Metaio获得了增强现实中的创新驱动力，并且在2013年又收购了以色列的三维移动相机领先制造商PrimeSense公司，这足以展示其在增强现实领域布局的思路。PrimeSense通过OpenNI建立了一个强大的开发者社区，并且这项工作被分散到其他相关平台中，并正在苹果公司的整个开发网络中进行。随着配备双摄像头的iPhone 7手机的发布，苹果已经为增强现实产品提供了一个平台，并必将有更多的后续发展。正如之前所指出的，苹果公司首席执行官Tim Cook认为增强现实技术比虚拟现实技术拥有更大的机会。自2016年初以来，Cook一直在暗示苹果公司对增强现实和虚拟现实有着强烈的兴趣。

拥有强大硬件和软件实力的大公司，将在增强现实应用推进中发挥决定性作用，并且已经在担此重任。但是，本章所描述的其他组织也将会提供很多需要补充的内容，为庞大的增强现实生态系统做出自己应有的贡献。

参考文献

1. https://www.khronos.org

第8章 技 术 问 题

本章将讨论构建增强现实设备所需的一些关键性技术问题。特别是传感器的类型和数量，新型显示技术，以及在小型化和低功耗等方面面临的技术挑战。

增强现实系统（头戴式设备、头盔、平视显示器等）必须与眼睛和大脑相互作用，而眼脑之间的连接与协同是一个非常强大、极其复杂且特别重要的系统。

实时获取你的位置是增强现实系统中关键的功能要求之一。如果系统不知道你的位置，它就无法实时识别周围的物体，也就无法提供当前任务所需的关键信息。可是，系统怎样才能知道你的确切位置呢？

与增强现实和虚拟现实技术类似，语音控制技术也是一种人机交互技术并早已为人们所熟知，很多人认为自己了解这些技术及其工作原理。

在增强现实系统中，将手势控制作为人机交互（Human-Computer Interaction，HCI）的新型交互手段，替代传统笨重的界面交互设备从而实现对系统的控制，这种方式更具有吸引力，也更容易达到轻松自然的人机交互效果。

眼动跟踪是一种获取眼睛注视点（注视的地方），或者获取眼球相对于头部运动方向的过程。眼动跟踪是19世纪提出并发展起来的一个古老概念，但那时的人们都是通过直接观察方式来获取该信息的。

如果俗话所说的"一个尺度并不适合所有的尺寸"这句话是恰当的，那么也可以用这句话来形容人机交互界面。

本章将讨论构建增强现实设备所需的一些关键性技术问题。对于该领域的设备制造商来说，传感器数量以及与传感器相关的技术，加上低功耗和轻量化等方面的现实应用需求，对实用化增强现实设备的研制将是一个持续的技术挑战。（见图8.1）。

在一套高端增强现实智能眼镜或头盔中，可以找到10个甚至更多的传感器，而最终传感器的数量以及显示器的分辨率及尺寸将取决于该设备的实际应用场景。

接下来将研究各种传感器、显示技术和相关软件，以及决定传感器或显示器品质的内在物理机制。读者逐渐可以看出，要想制造出一台功能齐全的头戴式增强现实设备，还需要做大量的工作。

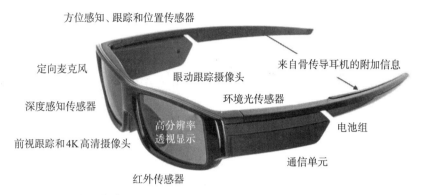

方位感知、跟踪和位置传感器

定向麦克风

眼动跟踪摄像头

来自骨传导耳机的附加信息

深度感知传感器

环境光传感器

高分辨率透视显示

电池组

前视跟踪和4K高清摄像头

通信单元

红外传感器

图8.1　利用多个传感器和新型技术实现低功耗和轻质化的头戴式增强现实设备

8.1　神奇的眼睛

增强现实系统（头戴式、头盔式、平视显示器等）必须与眼睛和大脑相互作用，而眼－脑连接是一个功能强大、构造复杂的系统。因为人眼和大脑自身功能十分强大，它可以弥补盲点，让人们觉得30 Hz帧率的刷新显示是平滑而连续的。

人的眼睛的直径约为25 mm（约1英寸），里边充满了两种折射率为1.336的液体。虹膜通过在1～8 mm范围内进行舒张和收缩来进行光线调节。焦距20 mm左右的晶状体和角膜将光线聚焦在视网膜上，晶状体可以通过调节自身的形状，使从无穷远到眼前100 mm处的光线均能聚焦于视网膜中央凹的视觉感应敏锐区域。

中央凹视觉感应敏锐区域只有2°宽，当你把手臂伸直放于面前时，这个区域的宽度和你拇指的宽度差不多。在这个区域内眼睛可以清晰成像，在这个区域外成像是模糊的。

眼睛的转动速度也非常快，能够以每秒900°的速度扫描，从而成为人的移动速度最快的身体部位。人类的进化过程发展了眼睛的这种能力，当在环境中遇到危险时，需要通过眼睛快速看到即将发生的事情，以便进行及时、有效的应对。

8.1.1　视杆、视锥和中央凹

人类视网膜中有两种类型的光感受器：视杆细胞和视锥细胞。视杆细胞负责低光照条件下的视觉感知（暗视）。它们无法感知颜色，空间分辨能力较低。眼睛里有大约1亿个用于黑白视觉感知的视杆细胞。

对于波长为550 nm（黄绿色）的入射光且瞳孔直径约为2 mm的情况，眼睛的角分辨率能够达到1/3600弧度，更常见的说法是1弧分[①]。这对应于眼睛的视觉敏锐度或分辨力，即"辨别细节的能力"，这种能力源于眼睛中视锥细胞的特性[1]。眼睛里有大约600万个视锥细胞，它们集中在眼睛中心的中央凹区域。锥体在较高的光照水平下（明视）比较活跃，能够进行颜色感知，并具有较高的空间分辨率。

1弧分的分辨率可以实现100%的对比度，基本上属于最好的情况，而达到2弧分至少也是足够的。确切的眼睛敏锐度是一个由对比度、注视点和其他相关因素构成的复杂函数[2]。

---

① 弧分又称为角分。在不会引起混淆时，也常简称为分，仅用于描述角度。——译者注

当观察延长线时，视觉系统聚集了不同感光单元的活动，以达到0.13弧分的超高分辨率，这就是所谓的"游标视敏度"（Vernier acuity）。游标视敏度有时需要大脑皮层通过处理和多源信息"汇聚"来检测它，这种现象又称为超敏（hyperacuity）。游标视敏度可以有效抵抗离焦、运动和亮度变化带来的影响，但会受到练习效果和注意力变化等因素的影响。实践证明，经过训练后，观察者的游标视敏度阈值可以提高6倍[3]。

8.1.2　分辨率

如果大家具有扎实的数学基础，根据标准透镜分辨率方程[4]就能推导出人眼的理论分辨率。一般来说，眼睛的晶状体直径在1~9 mm之间，焦距约为20 mm，年轻人虹膜组织较柔软，瞳孔直径较大。大多数人的晶状体直径为4~6 mm。考虑到这一点，在较好的照明条件下，可以假设瞳孔直径约为2 mm或更小。这是一个需要记住的有用数字。

分辨率通常用周期/度（Cycles Per Degree，CPD）来衡量。CPD衡量的是单位角度的分辨率，或者人眼能够区分一个物体和另一个物体的程度（区分度）。以CPD表示的分辨率可以通过不同数量黑白条纹的条形图来测量。这个分辨率是生理学家发现的人眼所能提供的最佳分辨率，也是电视标准所认为的"清晰"标准，即视敏度（acuity）[①]。

8.2　人眼看到的

计算机和增强现实屏幕的分辨率用每英寸像素数（Pixels Per Inch，PPI）来表示，而打印机分辨率则以每英寸点数（Dots Per Inch，DPI）来表示，它们在实际应用中的原理是相同的。

如果平均读取距离为305 mm（约12英寸），那么1个像素以0.4弧分被投影时的大小为35.5 μm，在305 mm距离时被投影为720 PPI/DPI。1个像素以1弧分被投影时的大小为89 μm或约300 DPI/PPI。一般情况下，杂志按300 DPI打印，美术/照片打印机按720 DPI打印，这些指标可以满足人眼观看的需求。

PPI与眼睛的距离决定了观察者可以实现的视敏度。对于人眼，20/20视觉对应能够分辨1弧分视角间隔的空间图案的能力（一个20/20的完整字母"E"对应5弧分）[②]。如果PPI或DPI低于70，则文本不可读。

8.2.1　盲点

首先看一下眼睛的内部结构图。通过晶状体的光线首先聚焦在包含视杆细胞和视锥细胞的视网膜上，来自视网膜的信息再通过视神经到达大脑。然而，视神经与视网膜的连接区域没有感光细胞，从而产生了盲点。如果光线落在盲点上，将无法察觉到它。然而，实际上人们看得很清楚，在看到的东西中没有视觉斑点，没有缺失的信息。那是因为眼睛从不静止，即使在睡觉的时候也是如此（见图8.2）。

[①]　视敏度是指人眼分辨物体细微结构的最大能力，通常用能分辨两点的最小视角来确定。这里的视角是指物体上两点光线射入眼球，在晶状体光心前交叉所形成的夹角。——译者注。

[②]　临床医学上称视敏度为视力。20/20是指观察者站在离视力表20英尺的地方（即标准观察距离 D' ），他能分辨一个在20英尺距离 D 处形成1弧分视角的视标开口。那么，他的视力（ D'/D ）为20/20，即1.0。

8.2.2 眼动

眼睛一直在动, 向上、向下、向左、向右不停地快速运动, 然而, 在通常情况下我们并没有感觉到这些。这种运动被称为 "眼球扫视"(jerking movement。这种说法源自法语, 字面意思是 "猛烈的拉动")。这个过程的结果是, 大脑会根据它所得到的所有其他邻近信息来填补缺失的区域信息。人类和许多动物都不只是定格地看着某个场景, 而是眼睛自主地四处移动, 定位场景中有趣的部分, 并建立一个与场景对应的心理三维 "地图"。大幅度 "扫视"(saccade) 也是一种无意识的结果, 它是在听到令人吃惊的噪音或在视觉边缘检测到突然的动作时, 将头转向一侧或另一侧的反应 (见图 8.3)。

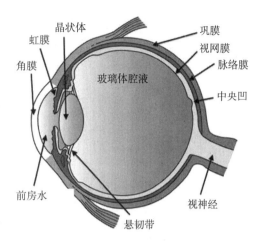

图 8.2 眼睛的三个主要组成层次 (来源: Holly Fischer 的作品, 维基百科)

扫视不同于生理上的眼球震颤, 后者是眼球不自觉的轻微震颤。当眼球震颤通过稳定视网膜上的图像而消除时, 视觉感知由于视网膜受体的疲劳而迅速减弱。眼球震颤是一种无意识的 (极少数情况下是主动的) 眼球运动状态, 可能导致视力下降或受限。由于眼球的无意识运动, 它常被称为 "跳舞的眼睛"。

图 8.3 眼睛的 "扫视" 图

8.2.3 隔行扫描电视和运动感知

视觉暂留 (persistence of vision) 现象是指影像消失后还能在眼睛视网膜上持续大约 40 ms 的时间, 这也就可以解释为什么在电影院看电影或者在阴极射线显像管 (Cathode Ray Tube, CRT) 显示器上看不到黑色闪烁效果的原因。

视觉暂留被普遍认为是产生运动错觉的原因, 每一帧 "真实" 电影画面之间的黑色空间 (间隙) 没有被眼睛觉察到, 从而使产生的飞现象 (phi phenomenon)[①] 成为电影和动画中运动错觉的真正原因。利用了这个原理的设备包括: 费纳奇镜[②] (phenakistoscope)、西洋镜 (zoetrope)[③] 和其他设备 (见图 8.4)[5]。

---

① 飞现象 (phi phenomenon) 是由 Max Wertheimer 在 1912 年的一篇期刊文章 *Experimental Studies on the Seeing of Motion* 中提出的知觉错觉现象 (错视)。飞现象是似动 (apparent motion) 的最简单形式, 当视野中不同位置的两个光点以大约每秒 4~5 次的频率交替出现时, 就会发生这种现象。这种现象还出现在室外广告牌和迪斯科灯光照明中。当这种交替频率相对较慢时, 就好像是单个光点在两个位置之间移动。

② 费纳奇镜 (phenakistoscope) 是最早被广泛使用的动画创作设备, 能够产生流畅的运动错觉。

③ 西洋镜 (zoetrope) 是 1834 年由 William George Horner 发明的, 它有一个呈鼓状的圆桶, 桶内包含一组事先排好序号的连续图像, 按照循环顺序转动图片就会产生动画效果, 这种设备具备了电影放映机的雏形, 早期被作为电影动画设备, 通过显示一系列运动渐进阶段的图画或照片来产生运动错觉。

图 8.4　产生连续缩放动画的轮子（来源：维基百科）

飞现象是一种光学（视觉）错觉，当连续快速观察一系列静止图像时，会觉得它们是连续运动的[6]。飞现象和视觉暂留两个因素共同构成了运动感知的过程。

运动感知是根据视觉、前庭和本体感觉输入，推断场景中元素的速度和方向的过程。虽然这一过程对大多数观察者来说似乎很简单，但从计算的角度看，它已被证明是一个非常困难的问题，而且很难用神经工程理论来解释。

人眼 / 脑系统有时会自然处理掉相邻图像之间的闪烁。在欧洲只有 50 Hz 的 PAL 制式电视的时代，这种现象尤为明显，这项指标与北美（以及南美大部分地区）的 60 Hz 的 NTSC 制式电视形成了对比①。例如，当人们从美国到欧洲地区旅行时，第一次到达时会注意到这种闪烁，但随着时间的推移，闪烁会变得不那么明显了。

然而，在生成数字图像时，这一点就变得很重要，包括运动物体产生的模糊，因为眼 / 脑希望它显示得流畅，否则图像将出现卡顿。运动模糊是 20 世纪 80 年代中期计算机生成图像中的一个重要研究课题。有趣的是，即使运动物体是模糊的，它仍然被大脑认为是相对清晰的，而不正确地进行运动模糊也会导致头痛现象。

此外，眼球扫视还会引起其他问题，如数字光处理（Digital Light Processing，DLP）投影仪的彩虹效应、电子混合区条纹，或衍射光波导中的 RGB 串扰。由于眼球的限制，颜色可能会随着波导和眼球扫视而改变（眼睛位置的微小变化可能会改变颜色）。一些对 DLP "彩虹效应"非常敏感的人对闪烁不一定敏感，反之亦然。这表明彩虹和闪烁的眼 / 脑机制是不同的。

8.3　增强现实显示中的延迟问题

研究人员发现[7]，对于虚拟现实（在观察者看不到外部正常世界的情况下），端到端的延迟（或者更确切地说，感知与运动之间的差异）应该低于 40 ms。对于增强现实，要求则更高。物体在两帧之间的位移不应超过 15 弧分（0.25°），即使一个人以每秒 50° 的中等速度旋转头部，也将需要 5 ms 的最大延迟。其他一些使用类似方法的研究人员也得出了相似的最大延迟时间。而在某些特殊情况下，正如战斗机飞行员一样，运动速度高达每秒 2000°。然而，快速转动头部的人不太可能注意到轻微的物体位移。大多数研究者认为 10 ms 的延迟对于增强现实来说应该是可接受的[8]。

为了避免虚拟现实（通常称为模拟器病或虚拟现实病）所带来的不适影响，有必要保持系统对头部运动（"光子运动延迟"）的响应速度，甚至应该能够与前庭－眼反射（Vestibule-

---

① PAL 和 NTSC 制式的区别在于节目的彩色编、解码方式和场扫描频率。按照 PAL 制式电视标准，每秒为 25 帧，刷新频率为 50 Hz，奇场在前，偶场在后，标准的数字化 PAL 电视标准分辨率为 720×576，PAL 电视标准适用于中国和欧洲的一些国家和地区。按照 NTSC 制式电视标准，每秒 29.97 帧（简化为 30 帧），刷新频率为 60 Hz，偶场在前，奇场在后，标准的数字化 NTSC 电视标准分辨率为 720×486，NTSC 电视标准适用于美国和日本等国家。

Ocular Reflex，VOR ）[①]速度相当，这是人体内最快的反射之一，大约在 7 ~ 15 ms 之间[9]，此时可以通过转动眼睛来补偿头部运动，使视网膜图像稳定在当前固定点。

2004 年，美国国家航空航天局（NASA）的航空安全计划（Aviation Safety Program）"合成视觉系统项目"（Synthetic Vision Systems Project）对商用和商业飞机的先进驾驶舱概念进行了研究[10]，例如合成/增强视觉系统（Synthetic/Enhanced Vision Systems，S/EVS）。该项目的部分目的包括开发空间集成的大视场角信息显示系统。为了达到这个目标，人们提出了头戴式显示系统。从这些研究中，研究人员得出了结论，超过 100° /s 的普通头部运动所需的系统延迟时间应少于 2.5 ms。

北卡罗来纳大学研究的一项技术是故意（但随机）调制图像数据，将二进制像素转变为可感知的灰度信息。当观察者的姿势改变时，从图像生成器中创建了一个伪运动模糊效果，并吸引了观察者的眼睛（和大脑）来整合结果。研究人员声称，他们已经实现了 80 μs 端到端（从头部运动到显示器光子的变化）的平均延迟，移动速度为每秒 50°。[11]。

8.3.1 场序彩色系统和延迟

场序（field-sequential）彩色系统是指将原色（RGB）信息以连续图像的形式发送到显示器上，并依靠人类视觉系统将连续图像集成融合到彩色图像中的系统（见图 8.18，以及 8.7.3.5 节的 "LCoS 中的场序彩色技术" 部分）。很显然，传输速度必须很快，每种原色至少要在 10 ms 以内（见 8.2.3 节）。场序彩色系统技术可追溯到 1940 年，当时哥伦比亚广播公司（CBS）曾经试图将该技术确立为美国的彩色电视标准，联邦通信委员会曾经于 1950 年 10 月 11 日采用该技术作为美国的彩色电视标准，但后来被撤销[12]。

高分辨率 LCoS 和 DLP 显示器使用场序彩色技术，采用一组反射镜，一次只显示一个单色平面（见 8.7.3.5 节）。为了帮助人的眼/脑整合形成颜色平面，设计者在每帧图像中多次重复相同的颜色。然而，还有一些针对场序彩色的设计使用不同的图像来生成所谓的序列焦平面（其中每个焦平面都聚焦在空间中的不同深度）。这正是在增强现实系统中所需要实现的，以解决在简单的三维立体图像中，物体靠近眼睛时的辐辏 – 调节冲突 VAC 问题（见图 4.2）。该现象解释为，当两只眼睛将指向/接近物体所在空间的某一点时，如果眼睛聚焦的焦点远离该点，就会在眼睛瞄准的位置和聚焦的位置之间产生冲突[13]（见图 8.5）。

这种妥协的结果是图像的边缘有颜色环（称为 "边缘现象"）[②]。这种效果在一个人对周边的视觉感知中特别明显，它对运动/变化更敏感。这意味着随着视场角的增加，这个问题往往会变得更严重，而连续聚焦平面生成将使眼睛的聚焦区域更舒适。

Karl Guttag[14]多年来一直致力于研究场序显示设备，特别是 LCoS 技术。他认为如果使用较慢的颜色场更新率，人类视觉系统就会难以 "融合" 这些颜色，人们将看到大量的场序彩色被分解（在边缘位置），特别是当对象（在图像中）处于运动状态时。

---

① 前庭 – 眼反射（Vestibule-Ocular Reflex，VOR）是一种反射，前庭系统的刺激引起眼球运动。这种反射功能通过在与头部运动相反的方向上产生眼动来稳定头部运动期间在视网膜上的图像，从而将图像保存在视野的中心。

② 色差（Chromatic Aberration）又称为 "颜色边缘" 或 "紫色边缘"，是一个常见的光学问题，当透镜不能将所有波长的颜色聚焦到同一焦平面上时，或者当不同波长的颜色聚焦在焦平面的不同位置时，就会出现这种问题。

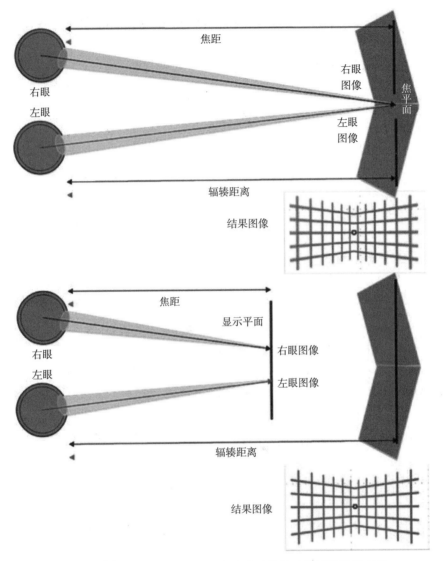

图8.5 辐辏和焦距之间的差异会导致图像的不同区域的锐利或
模糊（注意，顶部的网格更模糊，尤其是边缘处的网格）

Guttag说，"尽管我所有的研究背景和偏好都是针对场序彩色LCoS的，但由于颜色分解和延迟问题，我很难将其视为头戴式显示器的长期解决方案。"

场序彩色技术本身也具有更多的延迟，因为图像通常是在全色波段上生成的，然后必须分解为三种（或更多）基本组件颜色。为了使颜色排列整齐以减少颜色分解，图像色彩可以在不同颜色之间调整。支持可变化的"焦平面"只会增加这种延迟。因此，试图用焦平面来解决辐辏问题只会带来不好的影响。

辐辏-调节是一个非常现实的问题，但只适用于观察接近用户眼睛的物体。Guttag认为，更好的解决方案是使用传感器来跟踪眼睛的瞳孔，并相应地调整图像，当眼睛的焦点变化相对缓慢时，应该可以保持这种跟踪能力。换言之，应该将问题从物理显示和光学领域（这将付出很高代价并且实现也非常困难）转移到传感器和信息处理领域（这将更迅速地降低成本）。

8.3.2　显示问题

虚拟现实和增强现实/混合现实的头戴式显示器市场使用了截然不同的显示技术。虚拟现实市场通常使用大型平板显示器，价格较低，并且很容易支持非常宽的视场角（Field Of View，FOV），但每个像素的角分辨率仍然大于 4 弧分。增强现实/混合现实应用则需要"透明"显示市场（注意，大型 Meta2 除外），需要使用微型显示器（DLP、LCoS 或 OLED）。

增强现实中最常用的显示技术有 LCD、OLED 平板显示器、OLED 硅基微型显示器、DMD（数字微镜，一种基于 DLP 技术的光学半导体器件）、LCoS 和 MicroLED。较大的平板显示器（LCD 和 OLED）已作为独立模块出售（提供给增强现实头戴式设备开发商），在某些情况下，可以使用行业标准接口，如 DVI、HDMI 或 DisplayPort。微型显示器（LCoS、DLP 或 OLED）通常作为带有各种输入控制器的芯片组出售。虽然这些接口之间允许简单的互连，但它们也带来了一些难以克服的限制。具体地说，它们按顺序传送显示数据，这是一种源自光栅扫描方法的技术［20 世纪 30 年代末为阴极射线管（CRT）电视机而开发的］，它几乎将整个延迟的视频帧引入显示设备本身，甚至在场序彩色的情况下变得更糟。DLP 的处理算法有时会牺牲一些图像质量来减小延迟，但即便如此，延迟更多地是由场序彩色造成的。由于显示界面是基于光栅扫描的，显示设备必须先接收整个图像，然后才能开始显示该图像的单个像素。

场序彩色在延迟方面处于极大的劣势。DLP 将此与需要的所有抖动和其他处理混合，这需要处理时间，而如果关闭额外的处理，延迟就会增加。FSC LCoS 在延迟方面做得更好，但是它仍然需要等待一个帧被完全接收后，才能显示它的第一种颜色。

在接收扫描线数据的设备上，图像底部的显示比图像顶部的显示晚得多。因此，光栅扫描本质上不适用于低延迟应用程序，除非扫描输出（到显示器）以非常高的速率执行，而这可能导致内存访问和高功率问题[15]。

头戴式（眼镜或头盔）增强现实系统将计算机生成的图像与用户对周围环境的直接观察（称为"光学透视"）进行光学结合。与基于智能手机和基于平板电脑的增强现实应用模式不同，后者是将计算机生成的图像与设备采集的视频图像叠加在一起（称为"视频透视"）。

对于头戴式显示器（眼镜和头盔）来讲，光学透视具有对观察者周边环境直接透视并且无延迟的感知能力，因此非常有潜力，并且对应用扩展是必不可少的。

然而，光学透视也有一个固有的问题。任何将计算机图像与现实世界相结合的光学技术，至少都会对现实世界的观察产生一些或多或少的负面影响。至少，它会使观察到的现实世界变暗，而且当现实世界光线透过将计算机生成图像投射给眼睛的成像单元时，情况可能会更糟。视频透视技术则不同，视频透视显示允许通过给视频流附加延迟来同步真实图像和处理器生成的（虚拟）图像，而光学透视增强现实必须以"真实"的速度呈现合成后的图像，以保持虚拟和真实对象的对齐（align）。因此，在计算合成图像时，它非常依赖最小延迟或预测技术[16]。

遗憾的是，延迟效应会在增强现实系统的视觉处理管道的所有阶段（跟踪、处理、图像生成和显示）累积。因此，如果不使用特殊优化技术（例如，最小化延迟或预测技术），光学透视技术的负面效果就会倍增。然而，在极端情况下，如果运动方向发生突然改变，预测技术就会起到相反的作用。

　　不仅计算机生成虚拟对象的预期位置和实现位置之间存在偏移量，偏移量还会随时间以函数关系发生变化，从而导致合成对象在真实场景中漂移或游动[17]。虽然预测跟踪可以显著减少合成图像和真实图像之间的偏差，但仍然存在难以避免的误差，特别是在头部姿势的快速变化期间。

　　在类似于矩阵结构的显示器件中，例如 OLED、LCD、MicroLED、LCoS、DMD 和激光束扫描（LBS），可以从增强现实系统的图像生成部分实现直接寻址显示。而使用 LCoS 芯片的 Pico 投影仪采用的是组装的子部件，可接收序列数据，因此具有较高的显示效率。

　　随着增强现实系统的发展，这些系统的开发人员必须深入研究显示技术，并直接推动它的发展。这个行业此时已遇到了典型的鸡和蛋的问题。在增强现实系统的建设者拥有足够的销售量之前，拥有必要亮度的显示器的成本将很高，因为它们将被视为特殊等级的设备。这将使增强现实头戴式系统的成本保持在较高的价格，并且只能随着销量的增加而下降。

8.4　动眼框

　　动眼框（Eye-Box）指的是由透镜系统或视觉显示器构成，并且能在眼睛中形成有效可视图像的空间体积，可以表示为出瞳面积和出瞳距离的组合。John Flamsteed（1646—1719）在 17 世纪末首次提出并使用了这个术语。

　　动眼框实际上就相当于出射光瞳（即出瞳，光学系统中的虚拟光圈），以及出瞳距离（最后一个光学器件顶点与出射光瞳之间的距离）范围内的眼睛位置的集合。在这些位置上，眼睛能够看到显示器上的整个图像。这里涉及了眼睛的角向运动和横向运动。此时出瞳很重要，因为只有通过这个虚拟光圈的光线才能从系统中出来，并进入佩戴者的眼睛。

　　动眼框有时也与视场角共用（见图 8.6）。智能眼镜的实际有效动眼框范围比真正的光学动眼框范围大得多，因为可以通过光学组合器件的各种机械结构调整，使光学组合器件的出瞳与使用者的入瞳相匹配。然而，对于组合器件的任何位置，动眼框必须允许在目标出瞳处看到的整个视场角不变。对于组合器件的特定位置，可能会在框内看到整个显示器（大瞳孔），但由于瞳孔直径减小，显示器的边缘可能会变得模糊[18]。

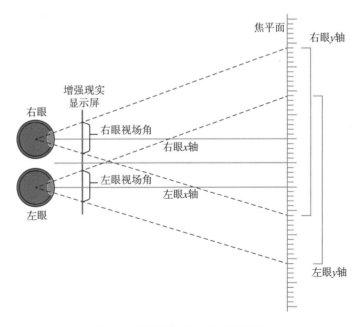

图 8.6　视场角的确定过程示意图

8.4.1 头部活动范围

在头戴式显示器中，头部活动范围（Head Motion Box）或动眼框均用来描述驾驶舱中眼睛参考点（Eye Reference Point，ERP）周围空间的三维区域。在这些区域中，至少有一只眼睛可以观看到显示器。头部活动范围的中心可以向前或向后、向上或向下，均是相对于驾驶舱中的眼睛参考点的，以便更好地适应飞行员的实际坐姿。眼睛参考点的定位取决于许多与人体工程学相关的驾驶舱设计问题，如头向下观察时显示内容的可见性，过于复杂的增强现实显示等。还有就是机头向下看的角度，以及各种控制设备的物理位置，如控制轭和起落架手柄。在许多情况下，驾驶舱眼睛参考点和飞行员实际坐的位置可以相差几英寸。头戴式显示器的头部活动范围应该尽可能大，以允许头部最大限度地运动而不丢失显示信息[19]。

眼睛参考点又称为理想眼睛基准点（Design Eye Reference Point，DERP），因为在此处的飞行员处于观察驾驶舱内外（可见性）的最佳位置，同时也是操纵驾驶舱开关和旋钮的最合适位置。

8.5 视场角

增强现实设备的视场角（Field Of View，FOV）是此类设备最重要也最具争议的指标之一。

计算视场角使用最基本的三角法，即从光心点到焦平面的水平距离和所覆盖的垂直距离（看见的范围）得到的夹角，如图 8.6 所示。

然而，在实验室外的应用实践中，有时很难进行判断。原则上，要测量增强现实设备的视场角，人们首先将一把尺子放在与眼睛距离已知的地方，然后将显示区域的左边缘和右边缘标记在物体上。已知左 / 右标记之间的距离 x 和眼睛与物体之间的距离 y，可以通过简单的三角法计算视场角：$FOV = 2 \times \arctan(y/(x \times 2))$。

有些人错误地认为，视场角小是由于增强现实设备有限的图形处理能力或显示能力造成的，因此应该很容易通过更强大的 GPU 或更高分辨率的显示单元提升能力。其理由是，增加三维图形应用程序的视场角会导致显示的像素数成比例增加，如果要显示更多的像素，则 GPU 必须进行更多的计算处理。在游戏中，如果没有明确的视锥体剔除，这将是一个正确的结论。然而，现代 GPU 程序可以自动剔除复杂的几何体对象，这样做的效果通常很小（只要最终渲染图像的像素数保持不变）。

有一些增强现实供应商，或者说将成为供应商的公司，试图利用视场角作为产品营销的卖点因素。大家经常被误导了，这对消费者和有经验的用户来说也很容易混淆。

人眼的近似视场角（从固定点测量，即注视点）为 60° [20]。实际上还要比这更复杂一些，因为人类的视野空间并不是完美的圆锥体，60° 是一个可接受的视野范围；实际上人眼只能聚焦很小的区域（见 8.1 节），视场角的大部分来自眼睛和头部的运动（见图 8.7）。

这里，60° 实际上是聚焦时的错觉。如果人眼的视场角只有 60°，那么建立一个超过 60° 视场角的增强现实系统有什么意义呢？在增强现实应用场景中，我们的注意力被吸引到正在显示的数据上。因此，从逻辑上讲，我们似乎并不需要，也不会从更大的视场角中受益。但实际上，具有大视场角的光学系统还是有必要的，因为它能匹配人眼对周边环境的高速视觉感知能力。

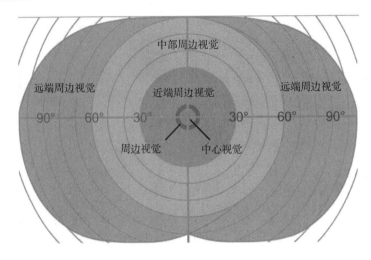

图 8.7　人眼的视场角（来源：维基百科）

　　然而，人们不会一直注视前方。人们的眼睛从来没有完全休息过，即使只关注某一点，它们也会快速地随机抖动。扫视（saccades）是指在扫描视觉场景时眼睛快速移动。在人们的主观印象中，阅读时眼睛在纸页上移动并不顺畅，但实际上眼睛能够做短暂而快速的运动，即扫视[21]。

　　因此，受限的视场角被比喻成通过硬纸筒看世界，并要求观众移动头来观看整个世界。

　　著名的增强现实评论员 Ron Padzensky 说："增大视场角的优势远不只是有利于图像叠加，当我们的视线移动时，视觉信息从远端的边缘（周边视觉）流向近中心时，会感觉这种体验更自然。我还相信，扩大视场角将有助于更自然地将人的注意力吸引到周边需要关注的事物上，这种更自然的体验对于大规模的普及性应用至关重要。"

　　增强现实光学供应商 IMMY 的首席执行官 Doug Magyari 是位光学工程师，他指出，"关键是被刺激的神经元数量——这是人类所做一切的最终目标。这个领域中的每个人似乎都忽略了这一点，这些设备，无论是增强现实设备还是虚拟现实设备，都是一种独特的沟通工具，它将人们连接到前所未有的内容上。人们一般都能理解这一点，但却不能理解其中的细节，而这些新的沟通工具所提供的魔力正是来自于这些细节——换句话说，这并非偶然。"

　　要正确地传递任何消息，都需要将内容的结构与特定的以人为中心的机制结合起来，在 AR/VR 环境中尤其如此。正是在这种环境中，你已经接管了某人的眼睛和耳朵。这意味着他要理解你试图传达的视觉和听觉信息，同时还要与他自己的大脑的所有部分进行交流。正确地做到这一点是一门真正的艺术，但简单地说，如果你只占据了大约 30° 的视场角，就无法触及所需的全部神经元，从而在情感上吸引观众，而这正是所有学习和享受的所在。这一点在增强现实和虚拟现实中都是一样的，即使它们使用和传达的信息完全不同。人类仍然以同样的方式运作，这是因为对这个问题缺乏足够的认识：人们是如何以及为什么被他们所经历的这种媒体（增强现实）所吸引，以至于很多大公司经常得到的是失败的结局。

因此,假设显示器的大小(即用户看到的显示面积)保持不变,增大屏幕分辨率,即每英寸像素(Pixels Per Inch,PPI)数,会导致图像精细度增加,同时像素的面积会变小。很容易理解,这样做的结果是增大了视场角。

图8.8显示了屏幕分辨率、显示面积和视场角之间的函数关系。增大屏幕分辨率(假设显示面积固定)会增大视场角,因为像素变得更小,更适合眼睛形成自然的中央凹视图。这表明,显示技术将由于像素大小的限制而成为视场角的制约因素。

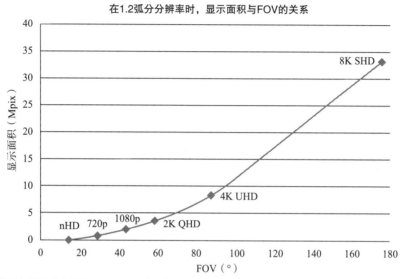

注意:在曲线上方将无法分辨显示屏上的单个像素,而在曲线下方可以区分像素(屏幕门效应,见8.5.1节)。

图8.8 视场角(FOV)是屏幕分辨率和显示面积的函数

与大多数显示器不同,人类眼睛的分辨率不是恒定的——它在视网膜的不同位置上是变化的(见图8.9)。

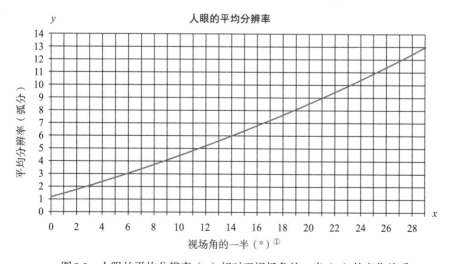

图8.9 人眼的平均分辨率(y)相对于视场角的一半(x)的变化关系

---

① 因为视场角是对称的,此处的x只表示了视场角的一半。——译者注

景深（Depth of field）是设计增强现实系统时必须考虑的另一个因素。景深是指观察者或摄像头清晰聚焦时能够看到的最近和最远物体之间的距离。这些系统必须能够同时清晰地看到显示器上显示的图像和真实场景物体。

增强现实设备上摄像头的视场角（FOV）必须与渲染工具中虚拟摄像头的视场角完全一致，否则虚拟图像的大小将与实际不成比例，或者可能位于视野之外。

8.5.1　像素间距

分辨率与视场角之间的关系非常复杂，因为中间涉及很多方面的因素。其中，有个需要特别强调的指标参数：像素间距（Pixel Pitch）。

像素间距有时也称为点间距、线间距、条纹间距或荧光粉间距，它直接关系到显示分辨率和最佳视距。像素间距越小，用于显示图像的像素就越多，从而提高了显示分辨率和最佳视距。像素间距描述的是显示屏幕上点（亚像素）之间的距离。在RGB彩色显示屏幕中，像素间距的参数包括三元组（即RGB发光单元）的大小，以及三元组之间的距离。像素间距可以水平、垂直或对角线测量，并且可以根据显示的纵横比变化。

屏幕门效应（Screen-Door Effect，SDE）或固定模式噪声（Fixed-Pattern Noise，FPN）实际上是一种显示上的视觉伪影。在这种伪影中，像素（或子像素）之间的距离在显示图像中对观察者可见，通常为黑线或者边框（见图8.10）。

在数字投影仪形成的图像中，或者将常规显示器放大或近距离观察时，都可以看到屏幕门效应。如果增加显示分辨率，就会减弱这种效应；然而，由于虚拟现实的显示器非常接近眼睛，并且这个显示器是覆盖观察者全部视场角的唯一显示单元，因此屏幕门效应一直是需要重点关注的问题。在增强现实系统中，显示器中的视觉内容在观看者整

图8.10　当显示屏幕接近观看者的眼睛时，像素之间的微小距离变得可见，形成所谓的"屏幕门效应"或"固定模式噪声"（来源：维基百科）

个视场角中所占比例较小，因此屏幕门效应不那么明显。

每英寸像素（Pixels Per Inch，PPI）很少由增强现实头戴式设备制造商来发布。

以5.5英寸屏幕的智能手机为例，分辨率为1080×1920且PPI为400的情况下，在接近观看者的眼睛时，屏幕门效应会比较明显。在接近眼睛的情况下，PPI应该大于500。例如，如果HUD距离眼睛足够远，即可使用较小的分辨率。然而，随着PPI的增加，在固定的显示空间内，视场角会减小。

用于佩戴的增强现实设备（眼镜和头盔）的显示区域通常位于右眼右侧，或略高于或低于视觉中心。汽车挡风玻璃底部安装的平视显示器就是典型例子，而飞机挡风玻璃顶部或底部安装的平视显示器也很典型。之后，平视显示器几乎可以安装在任何地方。有些增强现实眼镜把信息显示模块放在两个镜头的远端。支持者和反对者就安装位置、注意力分散（以及

将眼睛从主要物体上移开）等问题展开过争论，但是目前仍没有标准答案。在大多数情况下，这也是一个逐步学习适应增强现实设备的问题，而这种适应性是消费者能否接受增强现实的制约因素之一。

8.6 显示器

显示器是获取视觉信息的主要来源，也是日常交互的主要对象。增强现实及相关技术通过某种类型的显示或投影设备，在一定距离内将信息传递给用户。当然，并不是所有情况都采用这种模式。

8.6.1 接近程度

通常情况下，显示器可以处在距离人眼的三种不同位置，一是在远处，如标牌、广告牌、告示牌、命令和控制、会议室、CAVE[22]（一种基于投影的沉浸式虚拟现实显示系统，见 2.7.2 节）等；二是在近处，如计算机、车载仪表盘/座舱、电视等；三是在近眼处，如可穿戴设备（头戴式显示器或手表等）。近处的显示器又分为前倾式的显示器和后仰式的显示器。后仰式的类似于看电视，前倾式的类似于看计算机。驾驶舱和车内显示器是前倾式的，因为它们像计算机一样通常需要某种形式的交互。

8.6.2 近眼显示设备

近眼显示设备又可分为四大类：虚拟现实头戴式显示设备（Head-Mounted Display，HMD），增强现实显示设备（头盔和眼镜），手持显示设备（如智能手机或平板电脑），个人媒体播放器（Personal Media Player，PMP）或个人媒体设备（Personal Media Device，PMD）。近眼显示设备主要用于娱乐，但也可以用于商业。当然，还可以有第五类，主要包括隐形眼镜和植入物。

8.6.3 虚拟现实

正如前文所述，虚拟现实头戴式显示器被归类为近眼 HMD，并且还可以将其细分为集成或内置的专用显示器（如 Oculus 和 HTC Vive）和智能手机显示器（如三星 Gear）。虚拟现实 HMD 完全遮蔽了用户对外部世界的视觉感知，使其沉浸在虚拟世界中。

8.6.4 增强现实

类似地，增强现实头戴式显示器也属于近眼 HMD，还可以细分为数据显示和图形显示两类。用于数据显示的增强现实头戴式显示器以数据形式（即，文本和非常原始的图形对象，如线框或三角形）显示为主；而用于图形显示的增强现实头戴式显示器则提供更复杂的计算机生成的图形数据，如工程制图、地图或娱乐信息界面等。

增强现实头戴式显示器通常采用头盔的形式（只显示数据或图形），但也可以采用眼镜（又称为智能眼镜）的形式。增强现实技术也可以应用于有前置摄像头的平板电脑和智能手机中。当增强现实技术应用于这类手持设备（还包括笔记本电脑）时，有时被称为"透视"或"世界之窗"（Windows on the World，WoW）系统。

"非桌面"应用程序的传统用户界面（User Interface，UI）将数字信息显示在二维平面上，而立体空间增强现实（Spatially Augmented Reality，SAR）使用投影仪在墙上或桌面上显示，用户无须佩戴头戴式显示器或手持设备即可与之交互。它就像一个CAVE，但缺少CAVE所具有的三维物理空间。

8.6.5　混合现实

与增强现实不同，混合现实的优势在于能够与周围环境进行集成和交互，它试图结合虚拟现实和增强现实二者的最佳优势。混合现实是Magic Leap、微软和一些较小公司正在推广的一个新的营销术语（见图8.11）。

图8.11　虚拟现实、增强现实和混合现实的比较（来源：Magic Leap）

混合现实（Mixed Reality，MR）又称为合成现实（hybrid reality），是真实世界和虚拟世界的融合，以产生新的可视化环境，其中物理的和数字的对象能够共存并实时交互。混合现实实际上集成了虚拟现实和增强现实的最佳优势。

好消息同时也是坏消息，因为增强现实将会渗透到人们工作、生活的方方面面。因此，具体使用哪个概念需要根据具体情况来明确。

8.6.6　环境光

当虚拟对象及信息叠加在人们观察周围环境的视图上时，环境光的强弱将直接影响人眼对这些信息的可视性。因此，需要环境光传感器来测量当前的环境光信息，并在环境光线较强时增加增强现实设备显示器的亮度，而在环境光线较弱时使其同步变暗。

从室内到室外，周边环境光照条件的差异很大，这会对增强现实显示系统的要求产生很大影响，因此必须根据环境光变化进行相应的调节，虚拟图像才能很好地显示在现实世界中，真正实现"虚实融合"。

8.6.7 颜色深度

显示器上可生成颜色的数量称为"颜色深度"（Color Depth），该因素对观察者来说很重要，它取决于被显示数据的类型。人类的眼睛可以辨别多达一千万种颜色。但是，如果只显示文本或简单的地图，使用的图像生成器就无须提供如此宽的颜色深度；另一方面，如果需要显示的内容是类似于机械装置的复杂图像或者是人体解剖结构，颜色深度就对识别和认知至关重要。

8.6.8 刷新率

刷新率（Refresh Rate）又称为帧速率，是图像生成器能够向显示器连续输出图像的频率，以每秒帧数（Frames Per Second，FPS）进行度量。对于人类来讲，低于 20 FPS 的刷新率会感觉到明显的屏幕闪烁，而低于 12 FPS 的刷新率会被认为是显示单独的图像，而如果提供更快的刷新率则会让人产生运动的错觉。24 FPS 是当前要求的最低视频刷新率标准，是对 HMD 显示器刷新率的最低期望指标。但是，正如其他相关资料所提到的，为了避免显示延迟，设备的刷新率可以高达 120 FPS。在某些情况下，帧速率也常用赫兹（Hz）表示。

电影一般采用每秒 24 帧（或更高）的刷新率。电影放映机采用双栅极，同一帧显示两次，因此闪烁频率可达 48 Hz。当相邻两帧之间存在空白（没有图像显示）时，闪烁将是一个很大的问题，当电影或 CRT 存在帧间空白时，一般其刷新率都在 60 Hz 或以下。

今天的显示器刷新率通常可以高达 60 Hz，甚至 120 Hz。当然，使用较高的帧速率可以减少快速移动目标的细微感知抖动，让人感觉更加平滑。

8.6.9 小结

很显然，如果没有任何类型的显示设备，就将无法体验到增强现实，而且在通常情况下，没有任何一个解决方案能够（或将能够）满足所有类型的需求。在 8.7 节中有更多关于显示技术的内容介绍。

增强现实将成为下一代主要的移动计算平台，从智能手机上学到的一切都将用于增强现实。其中包括如何在使用最小功耗的情况下，从处理器中"挤出"令人难以置信的计算性能，从而降低设备重量。正是由于智能手机的大规模生产，压低了传感器和显示屏的价格，增强现实设备制造商也能从中受益。

鉴于人类的视觉感知能力，科学家们还有很多研究工作要做。在某些特定情况下，人类的视觉足够好，可以适应较慢的刷新帧率和一定的时间延迟；而另一方面，处理器能力的不断增强也将使更清晰的图像集成到现实中，使人们更容易阅读文本和获取更丰富的颜色。当科技进步来临时，眼睛已经做好了准备（见图 8.12）。

与此同时，摩尔定律继续使半导体变得更小、更密集、更强大。OLED 和 MicroLED 等屏幕半导体制造工艺方面的进步，也有助于增强现实的发展。正是因为有些人认为针对消费者的增强现实技术的到来，将会取代人们对智能手机的需求，因此说增强现实技术将永远困扰着智能手机行业。像智能手机一样，增强现实的发展需要数年时间，但潜力巨大。笔者本人的希望是到2025年，人们将像现在使用智能手机一样，随意、广泛地使用增强现实技术。有些人甚至预测，将智能手机换成智能眼镜只是时间问题。

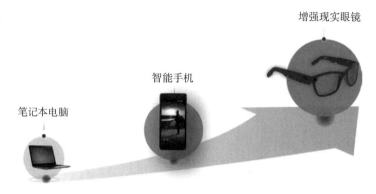

图8.12　智能手机技术将使面向消费者和商用的增强现实设备开发应用成为可能（来源：高通公司）

8.7　增强现实显示器

如前文所述，最早的增强现实显示器是由 Hubert Schiafly 在1950年研发的一种提词器（teleprompter），主要基于佩珀尔幻象（Pepper's Ghost）①的概念。

最早的可穿戴式增强现实设备是20世纪60年代早期开发的Philco头戴式远程监控系统[23]。在增强现实设备中使用的便携式显示器一直是个挑战，因为通常情况下的可穿戴设备是具有限制性要求的组件（需要综合考虑尺寸、质量、成本、功耗、发热、亮度、分辨率、可靠性和耐久性等多种因素）。因此，长期以来，人们开发、提供和尝试了多种解决方案，从实践来看，没有万能的解决方案，也不可能采用"一刀切"的做法。

本节将重点讨论可穿戴式增强现实设备显示器，而不是智能手机、笔记本电脑、平板电脑和HUD等移动设备上的显示器，虽然这些设备也能够提供增强现实体验，但是它们不具备可穿戴性。

此外，有一部分增强现实头戴式设备（如头盔、眼镜、附件等）只使用一个显示器（通常在右眼的上方）。当使用两个显示器时，投影生成三维立体图像的挑战增加了图像生成器的工作量和内容，这是非常具有挑战性的，同时也是目前将单显示器作为主要模式的原因之一。当然，这并不意味着你用增强现实头盔不能观看三维物体，只是物体的表现形式是平面的。然而，由于物体会静止地嵌入现实场景中，你可以在它周围移动观察，从而得到立体效果。

立体视觉（Stereoscopic）观察是增强现实和虚拟现实的区别之一。虚拟现实头戴式设备提供两个独立的视图来创建伪立体图像（使用两个平面显示器），而大脑则依据带有视差的两幅图像创建三维图像。而混合现实头戴式设备基本上都是带有前视摄像头的，因此也可以生成准立体的三维图像。

在轻量级显示设备或方案方面的研究工作还将持续很长一段时间，或许直到我们实现了植入物量级的系统，诸如莫纳什大学克莱顿分校开发的系统、Victoria的研究成果[24]，或者德国图宾根大学开发的阿尔法IMS系统[25]。

---

① Pepper's Ghost是一种在舞台上或某些魔术表演中使用的让人产生幻觉的技术。

与此同时，从为智能手机生产的OLED屏幕到实验性隐形眼镜的应用，都取得了一些进展。本节将简要讨论主要的显示技术，以便进行调查分析。显示技术相当复杂，已经有很多关于此类技术的文章，比照或模仿这些专著中的内容已超出本书讨论范围，但掌握基础知识并了解相关的多种显示类型是非常必要的。当然，这里列出的技术并不是详尽无遗的，而且只是按字母顺序列出，并未按照流行程度或更有前景的程度列出。

对于增强现实系统中使用的显示技术分类，有多种方法可供选择。

8.7.1　按透视度分类

一种分类方法是按照透视度分类。使用这种分类方法，目前业界开发了两种典型的头戴式显示技术：

- 非透视显示。目前，大多数的显示解决方案都是非透视的。显示设备生成图像，然后图像被反射或经路由投射到用户的眼睛里。这类的例子包括投影仪、视网膜图像激光器（Retinal Image Lasers）、液晶显示器（Liquid Crystal Displays，LCD）、硅基铁电液晶（Ferroelectric Liquid Crystals on Silicon，FLCoS）和硅基液晶（Liquid Crystal on Silicon，LCoS）。还有基于发光材料的有机发光二极管（Organic Light Emitting Diode，OLED）微型显示器。
- 透视显示。透视显示器主要是OLED，可能还有基于MicroLED的隐形眼镜。

8.7.2　按技术类型分类

另一种分类方法是根据所使用的技术类型进行分类，例如微型显示器和采用反射或发射技术的平板显示器。大多数增强现实透视的头戴式设备使用微型显示器，而大多数虚拟现实头戴式设备则使用平板显示器。当然，唯一的例外是Meta2，它使用了一个大的OLED平板显示器，然后使用非常大的光学器件（本质上是像某些HUD显示器中所使用的双球面组合器）。

此外，透视的OLED也可用在非透视设备上。因此，这个区别可能让读者有些迷惑不解。

8.7.2.1　发射或反射

液晶显示器是透射的（使用背光的液晶屏，如后面讨论的"背光与透视度"部分所述），对光学设计影响最大的是模块采用发射型的还是反射型的。OLED微型显示器或高温多晶硅（High Temperature Poly-Silicon，HTPS）液晶显示器的光学设计在本质上是相同的，尽管液晶显示器有背光。

数字光处理设备和传统的硅基液晶光学结构要复杂得多，因为必须将光导入其中，照亮面板，然后再射出。Himax提出了一种前照明硅基液晶技术，其中包含一个模块，通过使用波导技术来照亮硅基液晶设备，其作用类似于一个透射液晶屏（见8.7.3节）。

8.7.2.2　光路

然而，对光学设计来说更重要的是光路。在这方面，OLED微型显示器、HTPS LCD和前照明LCoS的作用是一样的。

　　非发射显示器（Non-Emissive Display）的一大优势（对衍射和全息波导来说至关重要）是，你可以通过发射源（LED或激光）来控制光的波长，而OLED输出的部分宽光谱的光并不能有效工作。

8.7.2.3　目镜（EyeTap）与偏移（Offset）

　　EyeTap的发明者、增强现实技术的先驱Steve Mann表示，虚拟图像必须与佩戴者在现实世界中看到的图像共线，Mann的标准预测了取景器图像和现实世界之间的任何不匹配都会造成不自然的映射。Mann还指出，任何一个每天将小型摄像机戴在眼前达几小时的人，都会意识到这个结果带来的不良心理影响。最终，会产生诸如恶心、幻觉等不良反应，甚至在摄像机被取下之后这种不良反应还可能持续存在。

　　为了缓解这个问题，已经设计出尽可能接近完美共线准则的EyeTap（见图8.13）。

　　在可穿戴摄像机系统的典型应用中，有时会在摄像机的实际位置和取景器的虚拟图像位置之间产生微小位移。因此，必须通过视觉系统进行视差校正，再进行三维坐标转换，然后重新渲染。如果视频是直接输入的，那么佩戴者必须学会在心理上进行这种补偿。当这一心理任务施加于佩戴者时，如果他们正在执行近距离的任务，如戴着眼镜看显微镜，就会产生一种难以补偿的差异，并可能导致不愉快的心理、生理效应。

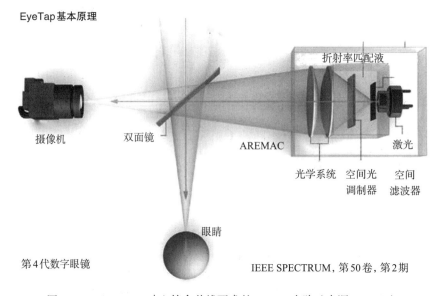

图8.13　Steve Mann建立符合共线要求的EyeTap光路（来源：Mann）

8.7.3　直接发射设备和调制显示设备

　　显示技术也可以分为两种主要的图像生成类型：直接发射设备和调制显示设备。

　　透视的直接发射图像生成设备包括OLED和MicroLED。

　　非透视调制图像生成设备是指液晶显示器（LCD）、硅基液晶（LCoS）和微机电系统（MEMS）等显示技术，如数字微镜设备（Digital Micromirror Device，DMD）或数字光处理设备（Digital Light Processing device，DLP）。

奇景光电（Himax）公司成立于2001年，采用了前照明技术，利用波导照亮LCoS面板，使其在光学上类似于OLED或透射LCD设备，在一定程度上模糊了直接发射设备和调制显示设备之间的界限（见图8.14）。

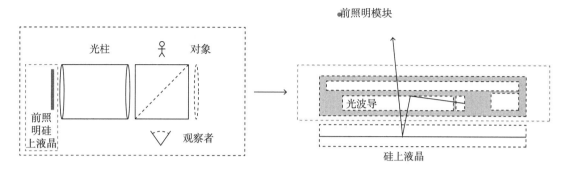

图8.14　前照明LCoS模块可提供超过5000 cd/m² 的高亮度，是
一种完美的头戴式透视显示手段（来源：Himax公司）

这种前照明的概念可能会在一些增强现实头戴式设备和头盔的设计中得到应用。

调制显示设备一般包括三个主要组成部分：

- 外部光源
- 组合光学系统
- 模式发生器

在调制显示过程中，光首先被引导到外部模式发生器，然后通过打开或关闭阵列中的每个像素来形成图像。对于这种类型的非发射系统，光必须始终照射到每个像素上。

8.7.3.1　非透视调制显示设备

非透视调制显示设备常简称为非透视显示设备。下面简要讨论那些即将或已在增强现实头盔显示器和头盔中使用的非透视调制显示技术。智能手机和平板电脑等移动设备（尽管这些设备确实用于增强现实应用）都不在本节讨论范围之内，微型阴极射线管（CRT）显示器现在也被认为已经过时，虽然这些设备都是早期用于增强现实系统的显示设备，但它们不属于本节要讨论的非透视显示设备。类似地，众多LED组成的垂直扫描矩阵也不属于非透视显示设备，该阵列曾被用于使用振动镜创建可视单色场（屏幕）的Private Eye头戴式显示器中。

正如其名字所示，非透视显示设备可以调制光、发射光，但它本身不透光。光是从它们本身射出的或者被它们所遮挡，但不会穿透它们。尽管非透视显示设备的一些有源元件在非透视显示下可能变为半透视或完全透视的状态（取决于它们的成分以及适用的电压），或者因为元件太小而看起来像是透明的，但它们通常都会有感光底层和背板照明系统。

8.7.3.2　颜色生成

非透视显示往往是单色的，因此必须采用某种方案使其变成彩色显示。

8.7.3.3　带彩色滤光片的LCD

LCD可以看成一个本身不发光的光阀，LCD设备中的光来自荧光灯或LED灯组产生的背光。LCD通过具有三种RGB滤色功能的子像素点来产生不同颜色。除此之外，LCD的像素点还有一些其他的要求和限制，如像素点必须相对较大并且仅允许通行1%～1.5%的光，像素点缩小受到混色（"泄露颜色"，LC效果）和通光效率的限制。虽然液晶面板不消耗太多电能，但它们并没有很有效地利用（背光板）照明光，而背光板照明光是主要的电力消耗源。并且，LCD有特定的观看视角，在特定观看视角之外则亮度较低。但在增强现实技术的帮助下，这些都不是难以解决的问题。

此外，通过场序彩色处理，可以在没有滤光片的LCD中创建颜色。因为这种方案可以实现更高的分辨率，所以对于近眼解决方案来说这可能是很有效的方案。FSC稍后将与其他技术（LCoS和DMD）一起讨论（在"LCoS中的场序彩色技术"部分中）。但有一点必须明确，FSC技术也可以用于LCD中。LCD是一种电子调制光学设备，由可控制液晶层状态的任意数量显示单元组合而成，通过排列在光源（背光）或反射器前的方式来产生彩色图像。

8.7.3.4　LCD 显示面板

虽然从19世纪80年代末就开始研究LCD显示面板了，但直到1972年，T. Peter Brody（1920—2011）和他在宾夕法尼亚州的匹兹堡西屋电气公司团队才在美国研发出首块显示面板[26]。现在已经有许多LCD显示面板供应商，并已集成在许多种不同的眼镜式增强现实设备中。并且，Kopin公司研发的在单晶硅晶体管上传输LCD的技术已被用到Vuzix和Recon的智能眼镜上，以及该公司自有品牌Solo的智能眼镜中。

值得注意的是，"透视"意味着它可以背光，而带有背光的完整显示模组是不透明的。在图8.15中，可以穿过显示模组进行观察，因为显示模组是单目的，并且如果用户将注意力集中在显示器上，那眼睛将不能有效聚焦。

LCD广泛应用于计算机显示器、电视、仪表面板、飞机驾驶舱显示器和标牌等领域。它们在消费设备中也很常见，例如DVD播放器、游戏设备、时钟、手表、计算器和电话，并且几乎在所有应用中都取代了阴极射线管（CRT）显示器。

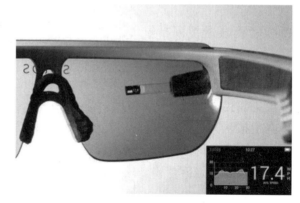

图 8.15　Kopin 的 4 mm 模组 Pupil 产品，安装在眼镜内侧边缘，从外侧几乎看不见（来源：Kopin 公司）

背光与透视度

虽然利用偏振设计原理设计生产的LCD通常会遮挡几乎一半甚至更多的光，但LCD的光学固有属性是透明的，LCD因具备控制偏振光通过的能力而被称为光阀。在为移动设备、个人计算机、仪表盘和标牌设计制作的LCD中，后面有一块明亮的背板。LCD非透视是因为背板灯的存在。目前针对LCD非透视的解决方案包括边缘照明和场序彩色，以及运用在监视器和工业系统中的反光LCD设备，但这些设备和方案都不适用于增强现实眼镜。

早期的LCD显示面板使用反射面板的解决方案，是因为当时对发射面板的成本、尺寸和功率的要求都很高（如今大量的无源矩阵显示、时钟/计算器等还采用反射面板方案）。从那时起，就用冷阴极荧光灯（CCFL）制成了非常薄的反射面板，直到2010年LED才开始应用于背板照明。

在环境光下使用的LCD显示面板可以安装在眼镜式或头盔式增强现实设备中，但它在夜间、黑暗地区或烟雾迷漫的地区都不能正常工作。

然而，许多透视LCD都有一个共同的缺陷，由于晶体管阵列具有衍射光栅的特性，导致了透过LCD不能清楚地看到远处的场景。这就是它们经常只能用于展示柜应用的原因，因为在这些应用中，观察对象比观察者更靠近显示器。

8.7.3.5　硅基液晶（LCoS）

LCoS技术通过将一层液晶夹在玻璃盖板和硅片之间（其中硅片具有高度反光的带有像素图案的镜像表面）来制作微型显示器，可用于投影显示器，如大屏幕、背投电视和用于增强现实头盔和头戴式显示器。

LCoS微型显示器本身是不发光的，因此需要一个能通过微控制器调制提供全色和灰度的单独照明源。正是由于屏幕显示亮度与显示技术本身无关，在实际应用中，亮度通常是一个可控制的变量（见图8.16）。

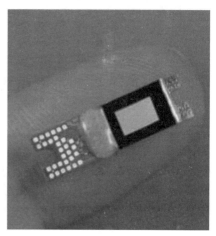

图8.16　Syndiant公司的LCoS moduant（来源：Syndiant公司）

虽然在20世纪70年代初，通用电气（General Electric）就已经研发出这项成果[27]，但直到90年代末才有多家公司尝试开发同时适用于近眼和投影应用的产品。LCoS也被一些制造商称为微型显示技术。实际上微型显示技术有很多种，并不局限于LCoS这一种。

早在20世纪70年代末，用于开发LCoS显示器支撑技术和基础架构的开支就已经超过了20亿美元。经过不断改进和提升，这项技术日趋成熟。20世纪90年代末，IBM与飞利浦和尼康合作，开发了第一代基于LCoS引擎的三面板投影系统[28]。这项技术最初应用于投影电视，并由JVC、索尼、欧莱维亚（Brillian）等大公司以及其他公司（如Spatialight、MicroVue、Micro-Display和Colorado Micro-Display）推向市场。

1997年，JVC研制成功一种1365×1024的数字直接驱动图像光放大器（D-ILA）。大约在同一时间，IBM宣称研发出一种2048×2048的LCoS面板，并且在一个三面板引擎中使用该面板演示了一个对角线28英寸的背投计算机显示器原型。因此，许多人认为IBM开发了LCoS。之后，在LCoS技术的商业化产品中，还包括索尼的硅X-tal反射显示器（SXRD）和JVC的D-ILA。

如上所述，LCoS是一种在硅衬底上使用液晶层的微型反射有源矩阵LCD或"微型显示器"，也称为空间光调制器。LCoS最初是为背投电视开发的，但现在常用于波长过滤、结构照明、近眼显示和超短脉冲等领域，而与之相对应的，一些LCD投影仪使用的是透光LCD，允许光线通过液晶。

如图8.17所示，最初的投影仪使用了三个反射色板。

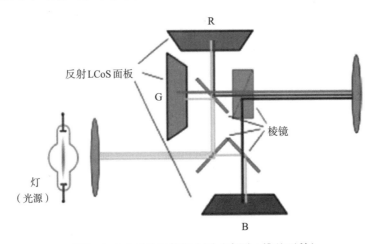

图8.17　LCoS投影仪概念图（来源：维基百科）

随着时间的推移，工程师们找到了使用偏振分束器（PBS）来压缩光学元件数量并消除反射面板的方法（见图8.18）。

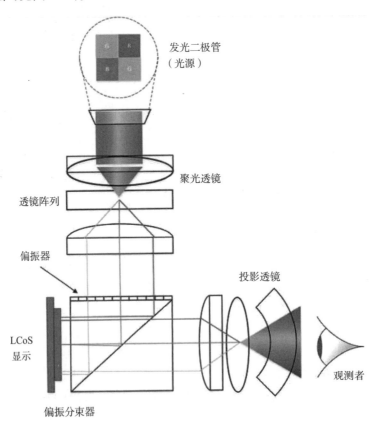

图8.18　带偏振分束器的LCoS（来源：松下公司）

在LCoS显示中，CMOS芯片控制埋在芯片表面下方的方形反射铝电极上的电压，每个电极控制1个像素。

虽然经过多年的研发和投资，包括英特尔和飞利浦在内的大多数公司都放弃了LCoS的技术开发，但现这项技术在头戴式显示器的微型投影仪（pico-projector）市场上迎来了新的机遇。

在第一代的谷歌眼镜中开始使用了滤光片LCoS，然后切换到场序彩色LCoS。这似乎表明，谷歌公司侧重于研究像素的大小问题，而搁置了在场序彩色颜色失真问题上的争议。场序彩色的LCoS像素点小于现有三色设备（彩色滤光片LCD/LCoS或OLED）像素点的1/3（通常接近1/9）。

LCoS中的反射式彩色滤光技术

反射式彩色滤光技术在功能上类似于LCD彩色滤光片的效果，但子像素（彩色点）可以在物理上尺寸上更小；然而，由于需要三个子像素和色彩渗色的风险，它们在缩小尺寸方面仍然受到限制。通光效率会好一些，约为10%。LCoS还需要比LCD更复杂的光学元件（比如分光镜），但具有低功耗的优点。Himax宣称能够提供同时支持场序彩色和滤光片LCD的"前照明"。

LCoS中的场序彩色技术

场序彩色（FSC）也可用于LCoS显示器。虽然FSC可能会因为场序彩色而导致颜色失真，并且经常会产生彩虹效果，但它的优势是像素可以非常小（小于LCD彩色像素的1/3）。然而，由于现代光源的开关速度和液晶的响应时间都比以往快得多，现在可实现每秒60帧，即每秒对360个颜色场进行控制（每帧里红色、绿色和蓝色各两个颜色场），因而显著减少了颜色失真。其通光效率也更高，并且损耗约为40%（假设偏振损耗为45%），效果如图8.19所示。

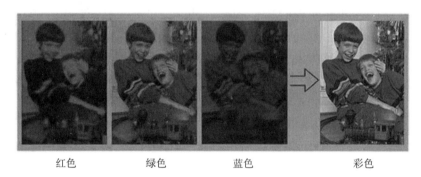

红色　　　　绿色　　　　蓝色　　　　彩色

图8.19　场序彩色显示技术（来源：Syndiant公司）

应用场序彩色技术的LCoS设备，由于扫描场的不断变化而需要高功率面板。光路类似于反射式彩色滤光LCoS，但为了获得更小的尺寸，需要使用更小但质量更高的光学元件。场序彩色LCoS在大部分聚焦深度上都能与激光很好地匹配，因此无论用户眼睛聚焦在哪里，增强现实图像都处于聚焦状态。然而，这对眼睛的辐辏调节问题并不总是一件好事。

8.7.3.6　铁电液晶FLCoS

铁电液晶（Ferroelectric Liquid Crystal on Silicon，FLCoS）的概念最早是在1980年由Noel A. Clark（1940—）和Sven Torbjorn Lagerwall（1934—）提出的[29]，并对光学和全息投影等应用产生了广泛的影响。它们具有比其他液晶更快的开关速度（见图8.20）。

虽然FLCoS因为高速性能而被考虑用于全息术，但最终因为像素太大没能实现。显示全息干涉图像的条件是利用非常小的像素点组成大阵列。

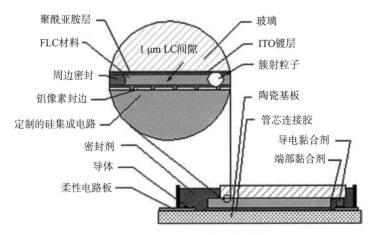

图8.20　FLCoS微型显示材料

　　FLCoS微显示技术与其他微显示技术的区别是，因为使用了铁电液晶（FLC），可以实现小于100 μs的切换速度，而LCD中传统向列型液晶的切换速度在1 ms左右。液晶的切换时间与厚度的平方大致成正比，对于相同的液晶，LCoS反射面板只需要一半的厚度，因此切换速度要快4倍。关于TN-LC"混合物"的研究已经有了许多进展，甚至还有人研究VAN-LC技术[①]，而且这方面的研究进展非常快，因此，要实现TN-LC切换速度小于1 ms是完全有可能的。

　　借助FLCoS在切换速度方面的优势，可以通过在互补金属氧化物半导体（CMOS）硅芯片的表面涂覆FLC以生产全彩色显示器。CMOS电路接入标准视频输入接口，并在像素化反射镜上创建图像，该反射镜使用CMOS的顶层金属加工工艺实现。基于由CMOS电路施加在像素金属上的电压，该FLC材料与透过该材料的光相互作用，就可以控制光发生偏转或不发生偏转。FLCoS微型显示器利用FLC的快速切换能力，生成红、绿、蓝（RGB）图像的高帧率序列，最终人眼将其融合成全彩色图像。由于FLCoS微型显示器是基于CMOS技术实现的，因此它可以使用大容量互连和封装技术，这些技术与小尺寸、低功耗的目标完全一致，并且在价格上也符合消费者的期望。

　　然而，FLC的缺点是它必须在关闭照明的情况下才能保持"直流平衡"，这一点不像TN-LC和VAN-LC技术，因此这个缺点又导致其速度优势减半。此外，消隐时间也使得它更容易出现颜色分离。

8.7.3.7　数字光处理（DLP）设备

　　DLP设备由德州仪器公司的Larry Hornbeck博士（1943—）于1987年开发成功（由DARPA提供大量研发资金），由数以百万计的光学、微机电单元组成，这些单元使用数字微镜（又称为数字镜设备，DMD）技术。DLP设备使用场序彩色，可以比LCoS获得更高的场速率，以减少渗色效果。它的装置和控制功率较高，光路较强。由于DLP微镜的物理移动，设备的像素大于FSC LCoS的像素。通光效率约为80%（没有偏振损耗），但随着像素变小（数字微镜之间的间隙大于LCoS的间隙），通光效率会降低（见图8.21）。

① TN面板的全称为Twisted Nematic（扭曲向列型）面板，是显示屏幕的一种类型，TN-LC是指扭曲向列型液晶。VAN的全称是Vertical Alignment Nematic（垂直向列型），VAN-LC是指垂直向列型液晶。——译者注

图8.21所示为安装在悬挂式轭架上的镜子，扭转弹簧从左下到右上（浅灰色），下面是存储元件的静电板（左上和右下）。

DLP技术被 Avegant Glyph 和 Vuzix 等公司用于近眼显示，主要用于Pico投影仪以及大型场馆和剧院的投影设备。

德州仪器公司仍在推广其在近眼显示中的应用，并取得了一些设计奖项。它还被考虑用于未来的 HUD 显示器（Navdy 和其他售后市场 HUD 也使用DLP）。

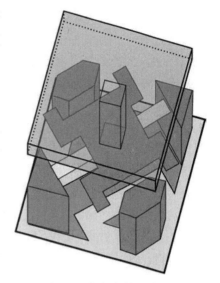

图8.21　数字微镜示意图
（来源：维基百科）

8.7.3.8　激光束扫描

像素化显示器的另一种选择基于微机电系统（MEMS）的扫描仪与红色、蓝色和绿色的微激光器相结合。基于华盛顿大学首创的激光束扫描（LBS）方法，并由微视公司（MicroVision）在其Nomad品牌下商业化。近几年来，量子点（QD）激光已经在近眼激光扫描眼镜上得到了验证。

当用于近眼应用时，激光扫描会直接在视网膜上进行，称为视网膜扫描显示器（RSD），其显著特点是，那些平时需要戴眼镜的用户即使没戴眼镜，也能对图像进行聚焦。

目前RSD的缺点包括激光器成本高，驱动和控制电子元件的功耗相对较高，扫描过程中产生了闪烁效应（对少数人有较严重影响），以及与其他技术相比，RSD分辨率相对较低。

多年来，微视公司的主要产品一直是微投影仪。品牌名为PicoP，这是一种pico投影仪扫描技术，将投影和图像捕捉技术结合在一个微型扫描引擎中。然而，与传统的基于相机的技术相比，其捕捉的图像的分辨率较低，并且存在时间混叠问题。

视网膜扫描显示器和虚拟视网膜显示器

视网膜扫描显示器或视网膜投影仪（RP）将光学图案直接投射到视网膜上。这个模式可能是光栅扫描形式的，呈现一幅电视图像或简单的线框图。即使在光学系统中没有原始物体或中间图像，用户也能看到在面前的空间中漂浮着常规的显示图像。图像只是在视网膜上以光线的形式形成的。

虚拟视网膜显示（Virtual Retina Display，VRD）的概念可以追溯到20世纪80年代，当时激光扫描眼底镜（Scanning Laser Ophthalmo-scope，SLO）被拓展使用为一种检查眼睛的方法。它使用共焦激光扫描显微镜技术对人眼视网膜或角膜进行诊断成像。

在直接眼睛显示技术的实验开始时，使用的术语只是VRD，操纵相干光，通过眼睛的瞳孔将光子流引入视网膜。这项研究始于20世纪70年代末的赖特帕特森空军基地，1989年Tom Furness 加入华盛顿大学并成立了HIT实验室，开展相关研究，并将视网膜扫描的第一项专利命名为VRD。

华盛顿大学专利的被许可人希望建立产品差异化，创造了视网膜扫描显示器（retina scan displays）这个术语。除了产品差异化，当时希望除了扫描相干激光还能使用其他光源。

视网膜扫描显示器可以使用不同类型的光源。虚拟视网膜显示器是这一类别的一个子集，只使用激光作为光源。

基于帧或屏幕的HMD设备都是以空间相邻的方式接近眼睛的，原始图像通过光学装置后以接近平行光的角度射入人眼，从而使所显示的物体图像（像面）在距离眼睛一定距离处出现。图像生成设备通常由LCD、DLP/DMDS、OLED、LCoS和MicroLED组成，并使用光栅线或矩阵像素方法在面板或二维平面上生成光学图案（光栅扫描最初在CRT电视中使用）。完成（全扫描）后的图像以图像帧的形式呈现，以每秒几次（例如，常见的刷新率为每秒60次）的形式出现，通过人类视觉系统显示为连续图像（见图8.22）。

视网膜扫描显示器可以在透明（增强现实）或非透明（虚拟现实）模式下工作。在许多透明应用中，矩阵元素没有足够的亮度（光强度）与环境光竞争。例如，在室外日光场景上叠加虚拟图形时，环境光通常会比较强，此时需要直接视网膜扫描产生足够明亮的光束，才能与流入眼睛的外部光线竞争。

关于视网膜直接扫描取得的其他进展包括显示分辨率不局限于矩阵元素的数量或图像对象的物理尺寸，并且可以根据光调制和光子束扫描元素的配置，在任意视场角中绘制尽可能多的元素。扫描激光光源进入眼睛的分辨率极限将取决于扫描速度（反射镜移动的速度）和扫描线的数量，与电视CRT中使用的基本原理相同。然而，利用激光发出的显微相干光，光点大小（像素）可以接近眼睛本身（视杆细胞和视锥细胞）的分辨率。同样，根据为扫描设备选择的配置，可以提供任何想要的视图。

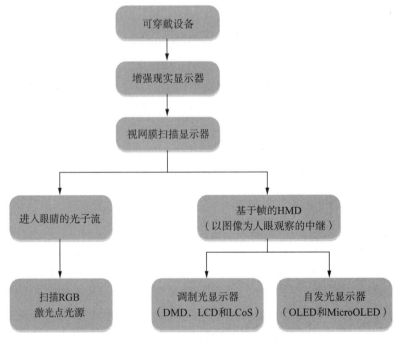

图8.22　头戴式显示器分类

如前所述，1985年，Thomas Furness在赖特帕特森空军基地阿姆斯特朗实验室工作时构想了VRD，以此为飞行员提供更高亮度的头盔显示器。大约在1986年的同一时间，Kazuo Yoshinaka（1916—2001）在日本电力公司工作时也提出了这个想法[30]。1991年11月，Furness和他的同事Joel S. Kollin在华盛顿大学的人机界面技术实验室完成了VRD的开发，并于1992年申请了专利（见图8.23）[31]。

VRD技术是由华盛顿大学于1993年授权给新的初创公司MicroVision的，在其Nomad增强视觉系统中使用了PicoP扫描技术，这是一种基于激光束扫描方法的超小型激光投影和成像解决方案。后来，在2005年的世博会上，Brother Industries展示了一种将光聚焦到视网膜上的固定式成像显示器，2011年，Brother Industries推出了Aircouter，使用了所宣称的视网膜成像显示器（Retinal Imaging Display，RID）。NEC后来采用了Brother Industries的技术，并在日本发布了Tele Scouter。

利用激光的色彩饱和度高且色彩再现性好的特性，使用激光作为光子源的视网膜扫描显示器（如虚拟视网膜显示器）能够显示出高亮度。然而，在现在使用的设备（如声光调制器和克尔单元）中，以高速率调制（关闭和打开）激光更具挑战性。所感知场景的视图是光学系统将外部场景与显示场景结合起来的对向角度函数。假设视网膜扫描显示器可以到达视网膜中的每个受体，如果使用波导，则会出现相同的视场角问题。

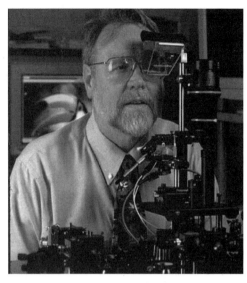

图8.23 Thomas Furness查看彩色VRD光学台
（来源：华盛顿大学Thomas Furness）

由于在视网膜扫描显示器的某些配置中有小的出口瞳孔，无论是调节（眼睛对焦）还是使用矫正透镜，显示器总是具有聚焦的额外优势。在这种情况下，光学系统的出瞳比眼睛的进瞳小得多。例如，适应光线的瞳孔在高亮度环境中的直径通常为4 mm。一个1 mm的光学系统出瞳就像一个针孔相机，通过它引导光线进入眼睛。在这种情况下，即使光是准直的（好像来自远处），它也总是聚焦在视网膜上。这就像缩小相机的光圈。孔径越小，聚焦深度就越大。激光扫描的一大优点是，无论是否由于用户的视力水平而提供了矫正镜片，图像都处于聚焦状态（见图8.24）。

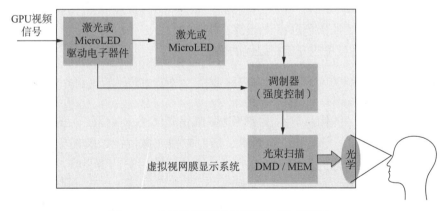

图8.24 虚拟视网膜显示系统的工作原理图

虽然这个想法听起来很具有可行性，但实现起来却很困难。需要精确地将三个单独的激光器组合起来，这对制造紧凑的微型激光器是一个挑战。同时，绿色激光器昂贵且难以制造。与场序彩色类似，在移动平台（如头部安装显示器）上进行光栅扫描（并且没有像CRT

那样的持久性）可能会影响效果。虽然有一些光学元件可以将光学扫描点引导到视网膜上，但由于光学元件的出口孔径小，可能具有较大的聚焦深度。由于其较高的亮度，视网膜扫描方法可能成为增强现实的一个很好的长期解决方案，但出于许多技术问题和成本考虑，目前无法作为替代显示方案（见图8.25）。

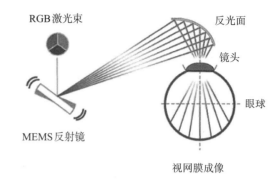

图8.25　旋转镜视网膜激光成像
（来源：QD Laser公司）

尽管激光视网膜系统具有良好的亮度，但它对眼睛的安全性并不如DLP和LCoS好。

激光扫描的一大优点是无论用户的视力是否需要佩戴矫正镜片，图像都处于聚焦状态。但是，缺点是用户眼睛中的"影像浮动"会在视网膜上投射可见的阴影。

2014年6月，QD Laser公司（在日本川崎）和东京大学纳米量子信息电子学研究所宣布开发一种基于激光视网膜成像光学的可穿戴透视头戴式显示器，称为激光眼镜（Laser Eye Wear，LEW）。2016年5月该公司在美国旧金山的信息显示协会（Society for Information Display，SID）上展示了这款眼镜（见图8.26）。

富士通公司与该公司保持着密切的合作关系，开发出一种智能眼镜，可以用激光将图像直接投射到用户的视网膜上，而不是像其他可穿戴设备那样使用小型LCD屏幕。这种眼镜装有一个小型激光投影仪，可以将前置摄像头或移动设备上的图像投射到使用者的视网膜上。这种眼镜可以帮助失明的人。

该样机已于2015年5月在东京富士通技术博览会上展出，它可以连接到移动设备或安装在眼镜的摄像头上。

图8.26　QD Laser公司CEO Sugawara Mitsuru（来源：QD Laser公司）

8.7.4　光路由

在非透明显示器中，图像从显示设备到达眼睛是光学路由（管道）的一项功能，通过镜子（常规的和半镀银的）、光波导、导光管、衍射光栅或微棱镜以及光导完成。由于一些只有营销人员和技术专家知道的原因，这些光学路由技术有时被归类为特殊的显示技术——它们与显示或生成图像无关。

第一项重要的成果和专利权[32]是1987年由密歇根大学的Juris Upatnieks（1936—）取得的，使用了衍射导光的基本原理。

后来的研究基于索尼的体全息层和诺基亚的表面衍射光栅技术。微软利用诺基亚的技术和前诺基亚的团队开发了HoloLens，最近在英国和欧洲所做的研究是优化全息材料和配置，以减少色彩问题。

从那时起，各种技术被开发出来用于头戴式增强现实设备（又称为视频透视可穿戴显示器）。这些技术大多可归纳为两大类：基于曲面镜的技术和基于波导的技术。"透视"增强现实显示是多余的；所有头戴式增强现实设备都是透视的，这就是增强现实背后的全部理念。曲面镜和波导会造成一定程度的失真，需要通过光学或电子方式进行校正，这可能会增加成本或降低图像分辨率（见图8.27）。

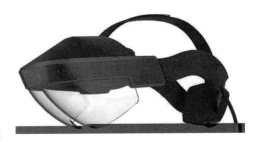

图8.27　一个使用半镀银曲面镜的增强现实眼镜的例子（来源：Meta公司）

波导或光导技术避免了在佩戴者面前放置半镀银曲面镜的烦琐，但也限制了视野，通常会降低图像质量。每种方法都有其优缺点和适合的应用场景。

可穿戴显示器的各种波导技术已经存在了一段时间了。这些技术包括衍射光学、全息光学、偏振光学和反射光学。在下面的章节中，将简要讨论一些目前的光路由系统。

衍射光栅的主要优点之一是功耗比其他有些技术（包括谷歌眼镜等所采用的技术）低几个数量级。这是这种技术方案成功的一个关键因素，因为大多数设备都是由电池供电的，并且应用于"移动"场景。

8.7.4.1　显示元件与波导的兼容性

Karl Guttag 在图形和图像处理器、数字信号处理（DSP）、内存架构、显示设备（LCoS 和 DLP）和显示系统［包括平视显示器和近眼显示器（增强现实和虚拟现实）］方面拥有37年的经验。在过去的35年里，他一直是设计和构建产品系统的主要技术人员，后来成为德州仪器公司的技术研究员，并在三家初创公司担任首席技术官。他获得了150项美国专利，其中包括与显示设备、图形/成像处理器、图形接口电路、微处理器、信号处理（DSP）、同步DRAM和视频/图形DRAM相关的关键专利。他每年数十亿美元的收入都来自这些发明专利。

Karl Guttage

轻薄的光学波导技术具有工业设计师想要的时尚外观，但他们所依据的光学原理也限定了光的传输性质。

首先，输入波导的所有图像的光线都需要是"准直"的，这意味着所有光线彼此平行，使图像看起来似乎在无限远处聚焦。如果光线没有准直，就不会在波导中产生完全内反射（TIR），从而导致光损耗。与OLED相比，用于反射微型显示器（DLP、LCoS或激光扫描）的照明光通常更容易准直。OLED已经可以与带有一个或两个TIR的自由形状光学（厚）波导一起使用，其中平面波导需要更多TIR，但没有任何OLED用于平面波导的例子（这可能是因为OLED光的其他特性问题）。Magic Leap 申请的专利2016/0011419（见图8.28）使用了空间光调制器（SLM），如DLP、LCOS或OLED微型显示器，展示了一种直接实现场序彩色聚焦平面的方法。

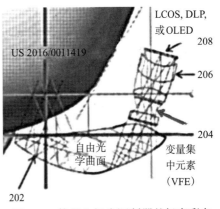

图8.28　使用空间光调制器的场序彩色聚焦平面（来源：美国专利局）

　　使用衍射光栅或全息元件的波导通常要求各种颜色具有非常窄的"线宽"（窄光谱）原色。弯曲光线的程度取决于波长，如果颜色没有达到很窄的线条宽度，图像就会扩散和模糊。但值得注意的是，OLED发射出更宽的初级光谱，从而使OLED微型显示器不能应用于衍射/全息波导。因此，衍射/全息波导使用反射式DLP、LCOS和激光扫描微型显示器，其中照明光谱可由LED或激光光源控制。

　　以Lumus为例，它利用光的偏振来控制棱镜发出的光。这使得它已经类似于需要偏振光的LCoS微型显示器。

　　大多数平面波导只能将一小部分光从显示设备传送到眼睛（有时小于10%）。这也是LCoS和DLP设备倾向于与波导一起使用的另一个主要原因，因为它们可以通过更亮的LED照明来提高亮度。当在室外阳光下使用时，眼睛最好能看到3000 nit以上[①]。如果一个波导只将10%的光传送到眼睛，那么图像源的亮度必须达到30 000 nit。一个典型的OLED微型显示器只能输出300～500 nit，大约比这一要求低两个数量级（eMagin演示了一些有4500 nit的显示器，但目前还没有批量生产）。一般来说，具有平面或曲面反射元件的反射式光学组合器在使用较宽光谱的原色时不会有问题，并且适用于不高度准直的光线。这使得反射式组合可以在光线组合之前使用OLED和更简单的光学系统。

8.7.4.2　出瞳距离

　　Karl Guttag是KContech公司的创始人兼CEO，该公司在显示设备、图形设备和系统领域提供独立的技术和市场咨询。KContech公司还为知识产权（IP）诉讼提供支持，包括提供技术专家，从事针对现有技术研究和侵权调查的服务。

　　各种波导技术的一个主要问题是"眼睛的出瞳距离"，这通常是一个共性问题，归结为"它能否适用于一个戴着自己的眼镜的人"。在一些光学设计中，并未考虑必须佩戴矫正眼镜的人，而实际上确实有一些人不得不佩戴矫正眼镜。

　　出瞳距离越大，光学系统就变得越大、越复杂。光学元件会根据水平视场角和垂直视场角，并随着与眼睛的距离的增大而变得更大、更昂贵。当光学元件距离眼睛较远时，出瞳距离也会受视场角的影响，一般来说，随着视场角的增加，出瞳距离会减小。

8.7.4.3　光波导

　　波导有不同的类型，仅有其中一部分是衍射的。波导通过光线的全内反射（TIR）来引导图像的传输。光波导呈透明片状，它允许光（来自图像源——显示器、投影仪等）从光源传输到用户的眼睛。因为它同时也是眼镜，所以用户也可以透过它观察外部世界。

　　要使TIR正常工作，光线必须以大约42°（取决于波导材料的折射率）或更大角度射入光波导。使光以这个角度进入的最简单方法是使进入的光学表面处于临界角（Vuzix就是这样做的）。衍射光栅或全息光栅可以使垂直于光学表面的光以TIR所需的角度入射（HoloLens和Vuzix就是这样做的）。

[①]　nit（尼特），亮度单位，1 nit = 1 cd/m²（坎德拉/平方米）。亮度是表示发光体（反光体）表面发光（反光）强弱的物理量。人眼从一个方向观察光源，在这个方向上的光强与人眼所"见到"的光源面积之比，定义为该光源单位的亮度，即单位投影面积上的发光强度。

衍射技术使用深斜衍射光栅（即诺基亚技术，该技术授权给 Vuzix，并被微软用于其 HoloLens 项目），以及 Magic Leap 的技术。该技术利用了倾斜光栅，将以特定角度进入波导的准直光耦合，然后利用全内反射或 TIR 原理使光通过波导，最后用另一组倾斜光栅将光提取到眼睛中。

Lumus 在波导上设置了一个角边，使图像光线耦合进入波导，然后通过使用棱镜改变角度，使图像光线最终射出。

这一概念最初是在 20 世纪 80 年代末提出的，但当时的设备很简陋。由于色差的影响，图像的色彩很差。通过图像像素偏移并进行数字校正，使色彩得到了改进。但你不能校正"误差/散射"，也不能校正焦点的变化。即使是最好的波导也会比简单和便宜的光学元件损害图像质量，但它们提供了一个小型化的技术解决方案。

光学透视和视频透视把问题搞得模棱两可。这里再次说明，这里不是在讨论显示设备，而是在讨论应用场景。光学透视是增强现实。视频透视（Video see-through）是在增强现实应用中尝试使用带有前置摄像头的封闭式 VR HMD。就笔者个人观点看来，视频透视并不是真正的增强现实。

波导的根本目的是在焦点处实现虚拟信息与真实世界信息叠加，同时仍以平面"眼镜"的形式提供对现实世界的清晰视野。焦距是增强现实和虚拟现实的另一个主要区别。在虚拟现实中，基本上没有焦距的概念。在增强现实中，焦距是至关重要的。

此外，OLED 在光学上与衍射波导是不兼容的，因为 OLED 输出与波导不兼容的宽光谱光。衍射波导与 LCoS 设备配合使用的效果最佳。

8.7.4.4 全息波导

全息技术由 Kaiser Optical Systems 于 20 世纪 90 年代初开发[33]，除了使用全息元件对光进行衍射，实际上与上述衍射光栅技术非常接近[34,35]。

提高光线透射比和反射比的方法之一是利用高反射率全息凹口滤光片和 V 型涂层（V 型防反射涂层）[36]。但问题是，这些特殊涂层会使某一种特定颜色反射更多而透射更少，这也会改变飞行员对驾驶舱显示颜色的感知。

1997 年 6 月，由 Jonathan D. Waldern 创立的 Digilens 公司，旨在为光通信和无线微显示市场开发和销售可切换状态的布拉格光栅纳米复合材料。2000 年 1 月，该公司展示了 DL40，这是一款紧凑、轻便的单目近眼显示器，基于全息聚合物分散液晶技术[37]，具有透视和 RGB 彩色功能。后来，Digilens 改变其业务模式，将研发重点放在光纤交换芯片而不是 HMD 上。2003 年 10 月，Digilens 被 SBG Labs 收购。如今，SBG Labs 在生产基于可切换状态波导技术的平视显示器。

2014 年，英国 TruLife 光学公司与伦敦附近的国家物理实验室（NPL）自适应光学小组的研究人员共同研发了如图 8.29 所示的这款眼镜，克服了增强现实显示的叠加问题。这个光学系统覆盖着两个邮票大小的全息光栅波导管（高质量的玻璃或塑料的矩形透镜）。TruLife 光学公司是 Colour Holographic（一家专门生产全息光栅的企业）的子公司。

这种技术的颜色问题称为"彩虹效应"，通常是由于场序彩色造成的，而且还受到有限视场角的影响。全息元件只反射一种波长的光，因此对于全色而言，需要三个全息光栅，分别反射红色、绿色和蓝色。叠在一起的每个波长的光都被另一个颜色全息光栅略微衍射，从而导致图像中产生颜色串扰（一些对 DLP "彩虹效应"非常敏感的人对闪烁不敏感，反之亦然。这表明眼睛/大脑对彩虹效应和闪烁的感应机制是不同的）。它们也可能受到色差的干扰，因为光线没有得到适当的弯曲和排列。

在这个例子中，关键是红色必须穿过绿色和蓝色，因此红色会受到影响。在每个全息光栅或衍射光栅上也存在一些光的误差/散射，从而导致了 Guttag 所说的"波导辉光"。

图8.29　2014年，Simon Hall 将一个波导原型安装在带有图像输入的框架上（来源：美国国家物理实验室）

有些颜色的不均匀性可以通过电子手段来纠正，但其存在一定的局限性，因为人眼对这一现象极为敏感。该技术由 Sony 和 Konica-Minolta 提出并使用（见图8.30）。

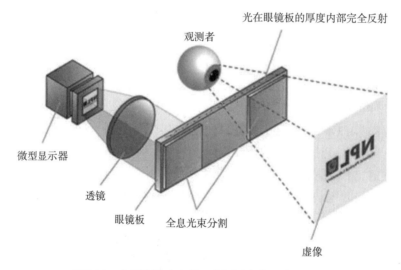

图8.30　全息波导（来源：美国国家物理实验室）

这种技术的变化来自 Trulife 光学公司，该公司与美国国家物理实验室和芬兰的 Dispelix 公司合作开发。Dispelix 正在将芬兰 VTT 技术研究中心开发的这项技术商业化，声称其波导是无彩虹效应的，提供了出射光瞳扩展技术[①]，并且与 LCoS、LCD、LED 和激光图像源兼容。

在军事系统中，将光波导技术应用于头戴式显示器（HMD）的核心目标是通过提供信息和图像，为观测者提供更好的战术态势感知。它还能保持与夜视设备的兼容性（见图8.31）。

---

① 在光学中，出射光瞳是光学系统中的一个虚孔径。只有通过这个虚拟光圈的光线才能离开这个系统。

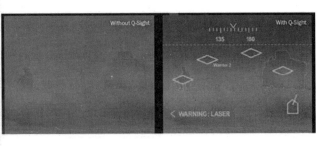

图8.31 采用全息波导光学的BAE Q-Sight HMD（来源：BAE Systems）

BAE 系统（BAE Systems）公司在2009年推出了一项这样的技术，目前正在生产一系列头盔显示产品。全息波导减小了光学结构的尺寸和质量，消除了传统光学解决方案的许多固有限制[38]。这项技术基本上是一种移动光线的方法，无须传统镜片的复杂排列。BAE 系统公司在其 Q-Sight 系列可扩展头盔显示器中利用了这项技术（见图8.32）。

Holoeye Systems 在双目全息波导头盔遮阳板（HWVD）显示器中扩展了 Q-Sight 的概念，该显示器具有以下特点：

- 拥有40°水平视野；
- 具有80%传输率的透视配置；
- 采用1460×1080像素分辨率LCoS显示器，6.5 μm像素间距，对角线为0.48英寸；
- 采用BAE系统公司第二代整体式全息波导。

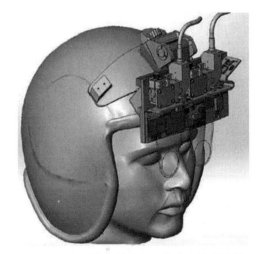

图8.32 配置全息波导的双目全息波导遮阳板显示器（来源：Holoeye Systems）

这项工作的意义在于，基于最先进的大视场角全息光波导技术和支持高分辨率的LCoS图像显示技术，设计、开发并完成了坚固而紧凑的双目HMD原型样机[39]。

8.7.4.5 偏振波导

偏振波导技术采用多层膜和嵌入式偏振反射器，将光提取到眼睛的瞳孔中。Lumus 已经为这一概念申请了专利。

这项技术允许更大的视场角和更大的动眼框设计要求。该光波导使用具有不同反射率的反射镜阵列，以保持整个视野的均匀照明。由于目前塑料薄膜并不是一种理想的波导基板，因此不同的反射率是由玻璃板上不同厚度的多层偏振薄膜产生的，这些偏振薄膜在特定偏振下均匀地反射所有入射光谱。这些膜层按顺序黏合在一起，切割并抛光，以形成波导（见图8.33）。

该设计的一个缺陷是系统和反射镜是偏振的，因此当与OLED显示一起使用时，近60%的光在反射时会丢失[40]。另外，由于偏振态的存在，可能因为颜色分布不均匀导致有色差，但Lumus认为他们已经克服了这些问题。

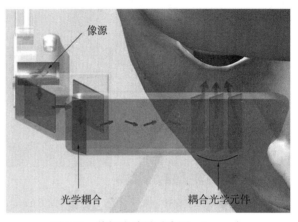

图8.33 偏振光波导（来源：Lumus）

LCoS和其他基于LCD的图像投影仪都是有固定偏振的。通过将投影仪的偏振方向对准反射膜层的偏振方向，可以将光损耗降到最低。

至于非偏振OLED光源，目前还没有达到需求的亮度，而且随着时间的推移，亮度还会下降。此外，它们的角光分布与所需的投影分布不重叠（除了50%的偏振损耗，还有大量的光损耗）。因此，目前Lumus和其他公司并不认为OLED是一种成熟的增强现实应用技术。

Lumus公司演示了一种波导光学技术，它实现了从厚度低于2 mm的光学元件获得55°的视场角，有可能将增强现实头戴式设备真正变成只有眼镜大小。该方法具有消色差的能力，因此在保持投影图像的颜色组成方面具有优势。图像生成器（例如LCoS）相对于波导反射阵列进行最佳定向，以消除偏振损耗。

8.7.4.6 表面反射阵列波导

表面阵列结构由多个反射结构组成，这样可以在保持大的动眼框区域和大视场角的同时使光波导更薄。Optinvent使用了这种技术，并将其命名为Clear-Vu。

表面结构允许模具压制的整体光波导（由一块塑料制成），该导光板涂有半反射涂层。为了保护结构和确保光学透视功能，将盖板附着在塑料件上。该盖板组件不必太精确，因为它不用于生成虚拟图像，只用于补偿眼睛透过导光结构观察时的棱镜效应，以保证光透射功能。因此，Clear-Vu技术得益于反射波导技术（无色彩问题、模压塑料基板、传统涂层、更高的效率、更大的动眼框和视场角）。此外，它还具有由单片塑料制成的较薄波导的如下一些额外优点。

Optinvent在其设计中加入了Himax的LCoS微型显示面板。微软在HoloLens中使用了Himax的波导，Magic Leap也对其进行了研究（见图8.34）。

Optinvent展出了ORA-X，声称它是一个新的设备类别，将耳机与增强现实目镜结合

图8.34 Optinvent展出的带增强现实目镜的ORA-X眼镜（来源：Optinvent）

在一起，并将其标记为智能AR眼镜。ORA-X上的摇臂可以旋转180°，因此左右眼都可使用。它有一个自动检测位置的传感器，以便声音和图像可以相应地翻转。

Optinvent的首席技术官Khaled Sarayeddine说："低成本的可穿戴增强现实显示器透视技术一直是使面向消费者的移动增强现实市场得以实现的一个难以捉摸的关键因素。在讨论的各种波导技术中，反射型光波导似乎最具有广阔的消费者市场前景。其主要优点是成本低，基材是塑料的，并且色彩问题少。该光学技术的出现将使面向消费者的可穿戴增强现实显示器在不久的将来成为现实。"

8.7.4.7　蔡司所使用的组合波导

蔡司使用一种光导管/波导设计方法，使图像从显示器（第6项）沿光路（第9项）到达眼镜镜片（第3项）中的菲涅耳透镜（Fresnel lens）（第14项），如图8.35所示，对应的美国专利号为2016/0306171 A1。

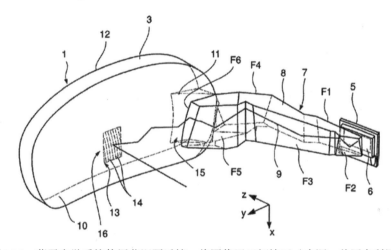

图8.35　蔡司光学系统使用菲涅耳透镜，将图像置于辐辏区（来源：美国专利局）

与传统透镜相比，菲涅耳透镜通过将透镜分成一组同心环形截面来减少所需的材料量。理想的菲涅耳透镜将具有无限多的此类截面（见图8.36）。

蔡司使用了Emagin的OLED，将该OLED与具有自由曲面形式的光学元件和内置在玻璃中的波导一起使用。这表明人们可以用特殊的现有结构（菲涅耳表面）来制作矫正眼镜。其他大型消费类电子公司也在开发类似的设计。

8.7.4.8　单分光板

为了制造一副看起来不显眼的面向消费者的增强现实智能眼镜，你需要让它们看起来尽可能像一副普通的眼镜。Laforge光学公司认为他们已经做到了，甚至可以根据每个人的情况私人定制。最雄心勃勃的是洛杉矶光学公司，该公司推出了Shima增强现实矫正眼镜。Laforge光学公司承诺推出有吸引力面向消

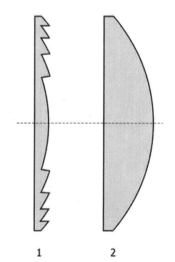

图8.36　球面菲涅耳透镜（1）的截面与传统球面平凸透镜（2）的截面对比

费者的增强现实眼镜,自称为"加州之梦",在意大利制造。具有讽刺意味的是,这家公司并不是以《星际迷航》中的Geordi La Forge这个角色命名的(他是个盲人,使用了增强类设备来"观看"世界,见图6.72)。Laforge光学公司将一个小显示器放置在该产品的铰链附近,并将图像投射到嵌入透镜的分束器上(见图8.37,这些信息来自其专利申请2016/0231577 A1)。

这是一个复杂的光学制造过程。在图8.17的半色调图像中可以看到透镜(图8.37的第200项)中的分束器和显示器(图8.38的第400项)的实现细节。

Laforge光学公司设计的眼镜是最直接的(除了包含复杂的分束器),保持了较小的尺寸和重量,显示功能是最低限度的,以保持所需的电能和显示复杂性。与智能手机配对使用,并提供位置信息。第一代眼镜中没有摄像头。

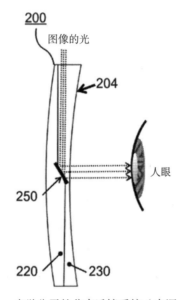

图8.37　Laforge光学公司的分束透镜系统(来源:美国专利局)

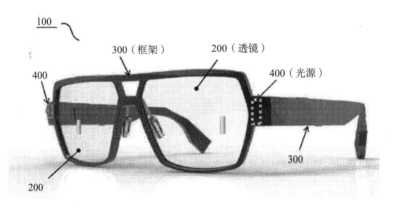

图8.38　带有分束器和显示元件的Laforge眼镜(来源:美国专利局)

当准备制造增强现实智能眼镜时,一个基本问题是必须有光学装置来定位佩戴者面前的图像焦点,因为人们不能聚焦任何像一副眼镜那样近的东西(或隐形眼镜,这与眼睛的焦点有关）。如果把一个透视的显示器放在一个人的眼镜表面，它会完全失去焦点（因为它不是虚拟图像，所以存在大小和分辨率问题）。

8.7.4.9　HUD 显示器

美国国家航空航天局和美国空军在20世纪70年代末和80年代为支持先进的驾驶舱而研究开发了飞行员专用的合成视觉平视显示器。实际上，平视显示器的首次使用可以追溯到1988年。

图8.39所示插图很好地说明了最初的设备工作原理，其中使用了波导技术（当时还未称之为波导）和一个非常明亮的显示设备（当时是CRT）（见图8.39）。

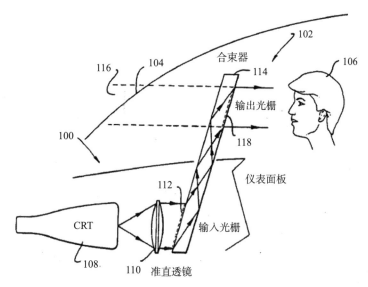

图8.39　使用波导技术的飞机HUD（来源：美国专利局）

图8.39来自1985年密歇根州环境研究所提交的一份专利申请。该HUD显示设备成本低，适合改装汽车，它只是照亮挡风玻璃，没有任何其他光学元件。

8.7.4.10　反射

反射技术不是波导。使用反射光学元件，不依赖外来元件或多层涂层，也不受颜色频谱不均匀问题的干扰，因为使用半反射镜可以反射白光，且退化程度最小（若要成为"波导"，则需要基于TIR反射）。

使用模塑塑料基板，在成本、重量和眼睛安全方面具有优势（通常使用抗碎聚碳酸酯塑料），因为通常有一个大透镜状的合束器。与其他波导技术一样，光学准直器放大由微型显示器生成的图像并将其注入光波导系统。因此，任何类型的微型显示器都可以在该系统中使用，因为没有偏振或光谱问题（LCD、LCoS、DLP和OLED），尽管那些使用偏振光的显示器在其设计中可能会利用偏振分束器来进行设计。

反射系统可以结合反射、折射和衍射光学系统与菲涅耳光学系统来进行增强。在直视前方时，将图像与瞳孔很好地对准的流行配置是，简单的平面分束器和弯曲的半反射合束器的组合。弯曲的半反射合束器也可以实现光学放大并改变焦距的功能。

一个简单的平面分束器（暴露或封装在玻璃中）需要所有光学元件来改变分束器外部光学元件的视焦点。爱普生公司使用反射分束器。谷歌公司使用嵌入其固体玻璃结构中的单平面分束器，该结构不使用TIR（因此不是波导）并包含反射光学元件（使用偏振光，光在第一次通过分光棱镜后射入半反镜，经半反镜反射后再通过分光棱镜进入人眼）。

平面分束器方法的问题是，反射镜的尺寸与视场角和动眼框尺寸成正比，因此分束器所占用的体积会变得相当大。在谷歌公司和爱普生公司的例子中，光波导厚度都在1 cm左右。两个公司都使用"侧入射"设计，即图像从侧面投射到对应位置。在Osterhout设计组R-6、R-7、R-8和R-9中，使用了"顶入射"，分束器的对角线尺寸由图像的较短垂直尺寸驱动，从而更紧凑一些。

棱镜可用作光波导，因为光从它的侧面反射回来，其中一个面会被衍射光学元件或偏光涂层影响，所有这种类型的设计都会导致非偏振光和非反射光损失，从而降低亮度。谷歌使用了"birdbath"设计方案，根据Kohno等人的说法，"显示亮度损耗令人担忧"[41]。

birdbath一词是指分束器和曲面合束器的组合。谷歌眼镜被认为是一个改进的birdbath，因为通常你可以看到曲面。

通常，这种配置与带有非透视曲面镜的显示器一起组合使用，因为如果没有辅助光学元件，透视显示器就会由于离眼睛太近而无法对焦，如果它们不在可视路径上，就无须透视。

所有透视系统都会浪费大量的显示图像光，通常80%～90%或更多的图像光会被浪费。如果分束器的透射率为50%，则只有一半图像通过校正光学元件，只有一半图像亮度通过瞳孔，损失75%。类似地，只有一半的环境光线传递给瞳孔，使周围环境看上去显得更暗。降低反射光与透射光的比例可以使周围环境变得明亮，但是如果使用75%的透射分束器，则只有6%的显示器的光可以到达眼睛。一般来说，现实世界的视野越亮，失去的光就越多。波导也非常浪费成像光，例如Lumus波导需要一个明亮的投影仪来驱动它，因为它的效率低于10%。

假设一个简单的镜面合束器有90%的透射率，然后它只有10%（这是理论值，实际上还有其他损失）的反射率，那么在反射过程中将损失超过90%的图像光。

据估计，一副穿透式头戴显示设备可以将显示器和光学设备的成本提高至少两倍，原因是光学设备的成本更高，显示引擎也必须更亮（通常是5～15倍的亮度或更高）。

这对于OLED显示器来说是个问题，因为OLED显示器在不降低显示器寿命的情况下无法提高亮度。一些基于OLED的系统会阻挡约95%的外部光线。IMMY和Elbit避免了分束器大约75%的损耗，但它们通过前置曲面合束器时仍有较大损耗。因此，大多数头戴式增强现实设备使用LCoS和DLP，因为可以提高照明亮度。业内人士认为，这是支持高亮度透视的增强现实显示的唯一方法，因为必须以一个非常明亮的显示器为开端，才能有充足的光线出射。IMMY使用的外部快门技术可能适用于某些应用。

在谷歌公司的例子中，光已经被偏振（作为LCoS显示器操作的一部分），所以两次通过分束器（它会造成一点损失，但更接近10%，而不是50%）不会有额外的损失，因为第一次通过时的光已经被偏振为正确的方式。然后，它经过一个1/4波片，射入曲面镜，再通过同样的1/4波片将其送回，以完成偏振的完整半波变化，从而使光在第二次射入偏振分束器时反射。通过偏振光分束器和1/4波片都有微小损耗，但远小于50%（见图8.40）。

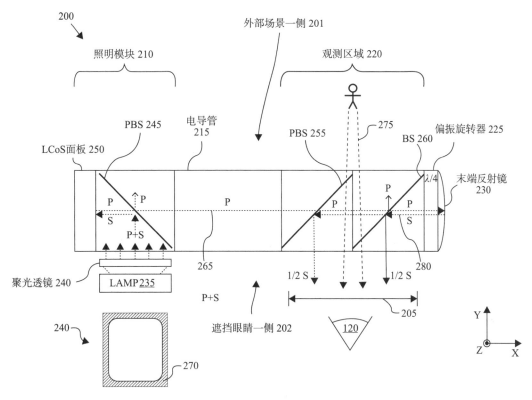

图8.40　谷歌眼镜分束器（来源：美国专利局）

在光线进入LCoS显示器之前，已经产生了偏振损耗。所以，在面板上产生的偏振光的损耗会超过50%，但只会损失一次，并且通过面板发出的光都能以正确的偏振方向通过分束器。

当有非偏振光时，你别无选择，只能在"birdbath"设计中损失50%的光。但是，通过使用著名的1/4波片的"技巧"，无论是在透射通道还是反射通道上，光都是偏振通过的，损耗最小。

采用厚的光波导显示器可以为透视视觉带来更高程度的失真。这就是谷歌眼镜显示器设置在用户眼睛右上角的原因。

另一种常见的方案是使用平板合束器。首先，它将光发送到球面半反镜，然后经半反镜反射后第二次到达合束器，并穿过合束器进入人眼（见图8.41），Magic Leap的专利（见图8.42），以及Osterhaut Design Group（ODG）的R-6、R-8和R-9产品系列均采用了这种组合方式。这种光学设计的问题在于，来自显示器的光必须通过分束器两次，并离开曲面合束器一次。如果光是非偏振的，那么每通过一次至少会有50%的损耗，除了

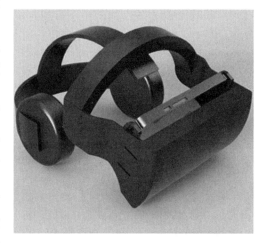

图8.41　Phase Space公司应用反射光学结构设计的Smoke系列AR/VR HMD设备（来源：Phase Space公司）

通过曲面合束器的损耗，还会导致至少75%的光损耗。此外，现实世界中的光线大多先通过曲面合束器，然后通过分束器，因此现实世界明显变暗。这种光学结构设计为增强现实带来了问题。

　　还有一些反射系统的例子。这些反射系统完全不需要分束器，并且只有一个曲面的半反射镜，最明显的例子是Meta的Meta2 HMD（见图8.27，半反镜HMD的例子）、Phase Space的双重功能HMD和Smoke系列（见图8.41）、Magic Leap的专利申请（见图8.42）等，还有如Elbit的Everysight bicycle HUD微型显示器、Skyvision aviation HUD以及IMMY的技术等。

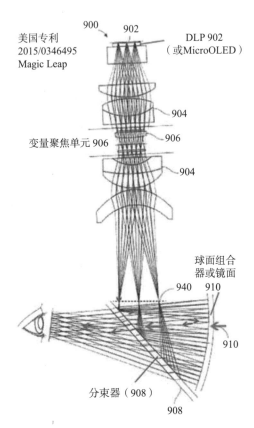

图8.42　Magic Leap分束组合器光学系统的美国专利申请（来源：美国专利局）

　　分束–合束器是一种沿用多年的成熟设计。分束–合束器将透镜与球面合束器部分混合。这种设计的优点在于，将折射（透镜）与反射光学混合可以得到更紧凑、更低成本的设计。

　　ODG在其R-8智能眼镜中使用了分束器。通过分束器和曲面镜组合将图像从人眼移到曲面镜中（见图8.43）。

　　还有自由曲面形式的光学波导，如Kessler Optics，利用曲率来控制光的存在。Kessler还为增强现实近眼系统设计了双折射目镜（见图8.44）。

　　外部世界透视光线和用于产生增强现实的虚拟图像光线的偏振方向是正交的，并且使用一个偏振合束器进行混合。目镜由双折射元件制成，可阻隔外部透视光线的竖直偏振分量，而焦距为30～60 mm，且水平方向偏振的虚拟图像可以透过。

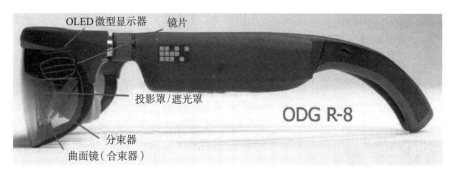

图 8.43　ODG 的 R-8 增强现实智能眼镜使用分束器和曲面镜缩小了体积（来源：ODG）

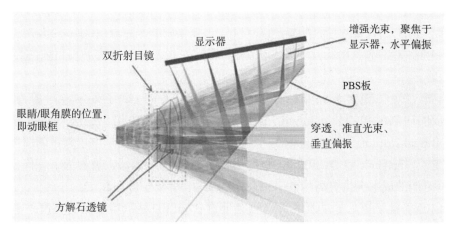

图 8.44　Kessler Optics 双折射目镜设计（来源：Kessler Optics）

外部透视通道和增强显示图像通道的偏振可以逆转。透视通道垂直偏振的选择是提供类似偏振太阳眼镜的功能，以减少例如潮湿表面产生的眩光。透视通道的光线一般设计为准直的，也可以将焦距设计为 0.5 m 或其他远大于增强通道光线的焦距。

带有分束器、曲面透镜、偏光镜和其他合束器的反射系统在增强现实眼镜和头盔中展现了巨大的应用前景和发展机遇。

8.7.5　透视直接发射显示器

正如在本节的介绍中所提到的，显示器既可以是发射式的，也可以是调制式的，可以是透视的，也可以是非透视的。前面几节讨论了非透视显示器。本节将重点讨论透视显示器。

8.7.5.1　MicroLED

继 LCD 和 AMOLED[①]之后，MicroLED 已成为下一代显示技术，预计将广泛应用于智能可穿戴设备中。MicroLED 在显示的许多方面都有了明显的改进，包括亮度/对比度、能量效率比和响应时间。

---

① AMOLED（Active-Matrix Organic Light-emitting Diode）即有源矩阵有机发光二极体，或主动矩阵有机发光二极体，是一种显示屏技术，主要用于智能手机，并正在向低功耗、低成本、大尺寸方向发展。——译者注

发光二极管（Light-Emitting Diodes，LED）提供非常好的亮度、效率、质量和颜色，但由于生产问题只能用于背光显示模块组件中（通常是512×512像素阵列，用于大面积会议厅或广告牌显示）。

发光二极管是一项众所周知的技术，广泛应用于从路灯到智能手机的各种照明应用中。利用微型半导体技术制造MicroLED的工作始于21世纪初，2012年至2013年的研究结果表明，这种自发射、高强度显示器具有可行性和应用潜力。

生产更小的、更可靠的高性能自发射显示器需要新的MicroLED技术。目前已经提出了几种独立生产MicroLED元件，并将其集成到有源矩阵阵列中的方法。

MicroLED技术的提出具有显著提高亮度和效率的潜力，具有高动态显示范围，可以有力支撑增强/混合现实、投影和非显示光引擎（non-display light-engine）等领域的应用。

在苹果公司于2014年5月收购LuxVue之前，MicroLED技术还相对不为人知。但现在显示行业正在密切关注这项技术，许多人认为MicroLED技术很可能将颠覆目前的LCD屏幕和OLED显示器。

2016年末，虚拟现实头盔制造商Oculus（Facebook）收购了爱尔兰一家专注于低功耗LED显示器研制的初创公司InfiniLED。该公司成立于2010年，是从Tyndall国家研究所（Tyndall National Institute）剥离出来的，专门从事光子学和微/纳米电子领域的研究。他们开发了无机LED（Inorganic LED，ILED，也称为MicroLED）显示器，被称为下一代显示技术，可以通过以更低的成本提供更高的效率来取代OLED、等离子体和LCD。

MicroLED受益于更低的功耗，并已被证明在比OLED显示器更高的亮度下能有效地工作，从而提供一个自发射的高亮度解决方案。LED的缺点是天生是单色的（LED中用于转换颜色的荧光粉不能很好地缩放到小尺寸），从而导致了对更复杂器件架构的需求，目前尚不清楚这些器件的可扩展性（见图8.45）。

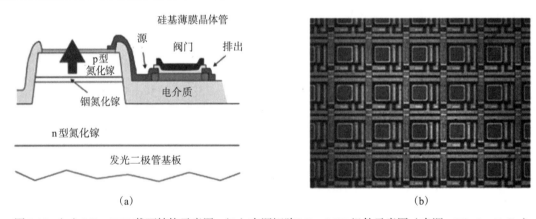

（a）   （b）

图8.45　（a）MicroLED截面结构示意图；（b）有源矩阵MicroLED组件示意图（来源：Display Daily）

MicroLED有时又称为mLED或μLED，是一种新兴的平板显示技术（mLED也是一个公司的名字，该公司供应MicroLED）。顾名思义，MicroLED显示器由组成单个像素元素的微型LED阵列组成。与广泛使用的LCD技术相比，MicroLED显示器能够提供更大的对比度、更快的响应时间和更少的能耗。

与 OLED 一样，MicroLED 和 ILED（Inorganic LED）主要针对小型、低能耗设备，如增强现实头戴式设备和智能手表等可穿戴设备。与 OLED 不同的是，MicroLED 显示屏在阳光直射下更容易阅读，但与 LCD 相比却显著降低了能耗需求。与 OLED 不同的是，MicroLED 基于传统的氮化镓 LED 技术，其总亮度远高于 OLED 产品（甚至高达 30 倍），并且发光效率更高。同时也不存在 OLED 的寿命短的问题，尽管当今 OLED 多年的使用寿命在大多数应用场合已够用。

ILED 可以小到 2 μm 像素，在这种尺寸下，1080p 显示器的对角线只有 0.2 英寸，并且预计其成本将是 OLED 的一半。

8.7.5.2 OLED

有机发光二极管（Organic Light-Emitting Diode，OLED）是一种以有机材料为基础的薄膜半导体器件，当施加电流时会发光。20 世纪 50 年代早期，法国南希大学的 André Bernanose（1912—2002）和他的同事首次提出这一概念，并观察到在电刺激下有机材料的发光现象[42]。

如图 8.46 所示，OLED 的基本元素包括：①阴极（-）；②发射层；③辐射发射；④导电层；⑤阳极（+）。

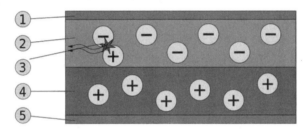

图 8.46　双层 OLED 示意图（来源：维基百科）

像 LCoS 这样的非发射系统也被一些制造商称为微型显示器，它需要一个外部光源，无论像素是开是关，光源总是入射在每个像素上，这对于任何电池能量有限的移动式便携设备来说都是不想要的特性。

主动发射型显示技术解决了上述问题，可以更节能，这也是微型 OLED 显示器（也称为 μ-OLED）受欢迎的主要原因之一。随着对比度的提高、响应时间的加快和工作温度范围的扩大，微型 OLED 已经应用于诸如 Ather 实验室的智能眼镜原型中，以及一些公司（例如 eMagin、云南 OLiGHTECK[①] 和 MicroOLED 等）所开发的产品中。

与液晶显示器相比，OLED 具有更高的对比度（动态和静态）和更宽的视场角，因为 OLED 像素能够直接发光，因此其响应时间也比 LCD 快得多。

遗憾的是，目前研制的几代微型 OLED 在高亮度条件下运行时，其亮度和体验还很有限，并且设备在高亮度下运行时的寿命较短。因此，在制造更亮、寿命更长的 OLED 方面，正在进行重点研究和开发。在这个方面，使用直接颜色发射（Direct Color Emission）方式而不是 RGB 彩色滤光片阵列的技术方案展示出很好的发展前景。

---

① OLiGHTECK 即云南北方奥雷德光电科技股份有限公司，是一家专注于 AMOLED 微型显示器研究和生产领域的高新技术企业。——译者注

索尼公司在微型OLED显示技术领域一直处于领先地位，已经将该技术应用于相机的取景器和增强现实智能眼镜中（见图8.47）。

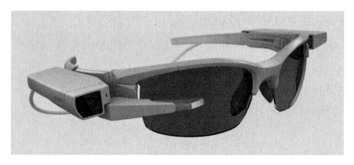

图8.47　索尼公司研制的使用微型OLED显示技术的SmartEyeGlass（来源：索尼公司）

索尼公司研制的SmartEyeGlass带有一个0.23英寸的OLED单镜头微型显示器，分辨率为640×400，其控制板包含ARM处理器、传感器集线器、WiFi和蓝牙3.0连接模块。这个显示模块重量只有40 g。索尼公司还开发了一款8.2 μm像素的1080p OLED显示器。

IMMY开发了一款使用专用微型OLED显示器的增强现实头戴式设备，并在其Neo系统中实现了图8.48所示的显示分辨率。

IMMY NEO 系统的分辨率

像素大小（A）	• 7.8 μm
眼睛与显示器的距离（B）	• 127 mm
单像素对角（C）	• C = tan A × B = 0.0034° = 0.2 弧分
光学系统放大功率（D）	• 8 倍
系统分辨率（E）	• E = C × D

IMMY NEO 分辨率 = 0.2 弧分 × 8 = 1.6 弧分

图8.48　微型OLED显示器实现的显示分辨率（来源：IMMY）

IMMY光学公司认为它们这套反射光路的分辨率不受人眼以外任何东西的衍射限制，而人眼的分辨极限是1弧分。

如果采用衍射光栅波导或全息光栅波导方案，其光学转换效率约为10%。所以，需要1000 nit才能让眼睛看到100 nit的亮度，这实际上是相当亮的。而反射镜的反光效率约为98%，因此系统的最终效率取决于如何设置合束器。IMMY宣称该系统的效率非常高，有98%×98%×50% = 48%。因此，如果显示器的最初亮度为200 nit，乘以0.48则是96 nit，这种通光效率是非常高的。

目前，索尼公司正在向 5 μm 像素技术迈进，届时这个指标将达到人类视觉分辨能力的极限。

2017 年，Kopin 展示了一种小型、快速、分辨率高达 2048×2048（400 万像素）的 OLED 微型显示器，其对角线尺寸为 1 英寸，在低功耗条件下工作可以达到 120 Hz 的刷新频率。

对于具有透视能力的 OLED 显示器，一个很大的问题就是亮度（用 nit 衡量）。例如，索尼公司 1080p 显示器的标准配置只有 200 nit（这并不算什么，典型的 iPhone 屏幕亮度也只有 500~600 nit）。索尼公司制造的一款 XGA（1024×768）可达 500 nit，其像素稍大一点（10.2 μm 间距）。对于穿透式增强现实应用技术来说，大量的图像光可能会丢失。在高透视度的显示器中，通常会有 80%~90% 的光损耗。例如，如果显示器输出的初始亮度为 200 nit（不要将显示器图像放大或缩小太多），经光学系统传输后，在输出端将只能实现 20~40 nit，这在很大程度上限制了增强现实设备只能用在光线暗淡的房间中（一个黑暗的电影院的屏幕亮度应该有 55 nit，这是 SMPTE 标准要求）。对于室外应用则需要超过 3000 nit，对于汽车 HUD 需要超过 15000 nit（见表 8.1）。这就是为什么微软的 HoloLens 和所有其他透视显示器供应商都选择了 LCoS 和 DLP 微型显示器的原因，因为这样就能增加亮度了（用 nit 衡量）。

表 8.1　各种情况下的环境光

环境光 [用坎德拉/平方米（cd/m²），即尼特（nit）表示]		
电影院	0.15	0.50
暗淡房间光线	3	7
典型房间光线	100	200
桌面阅读光线	130	200
不朝阳房间光线	150	350
朝阳房间光线	3000	17 000
白天室外光线	10 000	35 000

eMagin 公司声称其 OLED 微型显示器原型可以提供 4500 nit 的亮度。

8.7.5.3　智能隐形眼镜

目前，有几家公司正在研发隐形眼镜显示技术。例如，谷歌、三星和索尼公司都在投资这项技术。

但是要注意，Steve Mann 于 1999 年在加拿大获得了一项专利（CA2280022），该专利的名称为：用于显示文本、图形或图片等信息的隐形眼镜[43]。

Sensimed（瑞士洛桑）在 2016 年 3 月宣布，其内置了传感器的隐形眼镜 Triggerfish 被美国食品药品监督管理局（Food and Drug Administration，FDA）列入新创建的"昼夜模式记录系统"目录，其定义为：昼夜模式记录系统是一种非植入式处方设备，包含一个遥测传感器，用于检测眼球径变化，以便监测眼压（Intraocular Pressure，IOP）波动的昼夜变化模式。

Sensimed 隐形眼镜是一款内置传感器的隐形眼镜系统，旨在提高青光眼的治疗效果。集传感器与遥测于一体，提供 24 h 内眼睛压力变化的连续无线监测与传输，是一款可穿戴测量系统（见图 8.49）[44]。

这款设备可以单独供电，可以长时间无线传输信息，还可以戴在眼睛上。下面讨论一些应用于隐形眼镜显示器的相关专利。

图8.49　具有无线压敏传感器的隐形眼镜（来源：Sensimed）

谷歌公司的智能隐形眼镜

2014年1月16日，谷歌宣布，在过去的18个月里一直在研究一种隐形眼镜，这种眼镜可以帮助糖尿病患者持续检测血糖水平。这个想法最初是由美国国家科学基金会资助的，早期本来是交给微软做的。

谷歌X团队一直在与瑞士制药公司诺华（Novartis）合作研发隐形眼镜，这种眼镜可以检测眼泪中的血糖水平。这个眼镜是专门用于医学领域的，最初是专门为糖尿病患者设计的。还有一种眼镜是为了帮助视觉聚焦而设计的（见图8.50）。

用于检测葡萄糖浓度的隐形眼镜将使用微型化芯片、传感器和细如毛发的天线进行测量并传输数据。谷歌甚至还在研制一种LED显示器，它可以在佩戴者的视野内，用于提示低血糖。这实际上是将电子器件嵌入隐形眼镜的另一个例子。还有人建议，另一只眼睛的隐形眼镜镜片可以是自动对焦相机，以帮助佩戴者聚焦。

图8.50　用于测量葡萄糖浓度的隐形眼镜（来源：谷歌公司）

该项目于2014年1月宣布，当时已经进行了18个月。谷歌拥有两项关于智能隐形眼镜的专利，这些智能隐形眼镜具有柔性的电子设备和传感器，能够读取佩戴者眼睛泪液中的化学物质，以确定他的血糖水平是否已降至可能致命的水平。

三星公司的智能隐形眼镜

三星公司于2014年申请了其智能隐形眼镜的专利。2016年4月，韩国政府授予三星公司一项隐形眼镜专利，该隐形眼镜的显示屏可以将图像直接投射到佩戴者的眼睛中[45]。

如图8.51所示，中央为显示单元（32）。靠近边缘的是运动传感器（66）和无线接收器（70），中央处理器（76）在中间下方，摄像头（74）位于左下方。运动传感器（66）可以检测隐形眼镜（30）的运动，即眼球的运动或眼球的闪烁。摄像头（74）可以拍摄眼球聚焦的物体或背景。如果眼球在设定的时间内聚焦在物体或背景上，或眨眼次数等于或大于设定值，则可以操作摄像头（74）。处理过程还需要一个外部设备，即智能手机（见图8.51）。

根据实际应用情况，制约智能隐形眼镜发展的主要因素是其图像质量有限。隐形眼镜可以提供比智能眼镜更自然的方式来提供增强现实（然而可以想象到，当相机基本上隐藏在隐形眼镜中时，关于隐私权的争论将达到一个全新的高度）。

智能隐形眼镜可以让增强现实直接投射到人的眼睛里，同时使其更加隐形。

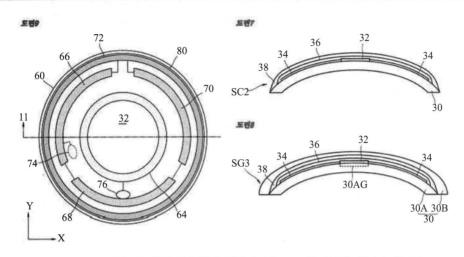

图 8.51 三星公司智能隐形眼镜专利图（来源：三星/韩国知识产权服务）

闪烁的输入类似于谷歌眼镜的功能，用户可以用眨眼来控制拍照，或者可以用智能手机来控制摄像机。

使用隐形眼镜替代普通增强现实眼镜，用户将能够更谨慎地享受增强现实内容。

索尼公司的智能隐形眼镜

索尼公司也为自己的智能隐形眼镜系统申请了专利[46]。与三星类似，他们的计划也是整合摄像头，以便拍摄图像和视频。

这个专利的目的是提供一种能够控制图像采集单元的隐形眼镜和存储介质。

该设计包括：佩戴在眼球上的透镜单元；拍摄物体图像的图像采集单元，该图像采集单元设置在透镜单元中；还有图像采集控制单元（见图8.52）。

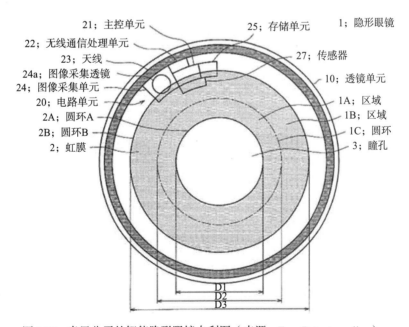

图 8.52 索尼公司的智能隐形眼镜专利图（来源：Free Patents on line）

索尼公司还在其专利中提出，这款相机可以通过眨眼来激活。这项专利并没有过多提及增强现实技术，而是着重于该设备的物理结构及其工作原理。

这种智能隐形眼镜将采用无线供电，但其硬件不仅可以采集图像，还可以将其存储在本地。

智能隐形眼镜：Ocumetics 仿生眼镜

Garth Webb 博士是一名来自英属哥伦比亚的验光师，也是 Ocumetics 科技公司的创始人兼首席执行官，他希望永远淘汰视力矫正眼镜和隐形眼镜。Webb 和他的视觉科学家团队发明了"眼科仿生透镜"，这种装置可以让你在不戴任何隐形眼镜的情况下将实际视力提高 3 倍。据该公司介绍，这款产品经过 8 年的研究和 300 万美元的投资，已经获得了多项国际专利。

这些镜片可以通过时长仅为 8 min 的手术植入。其结果是立即矫正视力，佩戴者永远不会患上白内障，因为隐形眼镜永远不会磨损。当然，该技术还需要不断进行试验。第一款 Ocumetics 仿生眼镜原计划于 2017 年上市，但由于人的眼睛结构要到 25 岁以上才会完全稳定，因此这款眼镜只能供 25 岁以上的人使用（见图 8.53）。

Ocumetics 仿生眼镜创始人 Webb 博士说，这将彻底改变现在眼科护理行业的工作模式，因为即使是 100 岁的病人，戴这种镜片后的视力也可能比现在的任何普通人都好。

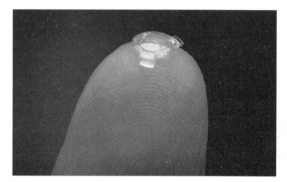

图 8.53　Ocumetics 仿生眼镜能够改善人类视力（来源：Darryl Dyck/Canadian Press）

与目前的隐形眼镜不同，这种仿生隐形眼镜需要通过手术植入。这意味着佩戴者将永远不会患上白内障，这是很显然的，因为他们自身的天然晶状体因为缺少使用而不会退化。

Webb 博士说："如果你只能勉强看到 10 英尺远的时钟，那么当你使用仿生眼镜时，你就能看到 30 英尺以外的时钟。"

从 Webb 最初所开发的原型开始，该设计已经被迭代细化到令他满意的程度，他认为这款镜片将能够开发并交付一些关键的功能应用。这些功能为基础性能和安全性问题提供了平台，而这些则是增强现实最终发展所需要的先决条件。

Webb 博士说，仿生眼镜可以进行适应性调整，以给人提供比眼镜/隐形眼镜/激光屈光手术更好的视力。并且，这种能力不会局限于少数幸运的人，它甚至将成为眼科护理的新标准，普及大众。仿生晶状体有助于减少眼部的退化性改变，其结构上可吸收（缓解）造成外伤时的钝力。

仿生眼镜还可作为替代眼内治疗方法（如疫苗/抗生素/消炎药）的对接平台，也可作为数字投影系统的对接平台，而人眼就变成了收集信息和生成信息的工具。

正常情况下，眼睛会围绕其旋转中心旋转，以分析通过眼球集散点（nodal point）投射到视网膜上的光学图像的细节。由于眼球旋转中心与眼球集散点重合，观察者就能在无须重新校准的情况下收集和比较图像。这是在现实世界中生存的一个非常必要的特性，因为时间延迟可能导致致命的后果。

　　从仿生眼镜射出的光从眼睛的集散点/旋转中心发出，以生成稳定的视网膜图像。使用先进的（但成本可行的）脑电图和电子眼动图，稳定的视网膜图像可以变成流动的动态图像。通过这种方式，可以通过脑电波或眼球运动的输入在视网膜表面扫描形成稳定的视网膜图像。视网膜不是在动态图像上移动扫描，而是由大脑启动的活动引导图像在视网膜表面移动。

　　用于产生"虚拟现实"图像的头戴式设备和眼镜，往往在传递无缝增强体验的能力上有许多限制。作为投影系统的隐形眼镜的出现可能看起来很吸引人，但它们也充满了一些难以避免的限制，这些限制阻碍了这种无缝增强体验的表达。

　　类似地，与现实世界中通用的眼镜和隐形眼镜的缺陷类似，这种外部（非生物体本身的）眼镜将无法提供人们所需的多功能性和无缝体验。

　　同时，作为这个移植过程的一部分，眼睛中的玻璃体也可以被替换掉。这样做就可以避免仿生眼镜接受者在使用激光扫描时，其自身的玻璃体干扰光传输。

　　清除玻璃体残余还将有助于日常的视觉状况。一旦人们习惯了拥有畅通无阻的视力，他们自然难以容忍任何视觉干扰。由于玻璃体位于眼球集散面后方，因此任何时候都可以看到透明质膜的运动。作为观察者，他们已经"学会"忽略这些，除非视觉状况发生了变化。

　　一旦玻璃体开始退化并分解成可移动的组成部分，如果用无菌盐水代替玻璃体，眼睛就不太可能发生视网膜脱离这样的情况。

　　总之，Webb 说，仿生眼镜将为视力正常的人提供其默认模式，而在增强模式下，它很可能成为数字化通信的终极连接方式。

智能隐形眼镜：LED 隐形眼镜

　　2011 年，华盛顿大学的研究人员测试了植入兔子的眼睛里的原型设备[47]。这种隐形眼镜只有 1 个像素的信息，但研究人员表示，这验证了这种设备可以被人佩戴的概念。他们当时推测，最终这种设备可以在佩戴者眼前直接显示简短的电子邮件和其他信息。

　　2014 年 11 月，新泽西州普林斯顿大学的研究人员利用 3D 打印机制造了一种五层的透视聚合物隐形眼镜。隐形眼镜内有量子点（quantum dot）LED 和导线，镜片的最后一层将光线射入佩戴者的眼睛[48]。美国空军资助了这项研究，并希望它也能被检测眼液中疲劳化学生物标志物的传感器所取代，从而向飞行员显示信息，监控他们的健康和警觉性。

　　量子点通过发射层来显示可见的颜色。镜片通过嵌入式天线实现无线供电。它还通过集成电路存储能量，并将能量传输到包含蓝色 LED 的芯片上。

　　此外要注意，华盛顿大学的研究人员并不是第一个提出智能隐形眼镜的人。牛津大学的科学家们也正在研究纳米像素级别的镜片。

8.7.5.4　你能看见什么

　　实现隐形眼镜可能是难度最大的，因为在微型化和能量提供方面，相关技术还面临着巨大的挑战。但更重要的还是其聚焦范围，想想你戴上隐形眼镜，手拿一支圆珠笔或者记号笔在隐形眼镜上画一个点。你不会看到它，因为它根本不在你的聚焦范围内（见 4.1.2 节）。

　　人称"增强现实之父"的 Steve Mann 在一篇文章中评论说，"谷歌眼镜与其他几个类似配置的系统在开发过程中受到同样问题的制约，这个问题 30 年前就存在了，根源是其设计的不对称性，佩戴者的视野显示只针对一只眼睛。这些系统都包含变焦镜头，从而使显示内容看起来像是悬浮在空中的，并且比实际距离要远。这是由于人眼本身无法聚焦距离几厘米内的物体上，所以需要进行光学调整和校正。但是，谷歌眼镜和其他类似系统所采取的措施是应用固定焦距镜头，从而使显示内容看起来更远，但这种方式并不好"[49]。

在增强现实应用中，将隐形眼镜作为其显示设备的想法有点牵强，因为隐形眼镜不能直接作为显示器。这种显示设备必须是一个投影装置，即必须以某种方式把图像投射到你面前，这样你才能集中注意力。

帮助视力有障碍的人

在相当长的一段时间内，像隐形眼镜这种植入物还不会成为正常生活的一部分。我想我们应该还有其他的植入式手段，而不是直接针对眼睛的植入。不能说永远不会，但这将是一个非常巨大的挑战，因为95%的信息都是通过眼睛获取的，因此针对眼睛的直接植入将是人类实验的最终前沿。虽然，目前针对视网膜植入物的实验已经取得了成功。

对于那些患有无法治愈的遗传性眼部疾病，如视网膜炎的人，由于基因突变导致了他们的光感受器失效，最终导致失明。然而，在2015年上市的视网膜植入系统Argus II的帮助下，一些患有这种罕见疾病的患者正在逐步恢复视力。其原理是，当人自身的光感受器失效时，植入眼睛后部视网膜的电极可以替代光感受器向大脑发送电信号。

Argus II系统有两个独立的核心组件：一个是给病人佩戴的摄像头和视觉处理单元，另一个是通过手术植入的接收天线和电极。现在这个系统的分辨率还很低，但它会逐步提高。随着分辨率的提高，这些系统将能使佩戴者感知关于周围环境的附加信息。也许一些视力正常或部分受限的人也会选择并接受它。

8.7.5.5　声音

增强现实设备还必须能够发出合适的声音，以便对环境噪声进行补偿，而要创建基于真实世界的虚拟声音，则需要通过声音反射来实现传播，并允许与环境进行适当的交互。例如：

- 机场仅能提供有限的声音反射，并有非常明显的环境噪声；
- 酒店房间内应该有明显的声音衰减；
- 会议室是带有反射表面的封闭房间；
- 虚拟人发出的声音应该听起来就像是在会议室发言一样标准。

为了应对所有这些不同的情况，增强现实系统必须采用噪声消除、环境建模、位置音频、噪声滤波和混响抑制等技术。

耳机

耳机可以内置在头盔中。耳塞也是一种可接受的方式，能够为智能眼镜或头盔用户提供相当于耳机的音频输入。对于增强现实系统来说，声音是一种必要的能力，特别是当系统在嘈杂的环境中使用时。

骨传导

谷歌眼镜是最早采用骨传导技术（Bone Conduction Technology，BCT）的增强现实设备之一。骨传导技术可以将声音通过颅骨传到内耳，在军事和医学领域的应用有着非常好的前景（见图8.54）。

骨传导装置的扬声器不像传统扬声器那样有可移动的薄膜，而是用一个小金属棒包裹着一个音圈。当电流通过线圈时，磁场导致这个金属棒膨胀和收缩。将其按压至下颚或头骨时，骨头就会变成扬声器。其效果是质量很好的声音，似乎来自于人的头部，而其他人则听不到，但由于耳朵没有被覆盖，用户不会与周围环境的声音隔离，因此不容易受到类似传统耳机所带来的伤害。

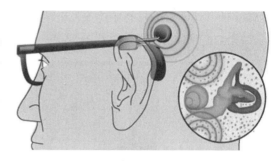

图8.54　骨传导装置能够确保其他人听不到声音（来源：Cochlea.org）

典型的商业例子是Buhelusa生产的SGO5耳机，它有一个内置的双向麦克风，并提供骨传导技术，允许人们在没有耳机或听筒的情况下听电话和音乐。

8.7.5.6　能源和其他问题

将图像投射到人的眼睛里，以及通过相机传感器捕捉图像（在人的眼睛里实现）看起来是一项难度很大的任务。怎样为这些装置提供能源？怎样与之进行通信呢？

射频识别（Radio-Frequency Identification，RFID）是激活此类设备的一种方式[50]，利用了电磁场自动识别和跟踪"标签"，而标签可以贴在现金、衣服和物品上，也可以植入动物和人体内。隐形眼镜上的电线就可以做成这种标签，当外界产生电磁波并激活它时，就可以向它发送信息[51]。这种标签称为无源或半无源的反射功率（调制后向散射）RFID标签，是由Steven Depp、Alfred Koelle和Robert Frayman于1973年在洛斯阿拉莫斯国家实验室（Los Alamos National Laboratory）实现的（见图8.55）[52]。

图8.55　小型RFID芯片与一粒大米的对比图。该芯片可植入消费品或宠物体内，用于身份识别（来源：维基百科）

另一种方式是使用体温作为能量来源。北卡罗来纳州立大学（NCSU）的研究人员开发了一种收集人体热量并将其转化为电能，以便用于可穿戴电子产品的技术。美国国家科学基金会纳米系统工程研究中心的一个重要研究课题是集成于传感器的先进自供电系统（Advanced Self-Powered Systems of Integrated Sensors and Technologies，ASSIST）[53]。轻量化的原型符合身体的形状，比以前的热收集技术能够产生更多的电能。研究人员还发现，上臂是人体获取热量的最佳部位。新设计结构包括一层热传导材料，可附着在皮肤上并散发热量。该材料表面覆盖一种聚合物，以防止热量散发到外部空气中。该设计迫使热量集中到一个微小的，处于中心位置的热电发电机（Thermo Electric Generator，TEG），而未转化为电能的热量通过TEG进入导热材料的外层，从而迅速散发（见图8.56）。

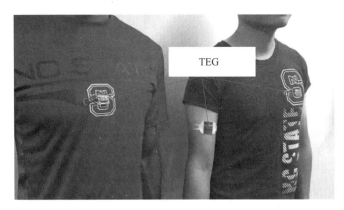

图8.56　嵌入TEG的T恤（左）和臂章（右）（来源：北卡罗来纳州立大学）

北卡罗来纳州立大学的Daryoosh Vashaee教授说："ASSIST的目标是使可穿戴技术能够用于长期的健康监测，例如用于跟踪心脏健康的装置，或者用于监测物理及环境变化以便预测和预防哮喘发作的设备。"

还有一种可行的方法用到了加州大学伯克利分校2016年的一项研究成果。他们成功地将传感器缩小到约有沙砾那么大，并成功将其植入老鼠的肌肉和外围神经中。这些立方体中包含有压电晶体，可以将振动转化为电能，用来为微型板上的晶体管提供电源（见图8.57）[54]。

图8.57　沙砾大小的传感器，长约3 mm，截面为1 mm×1 mm，植入老鼠的神经纤维中。
一旦植入则无须电池传感器供电，数据通过超声波读出（来源：Ryan Neely）

加州大学伯克利分校的研究小组在实验中采用了6个540 ns的超声波脉冲，每100 μs为被动传感器供电1次，这样就可以连续不断地实时读出数据。他们用外科级别的环氧树脂涂敷在第一代微粒上（长3 mm，宽4～5 mm，高1 mm）。目前正在采用具有生物相容性的薄膜封装微粒，这种薄膜可在人体内持续10年或更长时间而不会被降解。

8.7.5.7　隐形眼镜

对增强现实技术的发展设想之一是完全消除传统眼镜，而使用隐形眼镜。但是，你终究不能把隐形眼镜本身作为一种显示屏，因为它超出了你的焦平面。因此，要使用隐形眼镜，它们必须将图像投射到你的视网膜上，就像现在一些头戴式增强设备上所使用的激光扫描设备那样。毫无疑问，这是可能的，但其主要障碍是为设备供电的问题。如果热电或加速度计驱动技术等其他概念不成功，超声刺激的压电电池就很可能是有效的解决途径。

8.7.5.8 增强现实的终极显示

人们可以想象，带显示屏和摄像头的隐形眼镜（如三星和索尼所提出的），与矫正透镜（如Ocumetics提出的）结合在一起[55, 56]，并且包含了健康监测的设备（如谷歌和Sensimed）被开发出来，如果再加上夜视增强功能，如密歇根大学工程学院的研究人员利用石墨烯制作的超薄红外光传感器[57]，将会是什么样的呢（见图8.58）？

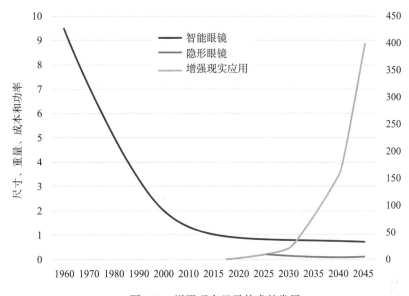

图 8.58　增强现实显示技术的发展

植入隐形眼镜的MicroLED将成为最终的增强现实显示技术。到2035年再回顾，人们可能会把智能眼镜视为"老古董"。

8.8　传感器技术

在增强现实设备中，传感器的数量既可以是1个，也可以是很多个，这主要取决于设备类型及制造商的目标市场（见图4.1）。例如，汽车上的平视显示器可能只有一个传感器，即环境光传感器，以控制投影仪的亮度。而一个功能强大的智能眼镜系统可以有6个或更多，包括光传感器、摄像头、深度传感器（可能会有多个）、气压计、IMU、加速度计、距离传感器和1~2个麦克风），以及最多4个无线电（用于蓝牙、WiFi、GPS和电话网）模块。

所有的传感器都必须是非常必要的，否则增加传感器会占用空间、增加成本和功耗。然而，传感器技术本身就是一项前沿技术研究内容，已超出了本书讨论范围。不过，这里还是要简要介绍一些关键的传感器。

8.8.1　摄像头

为了能够在所有系统中应用增强现实技术，除了车内的平视显示器，还必须有一个摄像头才能看到用户所看到的内容。摄像头的分辨率、速度、颜色深度、大小和重量各不相同，没有标准模式的增强现实摄像头传感器。一些系统采用两个前视摄像头提供立体深度传感，而有些系统还安装了多光谱摄像头来观察红外或紫外线。此外，摄像头还可以用来录音。

增强现实的前视摄像头可用于目标标记与识别，使设备能够根据独特的视觉特征来识别现实世界中的重点目标。目标识别用于自动查找已引起用户注意的目标，以便增强显示有关该对象的信息。

更高级的增强现实设备将使用先进的计算机视觉技术，并将其作为人工智能系统的组成部分。计算机视觉的目标是让计算机实现人类对图像的识别与理解。增强现实正在扩展计算机视觉的应用边界，并试图通过计算机视觉及相关技术来实现这一目标。

8.8.1.1　深度感知

深度感知和三维成像技术都使用摄像头。深度感知可以通过摄影测量及立体三角测量手段来实现，也可以通过发射红外（IR）或紫外（UV）脉冲来完成，还可以通过测量反射所需的时间（Time-of-Flight，ToF，这是一种类似雷达反射的飞行时间技术），或者通过发射一种称为结构光（structured light）的特殊模式来完成。同样，没有单一的解决方案可以服务于所有类型的应用场景。

使用结构光的原理是，三维摄像机上有个投影仪，它主动发出某种模式的红外点光源，照亮环境的轮廓，这就是所谓的点云，当光点离投影仪越远，它们就越大。所有空间点的大小都是通过摄像机算法测量的，不同大小的点表示它们与用户的相对距离。

8.8.1.2　轻量化感知设备

韩国基础科学研究所（Institute for Basic Science，IBS）利用纳米级厚度的石墨烯薄片，研制出了世界上最薄的光电探测器。石墨烯具有导电、薄（只有一个原子那么厚）、透明、灵活等优点，然而，它不像半导体那样普及，所以它在电子工业中的应用有限。为了提高其实用性，IBS的研究人员在两片石墨烯薄片之间夹了一层二维半导体二硫化钼（MoS_2），并将其置于硅基之上。

该器件的厚度仅为1.3 nm，是标准硅光电LED厚度的1/10，可用于可穿戴电子器件（如增强现实）、智能器件、物联网和光电器件等领域（见图8.59）。

IBS的研究人员最初认为该装置太薄，无法产生电流，但出乎意料的是，它确实产生了电流。"一个具有一层MoS_2的器件太薄，无法产生传统的p-n结，正（p）电荷和负（n）电荷被分开，并能产生一个内部电场。然而，当我们在它上面射入光时，观察到较高的光电流。真令人惊讶！由于它不可能是经典的p-n结，我们认为应该进一步研究它，"Yu Woo-jong解释说[58]。

为了进一步了解他们的发现，研究人员将夹有一层结MoS_2和七层MoS_2的器件进行了比较，并测试了它们作为光电探测器的性能，即怎样将光转换成电流。研究人员发现，具有一层MoS_2的器件比具有七层MoS_2的器件吸收的光更少，但它具有更高的光转换率。

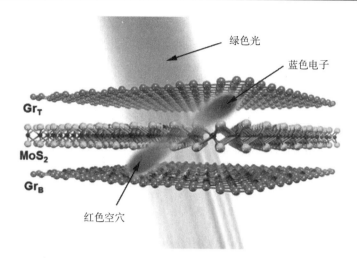

图8.59 在上面石墨烯层（Gr_T）和下面石墨烯层（Gr_B）之间夹有MoS₂层的器件。光（绿色）被吸收并转换成电流。当光被该器件吸收时，电子（蓝色）跃迁到更高的能量状态，在MoS₂层产生空穴（红色）。电子势差引起空穴和电子的运动（来源：IBS）

"通常光电流与光吸收率成正比，也就是说，如果设备吸收更多的光，它会产生更多的电能，但是在这种情况下，即使一层MoS₂器件的吸收率比七层MoS₂更小，它也会产生七倍多的光电流，" Yu Woo-jong 说。

为什么较薄的器件比较厚的器件更有效呢？研究小组提出了一种机制来解释这种情况。他们认识到，光电流的产生不能用经典电磁学来解释，而是可以用量子物理学来解释。当光照到器件上时，来自MoS₂层的一些电子跃迁到激发态，它们流过器件时产生电流。然而，为了通过MoS₂和石墨烯之间的边界，电子需要克服能量势垒（通过量子隧穿），这就是单层MoS₂器件比更厚的器件有优势的地方。

研究人员说，由于这种器件透明、柔性，而且比当前的三维硅半导体所需的功率更小，因此它可以加速推动二维光电器件的发展。

8.8.1.3 轻薄传感器需要薄透镜

世界上最薄的镜头，其厚度只有人类头发直径的千分之一，这为灵活的计算机显示器和微型摄像头的革命打开了一扇大门。

澳大利亚国立大学堪培拉校区和威斯康星大学麦迪逊校区开展合作研究的人员发现，单层二硫化钼（MoS₂）的单分子层L具有巨大的光程长度，大约比另一种单层材料石墨烯的大10倍。虽然这看起来像是一个深奥的结果，但它对光子学却有着非常实际的影响。正如研究人员已经证明的，仅使用少量MoS₂单层膜就可以制造出研究人员所称的"世界上最薄的光学透镜"，厚度只有6.3 nm。研究人员制作的凹型MoS₂透镜的直径约为20 μm，在535 nm波长条件下计算出的焦距仅为248 μm。

澳大利亚国立大学的首席研究员Larry Lu博士认为这一发现取决于于二硫化钼晶体的巨大潜力。"这种材料是未来柔性显示器的理想选择，"澳大利亚国立大学工程研究院纳米机电系统实验室主任Lu博士说。

还可以使用微透镜阵列来模拟昆虫的复眼。"二硫化钼是一种神奇的晶体，"Lu博士说。它能在高温下存活，是一种润滑剂，一种优良的半导体，还能发射光子。

在原子尺度上操纵光流的能力，为光学元件的空前小型化和先进光学功能的集成开辟了一条激动人心的道路。

二硫化钼是一类被称为硫系玻璃的材料，它具有柔性的电子特性，很适合用在高科技器件中。

Lu博士的研究团队用6.3 nm厚的9个原子层制作了镜头，这是他们用胶带从一大块二硫化钼上剥离下来的。

然后他们制造了一个半径为10 μm的透镜，用聚焦的离子束将这些层逐个原子地刮掉，直到形成透镜的圆顶状。

研究小组发现，0.7 nm厚的单层二硫化钼具有显著的光学特性，当入射光束直径为38 nm时，一束光的直径是它厚度的50倍。这种特性被称为光程长度，它决定了光的相位，并决定光传播时的干涉和衍射特性。

"一开始，我们无法想象为什么二硫化钼具有如此惊人的性质，"Lu博士说。

这项研究的合作者、威斯康星大学麦迪逊分校的助理教授Zongfu Yu开发了一种模拟装置，表明光在穿过高折射率的晶体层之前会来回反弹很多次。

二硫化钼晶体的折射率（用来量化材料对光的影响强度的性质）高达5.5，相比之下，大家都认为钻石的折射率很高，所以看起来才会闪闪发光，但钻石的折射率也只有2.4，而水的折射率才是1.3。

8.8.2　定位、跟踪和导航传感器

知道你在哪里是增强现实中最重要的支撑功能之一。如果系统不知道你在哪里，那么它怎样才能及时识别事物并提供潜在的关键任务信息呢？然而，它怎么才能知道你在哪里呢？在前面几节中描述了几种方法。

正如智能手机（也可以是增强现实眼镜）可以"知道"你在哪里，专用的增强现实设备也可以做到这一点，例如可以利用GPS，利用手机蜂窝基站进行三角测量，利用加速度计，利用基于磁力仪的罗盘，以及其中几种仪器的复杂组合。

在执行关键型任务时携带军用头盔的情况下，其位置数据可以来自飞机、船只或坦克上复杂的多重传感器和无线电定位手段。

精确定位需要精确的位置基准，然后进行高分辨率的增量测量，直到获得下一个准确的定位。例如，同步定位与建图技术提供了一种稳定的测量手段，但是随着时间的推移，它的误差积累和尺度模糊会导致越来越不精确的定位结果。克服这个问题的关键是，将感兴趣的对象预定义为三维模型（一般而言，以用户所在位置为参照），即将其作为先验知识（例如基于模型的跟踪）用于跟踪过程。这将会使定位结果非常准确和稳定。

这种方法称为基于模型的解决方案，依赖于预先构建的三维特性映射。位置和方向的组合称为物体的位姿，尽管这个概念有时仅用于描述方向参数。通过将图像提取的二维特征与地图的三维特征进行匹配，在线估计摄像机的姿态。

8.8.3 惯性测量单元

惯性测量单元（Inertial Measurement Unit，IMU）是一种传感器阵列，利用加速度计和陀螺仪（有时也包括磁力仪）的组合来测量和输出物体的比力（specific force）、角速度（angular rate），有时还包括物体周围的磁场。它经常被用于感知、计算和输出物体的比力和角速度。此类传感器提供6 DOF：3个加速度计彼此成直角设置，这样可以在3个轴上独立测量平移和转动。

3个陀螺仪相互成直角，因此可以在每个加速度轴上测量相应的角速率（见图8.60）。

惯性测量单元是增强现实设备跟踪用户的移动、位置和注视所必需的器件，这样才能动态地调整，以适应应该呈现给用户的图像或信息。

惯性测量单元在获取用户正确位置和方向，使其能够看到正确图像方面起着关键作用。在增强现实设备上，摄像头与惯性测量单元的位置并不完全相同，因此，它是从另一个略微不同的位置和角度来"看"世界的。这种差异虽然很小，但可能足以使视图中的虚拟对象看起来有些错位，或者可能变形。摄影测量软件必须

图 8.60 IMU 的部分工作原理是检测 x，y 和 z 轴上俯仰、横摇和偏航的变化（来源：维基百科）

实时对此进行补偿。器件之间的距离可以被认为是外部参数，该参数表示从三维世界坐标到三维摄像机坐标的坐标系变换。

8.8.3.1 微机电系统

采用微机电系统（Micro-Electro-Mechanical System，MEMS）构建的惯性测量单元被用作陀螺仪，用于从最初已知的位置跟踪设备的相对运动（两轴方向）。

MEMS由大小在 $1 \sim 100$ μm（即 $0.001 \sim 0.1$ mm）范围内的部件组成。它们通常由一个处理数据的中央处理单元（微处理器）和几个与环境交互的组件（如微传感器）组成。MEMS器件的类型可以从没有移动元件的相对简单的结构，到集成微电子控制下的具有多个移动元件的极其复杂的机电系统。

每种类型的MEMS陀螺仪都有某种形式的振动元件，可以从中检测加速度，从而检测方向变化。这是因为，根据运动守恒定律，振动物体喜欢在同一平面上继续振动，任何振动偏差都可以用来推导方向的变化。这些偏差是由科里奥利力（Coriolis force）引起的，科里奥利力与振动物体正交。

通常，基于MEMS的惯性测量单元在智能手机、平板电脑以及一些增强现实设备中都有。

8.8.4 触觉反馈

触觉是一种与计算机和电子设备进行交互的方法，它被定义为主动的感觉或者被动的触觉。通常，它表现为从计算机或电子设备接收到的振动或其他触觉。

触觉反馈（Haptic feedback）通常简称为"触觉"，是指在用户界面设计中以触觉形式向最终用户提供相关体感信息。这通常是以设备振动的形式出现的。该设备可以是游戏控制器，也可以是移动设备（如智能手机或平板电脑）上的触摸屏，以表示按下了触摸屏上的按钮。在这个例子中，当用户激活屏幕上的控制时，移动设备会轻微地振动，从而弥补了用户按下物理按钮时应该具有的正常触觉反应。

在计算机和游戏机的外设中，有像力反馈控制器这样的触觉设备，在虚拟现实系统中也使用类似的控制器。

然而，一个成功的面向消费者的增强现实系统的标准之一，就是要不容易引起其他人的注意。那么，在这种情况下用户如何与之交互呢？手势当然是一种方式（见4.1节），但在公共环境中会令人尴尬（想象在一个拥挤的机场，人们在自己的眼镜前面挥手的场景）。

另一种方法是语音（见8.10.1节），另外还有眼动跟踪方法（见8.10.3节）。

如下所述的由薄膜材料制成的触觉装置，不仅让人具有反馈的体验，而且能够接受输入。想象一下，佩戴一个装饰性的低调腕带，佩戴者可以不为人知地点击它以更改菜单或直接查询，这种场景应该能被大多数人所接受。

8.8.4.1　薄如睫毛的触觉反馈器件

张启明（Qiming Zhang）是美国宾夕法尼亚州立大学电气工程与材料科学与工程专业杰出教授。他是电活性聚合物和纳米复合材料的发明者，其应用领域包括人造肌肉、传感器和致动器、能量存储和转换等。2006年，他们与合作伙伴Ralph Russo（正式就职于苹果）一起，基于在宾夕法尼亚州立大学开发的专利技术，创立了Strategic Polymer Sciences公司，并开发了一种基于薄膜的致动器（由30～50层薄膜和电极组成），它非常类似于电容器，但具有神奇的特性——可以移动（见图8.61）。

图8.61　一个10 mm × 10 mm，只有150 μm 厚的致动器（来源：Novasentis）

该装置的频率范围为0 Hz～20 kHz，响应时间< 10 ms，工作电压范围为100～212 V。由于该公司过于雄心勃勃，但是早期没有合适的制造生产能力，直到2015年又重新启动研制，并将公司更名为Novasentis。目前，该公司已拥有一流的供应链和制造合作伙伴。该公司实际的设备几乎可以做成任何尺寸和形状，但为了使产品通过验收并进入生产系统，公司决定使用10 mm × 10 mm的垫片。这个垫片可以是一个按钮（或者一组按钮），可以嵌入游戏控制器中，汽车方向盘中，增强或虚拟现实应用所配手套的手指中，还可以嵌入可穿戴设备的腕带中。

该公司认为，通过巧妙的波形设计，它可以产生数百种独特的物理签名，客户更有可能选择20种不同的触觉反馈形式，几十种不同的纹理和其他更细微的感觉。由于该装置质量小，而且它的工作频率在100～20 kHz范围，你还可以让它在反馈时发出声音。

韩国高级科学技术研究所（Korea Advanced Institute of Science and Technology，KAIST）也对用于触觉反馈的聚合物进行了类似的研究。

KAIST的研究人员开发了一种由单原子厚度（single-atom-thick）的碳层组成的电极，以帮助人们制造出更耐用的人造肌肉[59]。

离子聚合物金属复合材料（Ionic Polymer Metal Composite，IPMC）通常称为人造肌肉，是一种电活性聚合物致动器，在电场的刺激下，其大小或形状会发生变化。IPMC因其在受自然启发的机器人（如由鱼鳍驱动的水下机器人）和残疾人康复设备中的潜在用途而得到了许多关注和研究。

一个IPMC"马达"或致动器是由两个金属电极之间拉伸的分子膜形成的。当电场作用于致动器时，离子在薄膜中的迁移和重新分布导致结构弯曲。IPMC执行机构以其低功耗，以及在低电压下的结构弯曲和模仿自然环境中的运动的能力而闻名（见图8.62）。

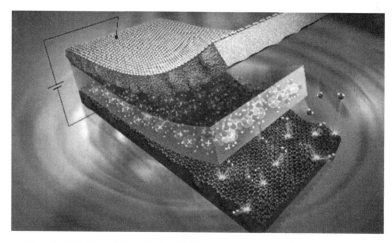

图8.62 离子聚合物–石墨烯复合材料（IPGC）致动器或"马达"示意图。
当施加电场时，离子的重新分布会导致其结构弯曲（来源：KAIST）

研究人员承认，石墨烯电极还面临很多挑战，要充分发挥石墨烯电极的潜力并实现其商业化应用，还需要更多的研究工作。他们计划进一步提高致动器的弯曲特性、存储能量的能力和有效功率。

8.8.5 地震预测传感器

氡（radon）的释放已经被确定为地震预测的一个可能的标记物，时间可以提前2~3天。2015年，两名韩国研究人员发表的一篇论文提出，氡和钍（thoron）的探测可能是一个前兆[60]。

在2017年的全球消费电子产品大会（Consumer Electronics Conference，CES）上，初创公司Rium推出了一款口袋大小的氡探测器。该公司声称，他们的仪器不仅能区分射线粒子类型（α、β和γ射线），还能区分放射性同位素（氡、铀和铯等）。根据这些探测信息将能追踪其放射源（可能来自自然界、工业应用或医疗设备）并实时准确测算其对健康的影响。

氡是一种天然的地下物质，对人体健康有害。如果在氡放射源之上建造了房屋，那么必须有适应这种情况的特殊通风设备，要么就必须废弃。

在韩国进行的这项研究中，研究人员建议在洞穴中放置氡-钍探测器（以阻挡背景干扰）。Rium公司提出，这种技术可以与发射器实时相连，向用户的手机和增强现实系统进行广播。口袋大小的氡-钍探测器可以是家庭或建筑工地检查员工具包的一部分，并可以与增强现实系统相结合。

8.9　有标记与无标记的跟踪技术

增强现实的一个关键问题是运动跟踪和地理定位，即必须实时知道你在哪里。为了实现这一目的，人们考虑了许多种传感器：机械设备、超声波设备、磁传感器、惯性设备、GPS定位芯片、罗盘等，当然还有光学传感器[146]。这个问题一直困扰着增强现实的实际应用，目前仍没有统一的解决方案，但随着相机传感器变得更小、分辨率更高，基于视觉的定位技术变得成本更低，这再次得益于智能手机销量的爆炸式增长。

增强现实应用的前提是首先精确计算相机在三维空间中的位置，又称为"位姿"，即6 DOF的位置。而位姿通常包括相机的位置和方向，即辅助相机确定它在三维空间中的位置和方向（注视）。微软称之为"由内向外"的跟踪。

6 DOF是指相机或刚体在三维空间中的位置（3 DOF）和方向（3 DOF）。如图8.63所示，位置关注的是沿着3个坐标轴的平移，包括前后平移、上下平移和左右平移；方向关注的是围绕3个坐标轴的旋转，即俯仰（pitch）、偏航（yaw）和横滚（roll）。

获取位姿或6 DOF（许多开发人员喜欢使用这种说法）信息，是指使用惯性传感器（加速度计、陀螺仪）或位置传感器（罗盘、磁力仪、GPS定位芯片、气压计、高程仪，甚至WiFi芯片）数据，以及移动电话无线电定位技术，以合理的精度获取观察者当前的位置及观察参数。

最常用的方式是通过视觉手段，使用预定义的，即已知的基准标记来辅助跟踪过程，以实时获取设备的当前位置。

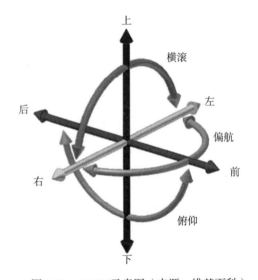

图8.63　6 DOF示意图（来源：维基百科）

可以将基于视觉手段的跟踪划分为两大类：一类是基于先验知识的跟踪方法，如基于场景中识别出的已知模型的跟踪；另一类是基于非特定特征的跟踪方法，如基于场景中提取的特征点的跟踪。

依据是否需要同步重建周围环境三维结构，可以将基于非特定特征的跟踪方法进一步细分为三类：第一类是仅以跟踪为目的的方法；第二类是同步定位与建图（Simultaneous Localization and Mapping，SLAM）方法；第三类是可扩展方法。当然，基于所提取的特征类型，还可以从另外的角度将基于非特定特征的跟踪方法划分为两类：一类是基于自然特征的跟踪方法，如图像中亮度变化剧烈的角点；另一类是基于动态复杂特征的跟踪方法，如跟踪某些自然特征的组合，或者场景中的运动目标等。

在具体实现跟踪的过程中，系统可以预先保存已构建的周围环境地图，并将其作为下次跟踪定位的先验知识，因此上述划分方法都是相互依存的，各种跟踪方法可以交叉使用。基于自然特征的跟踪方法属于基于非特定特征的跟踪方法，由于这种方法无须对场景进行预先设置，其应用范围具有一定的普遍性，但一般也需要对跟踪结果进行初始化，例如确定场景跟踪的尺度信息等。

此外，也有一些基于自然特征的跟踪方法，需要在跟踪前通过学习手段事先输入周围环境地图信息，因此这种方法应该属于基于先验知识的跟踪方法。

8.9.1　特征和基准

在基于特定目标的增强现实技术中，比如智能眼镜（而不是 HUD），确定相机姿态的最常见、最基本的方法是使用已知的基准标记（通常是正方形、黑色和白色的图案，它们编码形成关于覆盖图形所需的信息），然后应用基于视觉的跟踪方法。已知标记的位置与摄像机校准，一起用于生成精确覆盖显示器的三维图形。

使用图 8.64 所示的已知标记，通过增强现实设备携带的摄像头，根据设备所"看到"的内容，利用跟踪功能，实时估计设备的当前姿态（见图 8.64）。

标记（Marker）又称为标识，是计算机视觉中的一个常见术语，维基百科将其定义为"关于解决某个应用程序的计算任务的信息片段"[61]。

图 8.64　典型增强现实标记图案

由于其预定义的形状和模式，标记很容易被检测到，并定位在感兴趣的目标或附近，它们被广泛用于快速、廉价的位姿计算中。黑白方块的高对比度使得检测更容易，因此采用 4 个已知的标记点就能使摄像机姿态的计算更明确。

针对基准标记的跟踪也为跟踪过程增加了明显的稳健性，特别是在恶劣的光照条件下，或当摄像机远离跟踪图像时。

有各种基于视觉的姿态估计方法，并且越来越复杂，随着时间的推移不断得到发展。

上述已知标记通常是一个平面的物体。然而，实际上它也可以是一个三维对象，其几何和外观模型可用于增强现实应用程序的跟踪和定位。在未知环境中跟踪相机的姿态是一个挑战，为了应对这个挑战，已开发出 SLAM 技术，实现了未知环境下的移动设备上的增强现实体验。

8.9.2　使用标记的自然特征跟踪

如上文所述，基准标记是一种很容易检测的特征，可以将其有意地放置在场景中，也可以自然地存在于场景中。自然特征跟踪（Natural Feature Tracking，NFT）的概念是指识别和跟踪某个场景，而不是故意在场景中放置标记。NFT 是指使用嵌入自然图形场景中的标记来增强视图中的跟踪点和区域。例如，可以使用一座著名的雕像、一座建筑或一棵树。其实际结果可以是看似无标记的跟踪（因为用户可能不知道这些是标记）。

使用NFT方法比完全采用SLAM方法跟踪的计算成本低，而且对移动设备而言更实用。但是，在实际应用场景中，总是可以明确区分的特定标记的数量有限。因此，如果需要跟踪大量的图像，使用SLAM或基准标记可能会更有效。

8.9.3　SLAM——无标记的定位跟踪方法

增强现实应用的一个重要组成部分是知道你在哪里，你周围是什么。实现这个功能的支撑技术之一是同步定位与建图（SLAM），设备通过该系统和进程创建其周围环境的地图，并在地图中实时定位自身。

SLAM从未知环境开始，通过该方法，增强现实设备试图生成周边环境的地图，并在地图中定位自己。通过一系列复杂的计算和算法，利用IMU传感器数据构造未知环境的地图，同时利用它来确定自身所处的位置（见图8.65）。

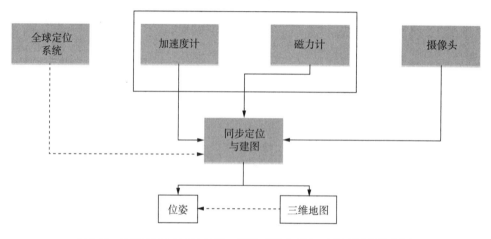

图8.65　IMU与SLAM的关系，以及获取位姿与三维地图的流程图

对于一些室外应用，由于高精度差分GPS传感器，几乎完全无须使用SLAM。从SLAM的角度看，可以把这些传感器当成位置传感器，它们的可行性如此之高，以至于完全无须干预。

然而，为了使SLAM能够正常工作，系统需要创建一个预先存在的周边环境地图，然后在该地图中对自身进行定位，并不断调整优化（见图8.66）。

图8.66　使用SLAM技术，通过增强现实设备的摄像头和陀螺仪等定位设备为视野中的对象分配坐标

利用SLAM建立姿态有几种方法。一种方法是使用关键帧的解决方案，它可以帮助构建一个房间大小的特定场景三维模型，该系统的运行需要计算密集型的非线性优化，称为光束平差（bundle adjustment），以确保模型生成的准确性高。基于高性能并行处理器（适用于使用相同指令并且针对很多数据的场合），如GPU处理器，能够显著改进这种优化算法，以确保在移动设备上能够实时、平稳地运行。

在快速运动过程中，增强现实系统中经常出现跟踪失败的情况。为了从这种跟踪故障中恢复，系统需要一个重新定位过程，以便在图像模糊或损坏时快速计算相机的近似姿态。系统还必须为应用程序提供一个三角化的周边环境三维网格，以提供与真实场景进行融合的增强现实体验。

无标记位置跟踪并不是一个新概念，Mann在早期工作（Video orbit）中就对无标记的增强现实跟踪进行了探索研究[62,63]。无标记的视觉跟踪也可以和基于陀螺的跟踪方法相结合[64]。

在无标记的增强现实应用中，寻找相机姿态的问题需要强大的处理能力，需要更复杂的图像处理算法，如视差映射、特征检测、光流、对象分类、实时高速计算等。

Sanni Siltanen在他为芬兰VTT技术研究中心撰写的研究报告[65]中提出了一个简单的增强现实系统框图，该框图已被业界所广泛采用，在这里稍加修改以简化。

如图8.67所示，采集模块从相机传感器采集图像；跟踪模块计算虚拟对象叠加的正确位置和方向；渲染模块使用计算好的姿态将原始图像和虚拟对象融合起来，然后在显示器上渲染增强后的图像（见图8.67）。

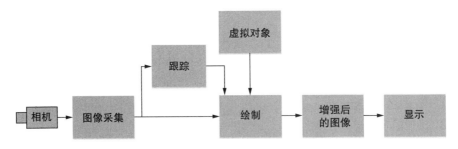

图8.67　带有跟踪功能的增强现实系统流程

跟踪模块是非平视显示增强现实系统的"心脏"；它可以实时计算相机的相对位姿，在始终处于视觉处理状态的增强现实系统中非常关键。注意，在这里，"总是处于视觉处理状态"并不等同于简单地用增强现实设备进行拍照。例如，谷歌眼镜没有视觉处理能力，但可以拍照。

关于跟踪系统的更详细处理流程如图8.68所示，该图细化了视觉处理部分。典型增强现实设备框图如图7.3所示。注意，在图8.67和图8.68中用黑体字进行了标注，以说明相互匹配的组件。

为带有CPU、GPU、DSP和ISP的智能手机而设计的SoC通常也可以应用于增强现实系统，用于进行视觉处理。然而，它们的速度可能还不够快，因此，Cognivue和Synopsys等公司已开发了基于现场可编程门阵列（Field Programmable Gate Arrays，FPGA）的定制化专业视觉处理器，以减少处理时间并加快关键算法的执行。

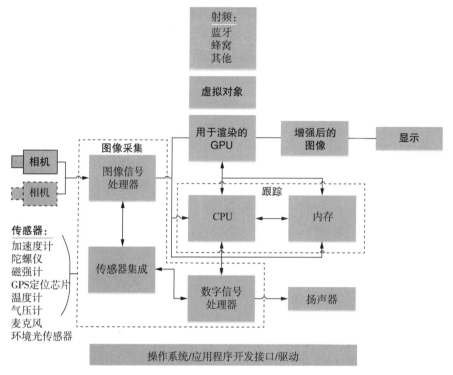

图8.68　带有跟踪功能的增强现实系统的更详细处理流程

关键任务型的增强现实系统，需要快速的数据更新和图像采集能力，从传感器到显示只能容忍50 ms延迟：采集阶段通常需要17.7 ms，渲染阶段将消耗23.3 ms，而跟踪部分只剩下10 ms，这确实不够多，或者说非常不够。

专门处理跟踪问题的视觉处理器通常可以在2 ms内处理完数据。

基于标记的系统的配置要求较低，但不适用于大部分场景（如室外跟踪），而无标记跟踪则依赖于识别自然特征和基准标记。

增强现实系统使用传感器进行跟踪和定位（如GPS定位芯片）；或采取混合方式，如GPS定位芯片和MEMS陀螺仪用于位置计算，而视觉跟踪用于方向计算。

然而，针对关键任务的增强现实系统往往需要使用一些其他的跟踪方法。解决方案通常是使用视觉跟踪方法来估计相机的姿态（基于相机的跟踪、光学跟踪，或自然特征跟踪）。

随着自然特征跟踪（Natural Feature Tracking，NFT）技术的发展，跟踪与配准变得越来越复杂。使用NFT算法的无标记增强现实应用最终将被广泛采用，然而NFT需要大量的计算处理，并且必须在50 ms或更短的时间内完成。

在NFT中肯定涉及所谓的特征点检测（Interest Point Detectors，IPD），即在跟踪之前必须先检测特征点或角点。通常使用OpenCV图像处理库中的算法，如Harris角点检测、GFTT、FAST等算法程序。

FAST（Features from Accelerated Segment Test）算法一直是移动应用程序的首选，因为它对处理器性能的要求更低，但在准确性和精确性方面不一定是最好的。

　　移动增强现实（以及机器人领域）还涉及使用基于随机样本一致性（RANdom SAmple Consensus，RANSAC）策略的姿态估计算法。随机样本一致性是一种迭代方法，用于从包含异常值的一组观测数据中估计数学模型的最佳参数。

　　生成用于匹配的特征描述符是最消耗处理资源的地方。一个典型例子是采用尺度不变特征变换（Scale-Invariant Feature Transform，SIFT），这是一种在计算机视觉中用于检测和描述图像局部特征的算法。

　　SIFT通常用作衡量特征检测/提取算法性能的基准。在运行SIFT程序时，CPU本身通常会经历长时间的处理延迟，而使用GPU加速可将速度提升5~10倍。专门的跟踪处理器通常可以产生50倍的性能提升，并且在单位功耗的处理性能方面通常要好上100倍。

　　从图像采集到显示（眼镜）的实时性能考虑，延时需要控制在50 ms以内，因此特征检测、跟踪匹配必须为10 ms（或更少），低功耗运行时应小于5 ms。

　　对于"始终开启"的移动增强现实应用，当前的NFT处理技术需要在能耗比（性能/功率）方面提升100倍以上，才能确保1 M像素传感器的处理能力。有些SLAM算法经过精心优化设计可在移动设备上运行，而这些设备需要高效利用计算处理能力、内存和电池寿命。图8.69是在安卓手机上安装三维传感器的示例。当然，这种配置将是短期的，因为智能平板电脑和手机将逐渐把三维传感器直接集成到硬件中。

图8.69　安装在安卓手机上的外置三维传感器（来源：Van Gogh Imaging）

　　可穿戴增强现实程序需要达到这种性能，才能实现高效的、不间断的增强现实和视觉应用。

　　因此，增强现实智能眼镜制造商必须在性能与部件成本之间很好地权衡，增加一个额外的视觉处理器可能会增加生产成本，从而使设备失去竞争力。

8.9.3.1　基于GPS的无标记跟踪

　　无标记的增强现实应用通常使用智能手机的GPS功能来定位，并实现与增强现实资源的交互。需要说明的是，*Pokémon GO*并没有使用SLAM，而是依靠手机自身的追踪定位功能，因此*Pokémon GO*的增强现实应用在没有陀螺仪的设备上将无法正常工作。

8.10　增强现实系统中的用户界面

如前文所述，增强现实显示器有4种基本类型：（智能）眼镜、头盔、平视显示器和隐形眼镜，而每一种类型都有不同的交互方式和人机接口。

智能眼镜使用手势、语音、触摸眼镜侧面等操作，在某些情况下还可以采用眼动跟踪交互。头盔则采用触碰、声控等方式，在一些军用头盔的应用试验中，也采用了眼动跟踪方式。还有一些头盔只有平视显示器，无须交互或不支持交互。平视显示器通常不具有交互能力，主要用于显示车辆或飞机导航中的速度计等信息，如果需要控制，通常是通过控制面板或触摸屏来完成的。隐形眼镜目前仍处于试验阶段，可能会使用手势和声音，也可能集成眼动跟踪方式。

增强现实系统中使用的交互手段是开发者关注的主要领域之一，目前还不存在任何标准，尽管有一些大家共同遵循的概念，如从智能手机领域发展起来的触屏技术。由于各种应用程序的独特性，不太可能建立单一的公共术语表，正如个人计算机、智能手机和平板电脑的图形用户界面（Graphics User Interfaces，GUI），因操作系统、平台和浏览器供应商的差异而不完全相同。

此外，针对个人的用户界面应该能够通过使用真实的物理对象和工具，提供与真实世界的直接交互。这类界面有3种非排他性的可能性[66]：

- 协同增强现实界面，包括使用多个显示器来支持远程协同和本地协同的活动（也可认为是远程呈现）；
- 混合界面，即融合不同类型的交互界面，但主要还是限于互补性的人机接口，并且具备通过多种交互设备进行交互的可能性；
- 多模态增强现实界面，将真实物体的输入与自然交互语言或行为（如说话、触摸、自然手势或凝视）相结合。

这些类型属于自然用户界面（Natural User-Interfaces，NUI）。自然用户界面实际上并不可见，但是非常有效，并且在用户不断学习越来越复杂的交互方式时仍不可见。声音、手势和眼动跟踪都是典型例子。NUI仍在不断发展中，下文将详细讨论。

自从20世纪90年代以来，自然用户界面一直是个非常活跃的讨论话题。在此期间，增强现实领域的先驱Steve Mann利用他所设计的与现实世界的自然交互方式，创造了几个典型的用户界面的概念原型。他当时在寻找命令行界面（Command-Line Interfaces，CLI）和新兴GUI的替代品。Mann将这项工作称为"自然用户界面"、"直接用户界面"和"无隐喻计算"[67]。Mann使用"自然"一词，既指这是人类用户自然产生的行为，也指使用（产生）这些行为本身也是自然的，即物理学（自然哲学）和自然环境的使用[68]。

8.10.1　语音控制

与增强技术和虚拟现实技术一样，语音控制的概念在日常词汇中已经存在了很长一段时间，许多人认为他们知道语音控制是什么，用来做什么。能找到的关于语音识别的最早参考文献是Isaac Asimov（1920—1992）的短篇小说 *Little Lost Robot*（《小失落的机器人》），1947年

3月发表在 *Astounding Science Fiction* 上[69]。在书中，物理学家 Gerald Black 用命令的语言告诉 Nestor-10（一个由于修改了第一定律而"迷路"的机器人），而 Nestor-10 则按照字面上的命令，躲在了62个看起来一模一样的机器人中间。

最早的基于计算机的语音识别系统是 Audrey，这个"自动数字识别器"是由 K. H. Davis，R. Biddulph 和 S. Balashek 于1952年在贝尔实验室研制开发的[70]。这个系统只能理解数字（因为语言识别的复杂性），而且只能由一个人来操作。现在，对于电话技术研究企业来说，识别电话号码是一项可以轻松实现的目标。

十年之后的1962年，IBM 在世界博览会上展示了其研制的"鞋盒"（Shoebox）机器，它能理解16个英文单词[71]，这项工作主要是受到了两部文学作品的启发：一部是 Gene Roddenberry 的 *Star Trek*（《星际迷航》）[72]，从1966年9月8日开始在美国国家广播公司播出；另一部是1968年由 C. Clarke 创作的 *Space Odyssey*（《太空旅行》），其中有个名为 HAL 9000（启发式程序化演算计算机）的人工智能计算机[73]。

那时，计算机能够（或终将能够）理解人类的想法，已经在人们的常识中根深蒂固，即使在当时这些还都是无法实现的。

语音识别软件领域早期的重大进展是由美国国防部高级研究计划局（DARPA）在20世纪70年代取得的，该部门在1971至1976年推动了语言理解研究（Speech Understanding Research，SUR）计划，这是当时历史上语言识别领域最大的任务，资助由卡内基梅隆大学开发的 Harpy 项目，其目标是理解1000个单词，涵盖从婴儿到3岁幼儿之间所用的词汇[74~76]。

语音识别在2015年取得了巨大进步，在智能手机和家用电器上出现了自主语音系统。到2016年语音识别被认为是一个已经解决的问题。然而，仍有很多工作要做，将识别软件从云计算（智能手机和移动联盟将其带入云计算）转移到一个具有独立系统的移动设备将是之后的一个挑战。尽管如此，始终保持在网连接（通过移动网络或 WiFi）的想法简化了这个问题，语音识别被认为是许多增强现实系统不可或缺的组成部分。不过，常用词汇的识别问题仍然存在，就像手势识别问题一样。

具有自动语音识别（Automatic Speech Recognition，ASR）功能的增强现实智能眼镜可用于帮助残疾人。相关研究已经在视听语音识别（Audio-Visual Speech Recognition，AVSR）领域中展开，它结合了音频、视频和面部表情来捕捉叙述者的声音。增强现实技术和视听语音识别技术正在被应用于研制一种新系统，以帮助聋人和听力障碍者[77]。

这样的系统可以将讲述者的演讲立即转换成可读的文本，并直接显示在增强现实显示屏上，还可以帮助聋人阅读讲述者的演讲，从而实现其他人无须学习手语就能与聋人交流。

应用 AVSR 技术的实践结果表明，该系统在噪声环境下的识别精度得到了明显提高。聋人表示，他们对将这种系统作为便携式助手与人交流非常感兴趣。

尽管如此，人们可能还是不想用声音来激活他们的增强现实眼镜——这太公开，也太分散注意力了。然而，也有人会问，这与现在看到的人们走在大街上用智能手机打电话聊天有什么不同（过去只有疯狂的人才会和隐形人聊天）？

克罗诺斯标准组织（Khronos standards organization）总裁、英伟达（Nvidia）公司副总裁 Neil Trevett 开玩笑地说，增强型眼镜还需要增加一个外设，就是手腕触摸板，因为这样你可以通过随意滑动和点击来使它工作。

可以把这种新的输入设备称为"用于触摸指令和体验触觉的手腕激活器"——或者直接叫"手表"。

Trevett还提出了一个关于佩戴可记录日常活动增强现实眼镜所导致的社会问题。"如果和你谈话的人能记录下你的一举一动,你会怎么做呢?"也许上面会有个红色的记录提示灯,但是无论好坏,无处不在的信息捕获能力终将会到来,社会也将会想好如何来应对它。

人们(聪明且懂技术的人)会戴上有强光LED灯的眼镜,看到其他人也戴着增强现实眼镜时,就可以激活自己的LED灯,以屏蔽对方眼镜的传感器。这就好像开车人用远光灯对付对向车道的车灯一样,最终将对方"致盲"。

8.10.2　手势控制

手势控制将手势作为信息交流和控制增强现实系统的手段,这为人机交互提供了一种非常具有吸引力,并能替代笨重界面设备的方式,因为手势可以帮助你达到轻松自然的交流状态。

在影片 *Minority Report*(《少数派报告》)中已普及了手势控制的概念。该影片改编自 Philip K. Dick 的同名短篇小说[78],其中部分内容讲述的是演员 Tom Cruise 在一块透视屏幕前挥手的情节,所设计的这个概念是 John Underkoffler(1967—)在1999年麻省理工学院媒体实验室时提出的(见图8.70)[79]。

图8.70　影片 *Minority Report* 普及了手势控制的概念(来源:Twentieth Century Fox)

最早的基于计算机的手势识别系统使用了一种数据手套(又称联网手套或赛百手套)。早期的手套原型有 Sayre 手套(Sayre Glove,1976年),以及麻省理工学院的 LED 手套和数字化数据输入手套(Digital Entry Data Glove)[80]。1977年,Thomas de Fanti(1948—)和 Daniel Sandin(1942—)基于 Rich Sayre(1942—)的创意想法开发了 Sayre 手套[81]。Richard Sayre 假设手套使用柔性管(不是光纤),一端有光源而另一端有光电管,从而可以测量手指弯曲的程度(见图8.71)。

当手指弯曲时,照射到光电管上的光量会发生变化,因此可以测量手指的弯曲程度。

贝尔实验室的 Gary Grimes 博士开发了首个被广泛认可的测量手部位置的设备。1983年,Grimes 的数字化数据输入手套获得了专利,它拥有手指弯曲传感器、指尖的触觉传感器、方向传感器和手腕定位传感器，并且传感器本身的位置是可变的。研制它的目的是通过检查手的位置来创建"字母-数字"字符。它最初是作为键盘的替代品设计的，但也被实践证明是一种有效的交互工具，可以让非语音用户使用这种系统实现"手指拼写"单词。

此后很快就出现了光学手套，即 VPL DataGlove。这款手套是由 Thomas Zimmerman 研究制造的，他还为手套使用的光学伸缩传感器申请了专利。

然而，还有一些人把第一台电子手势装置归功于 Lev Sergeyevich Termen（1896—1993），这个人更广为人知的名字叫 Leon Theremin，他发明了 Theremin[①]，这是 1920 年 10 月由苏联政府资助的近距离传感器研究的组成部分（见图 8.72）[82]。

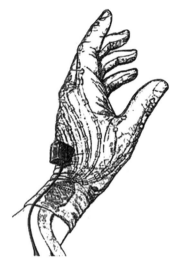

图 8.71　Sayre 手套（来源：电子可视化实验室）

当操作者/玩家在两个天线之间挥手或打手势时，Theremin 就会发出一些怪异的声音。垂直天线控制音高，水平天线控制音量。在 20 世纪 50 年代的科幻电影中，它被证明对创造来自外太空的声音非常有用。Theremin 是第一种不用触摸就能演奏的乐器。

图 8.72　1927 年，Leon Theremin 在一场音乐会前展示其乐器（来源：维基百科）

从摄像头、视频甚至数据手套设备中获取输入图像后，大多数研究人员将后面的手势识别系统分为三个步骤，包括：提取方法、特征估计和提取、分类或识别，如图 8.73 所示。

图 8.73　手势识别系统的步骤划分

---

① 特雷门琴（Theremin）是世界上的第一台电子乐器，由苏联物理学家 Leon Theremin 教授于 1919 年发明。其基本原理是，演奏者的手和乐器的天线构成电容，手的位置发生变化时电容的大小就会发生变化，使与电容相连的振荡器产生听域范围（人的听域范围为 20～20 000 Hz）内的不同频率的音频信号。演奏技巧在于通过双手与天线之间的距离变化，达到调节音调和音量和目的。

还可以进一步将手势识别的范畴扩展到将图像捕获作为传感器（而不是基于数据手套），通过图像识别的方式对手势进行分类，图8.74所示为手势捕获与识别的过程[83]。

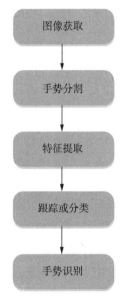

图8.74　典型的基于视频的计算机手势捕获与识别过程

手势识别被认为是通过手势及其动作在人与机器之间进行交流的一种手段。

人机交互中手势的分类

注意，有意义的手势与无意的动作是不同的，用于操作（检查）对象的手势与具有交流特征的手势本身要区分开（见图8.75）[84]。

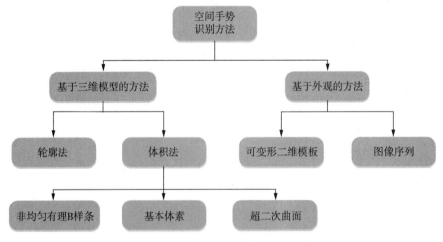

图8.75　不同的现有手势跟踪和分析方法及其基本步骤

例如，基于体积法的模型包括了详细分析手势所需的必要信息，但事实证明，它们在计算能力要求方面非常高，如果需要实时计算分析，还有待技术进一步发展。另一方面，基于外观的模型更容易处理，但通常缺乏人机交互所需的通用性。例如，非均匀有理B样条（NURBS）是计算机图形学中常用的一种数学模型，用于曲线和曲面的生成及表示。它为处理分析（由常用数学公式定义的曲面）和建模形状提供了极大的灵活性和精度，其基本图元是点和线段，这是早期矢量图形系统所拥有的。在立体几何中，基本图元是简单的几何形状，如立方体、圆柱、球体、锥体、金字塔、圆环，超四次曲面是由类似于椭圆体和其他四次曲面的公式定义的一系列几何图形，只不过平方运算被任意幂计算所代替。

增强现实头戴式显示器（智能眼镜、头盔和隐形眼镜）允许与现实世界中的对象互动，或操控真实世界对象，这反过来又带来了另一个挑战：如何与数据进行交互。此时并没有鼠标或者键盘。如上文所述，语音控制是与经过必要训练的用户进行交互的一种方法，可以有效地实现菜单导航、输入命令或者文本。然而，对于那些为鼠标或触摸屏而设计的任务，这种方式可能并不合适，或者效率很低。此外，在某些情况下，语音命令在社交方面令人尴尬，或者可行性差。

然而，还有其他的可行方法，人们可以通过手势与他们的增强现实头戴式显示器进行交互。当任天堂推出带有无线手持控制器（即Nunchuk）的Wii游戏机时[1]，全世界都感到惊喜，因为它还配有运动感应加速度计。此外，微软还推出了一种使用深度感应（即Kinect）的替代方法。因此，在很多情况下，消费者都能够知道并熟悉使用手势控制来操纵显示屏上的东西。

当然，佩戴或使用手持控制器在大多数情况下并不现实，因为它们在社交场合中太引人注目，而且会影响正常维护或装配操作。

麻省理工学院媒体实验室1993年开发的ALIVE系统，如果不是第一个基于手势操作的系统，也应该是最早的系统之一。它使用计算机和视频叠加的方式，使用户和"虚拟代理"能够在相同的显示空间中进行交互（见图8.76）[85]。

图8.76 麻省理工学院的ALIVE系统使用了计算机和视频叠加方式，以便用户和虚拟对象进行交互（来源：Maes et al. 1995）

最早使用手势的商业产品还有索尼公司于2003年开发的EyeToy，它基于索尼Playstation 2游戏机上的二维摄像头外设，可以将身体动作转换成游戏控制指令，这比广受欢迎的任天堂Wii游戏早了3年。

用于增强现实头盔显示器的手势识别系统，主要由头盔显示器上能看到用户的手的摄像头，以及识别运动并将手指放置到屏幕适当位置的算法组成。例如，进行菜单导航类似于鼠标的选择和点击，另外还有对屏幕内容的操作，如选择、高亮、缩放、旋转、拖动等。

大多数增强现实头盔系统只有一个摄像头，而有些设备则有两个摄像头，或者一个光学摄像头和一个深度感知设备（超声波或红外摄像头）。使用摄影测量技术，可以通过两个（可见光谱）摄像头获得深度图[86]。

然而，非常遗憾的是，这种自然用户界面中的手势控制实际上并不自然，用户必须先学习该增强现实头戴式设备能够识别的手势词汇。每个制造商都有自己的手势词汇，在本书写

---

[1] Wii是任天堂公司于2006年11月19日推出的家用游戏机，第一次将体感引入了接电视屏幕的游戏主机。

作时仍未形成统一标准，甚至还未形成一个建议标准。对比足球裁判的手势与棒球裁判的手势、军队使用的手势或手语里的手势，显然它们都不一样。

除了手势词汇，还有一些技术上的挑战，如对手部快速移动以及平移速度达到 8 m/s、角速度达到 300 °/s 的高速运动的感测[87, 88]。此外，还存在手指/手之间频繁遮挡的识别管理问题，最重要的是传感器分辨率问题。因为手和手指的大小相对于上肢和下肢来说是比较小的，手指是簇生的。最后，值得注意的是复杂的手势语义：手势可以是静态的、动态的或两者兼而有之，这在本质上是非常模糊的，需要因人而异。

国际计算机协会（Association of Computing Machinery，ACM）于 1982 年成立了一个专门的人机交互兴趣小组（Special Interest Group on Computer-Human Interaction，SIGCHI），更加强调针对用户的研究，并且与学术界（如 UCSD、CMU、密歇根大学、弗吉尼亚理工大学）和工业界（如施乐公司、IBM、贝尔实验室和苹果公司）都有着密切的联系。

8.10.3 眼动跟踪

眼动跟踪是一种测量注视点（注视的地方）或眼球相对于头部运动的过程。眼动跟踪是 19 世纪发展起来的一个非常古老的概念，而早期只是通过直接观察得到的。Keith Rayner（1943 年 6 月 20 日—2015 年 1 月 21 日）是一位认知心理学家，因其在阅读和视觉感知方面开创了现代眼动跟踪方法而闻名[89]。眼动跟踪设备曾经价值数万美元，是心理实验室的珍贵设备。关于眼动跟踪的详细历史可以在维基百科和 EyeSee 的网页上找到[90, 91]。

在应用于增强现实和虚拟现实之前，眼动跟踪主要用于现实环境中的行为研究和眼科学研究。

眼动跟踪最简单的用途是作为光标，类似于人们使用鼠标的方式，屏幕上的光标跟随眼球的方向运动。这种使用方法的变化形式包括：使用眼动跟踪器在游戏中选择并放置游戏组件或角色，或者在游戏中移动武器的十字瞄准线，本质上是将其作为游戏中鼠标的替代品。

当考虑增强现实系统中异构传感器融合的所有传感器输入（这些传感器融合了光学、内存、GPS 定位芯片和其他传感器，每秒数千个样本）时，眼动追踪就成为这些系统中的一项关键技术。因此，能够跟踪用户的注视点，并根据注视点计算出应该传送的相应内容，是一件非常消耗计算资源与能源的事情，而如果所有信息都是以最大带宽进行传送的，那么对处理器和系统的电池来说非常低效。因此，如果能够快速地检测到用户的视线，可以帮助系统设计人员开发更好的体系结构，从而使开发人员能够更有效地向显示器传送所需的内容。

Senso Motoric Instruments（SMI）是首批将眼动跟踪技术应用于智能眼镜的产品之一，并于 2016 年为增强现实眼镜提供了全球首个眼动跟踪集成案例。它基于爱普生公司的 Moverio BT-200 透视头戴式显示器，并集成了 SMI 公司的移动眼动跟踪平台（见图 8.77）。

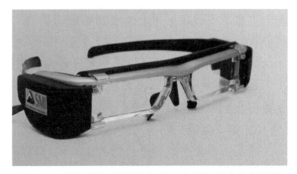

图 8.77　最早将眼动跟踪技术引入增强现实智能眼镜的企业之一是 Senso Motoric Instruments 公司

基于传感器的眼动跟踪器件通常使用称为Purkinje图像（Purkinje images）的角膜反射来进行跟踪，并将瞳孔中心作为随时间变化进行跟踪的特征。头戴式设备中的传感器必须非常灵敏和快速，能够在不到4弧分（不到0.2°）的精度内跟踪和检测眼球运动。

Purkinje图像是从眼睛结构反射生成的影像。通常可以看到4幅Purkinje图像。第一幅（P1）来自角膜外表面的反射，第二幅来自角膜内表面的反射。第三幅来自晶状体外（前）表面的反射，第四幅（P4）来自晶状体内（后）表面的反射。与其他图像不同的是，P4是一个倒置的图像（见图8.78）。

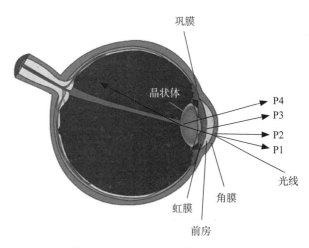

图8.78　光线图和4幅Purkinje图像（来源：维基百科）

有些眼动跟踪设备使用第一幅和第四幅Purkinje图像来测量眼球的位置。角膜反射（P1）被称为闪烁。

Purkinje-Sanson图像是以捷克解剖学家Jan Evangelista Purkyně（1787—1869）和法国医生Louis Joseph Sanson（1790—1841）的名字联合命名的。

有一种更为灵敏的眼动仪称为双Purkinje眼动仪，其利用角膜前表面的反射（P1）和晶状体后表面的反射（P4）作为跟踪特征。还有一种灵敏的跟踪方法是从眼睛内部（如视网膜血管）获取图像特征，并在眼睛转动时跟踪这些特征。光学方法，尤其是基于视频记录的光学方法，被广泛应用于视线跟踪，因其非侵入性和廉价等优点，以及在计算机上的安全登录过程而受到青睐。

自从2015年以来，由于智能手机市场的爆炸式增长和摩尔定律的存在，传感器的尺寸、功耗和成本都有所降低，技术自然得到了改善。由于这种发展，把小型化、不引人注意的光学传感器装进镜框或头盔，不仅在技术上成为可能，而且还是切实可行的。这些传感器与智能手机中使用的CMOS光学传感器相同，与具备智能的软件算法结合使用，就能实现对眼球特征的识别与跟踪。

Eyefluence，EyeSpeak，LC Technologies，SensoMotoric Instruments，SteelSeries，The Eye Tribe和Tobii等公司已经开发出可以嵌入系列头戴式设备的眼动跟踪技术（Eye Tribe于2016年末被Facebook-Oculus收购）。还有其他公司也正在开发属于自己的类似技术，并将其整合到自己正在设计的头戴式显示器中。例如，Fove已经构建了一个集成眼动跟踪的虚拟现实HMD。

眼动跟踪是将增强现实推向大众消费者的重要组成部分，也是增强现实技术整体走向成功的必要条件。

当不引人注意的眼动跟踪成为可能，人们可以通过自己的增强现实设备来操纵数据和导航时，对增强现实的接受和需求就会像智能手机一样变得普及。许多人只有几年拥有智能手机的经历，而在此之前，大多数人的需求意愿并不强烈。但就像所有其他智能手机用户一样，一旦拥有了手机，就没人再想失去它。这是因为在拥有它之前，他们并不知道自己的需求是什么。

增强现实设备是可用的，并且要在综合考虑其应用程序、价格和功能驱动等各种配置的情况下可用。体验过与增强现实设备进行眼动交流的消费者，肯定不愿再购买没有这种功能的设备。

与其他输入技术一样，眼动跟踪也有自己的词汇表。典型的两种功能是：眨眼激活和停留时间，第三种是不太常用的技术——凝视。顾名思义，眨眼激活需要用户眨眼一定次数来触发某个事件。在某些情况下，这可能是有用的，但是它很快就会变得烦人和让人分心。

停留时间则要求用户注视同一个目标，直到启动所需事件。使用停留时间的问题是眼睛扫视特性的限制。眼睛一直在移动，向左、向右、向上、向下，甚至在睡觉的时候都在动，但大多数情况下人们都没有意识到这些，直到你试图通过凝视来克服它（见8.2.2节）。

眼睛的扫视速度非常快，在进行眼动跟踪/控制时使用停留时间功能，将会显著降低用户的操作速度。因此，缺乏一套自然的用户词汇表一直是难以将眼球追踪作为主要用户界面的原因之一。

凝视与停留时间的不同之处在于，虽然用户注视感兴趣的项目（即目标）的大致方向，但没有指定具体时间长度，用户也不必一直盯着该目标。然而，由于周围光线水平的变化，检测凝视很困难。庆幸的是，新技术的发展已经大大减少了这些问题[92]。

Eyefluence开创了一种新的技术和概念，能够让眼睛与用户想要完成的任务很自然地结合在一起，而无须引起注意力分散的动作（如眨眼或凝视）。虽然大多数未来的增强现实交互将是同时使用手、头、眼睛和声音的多模态组合，但基于兴趣点的自然眼动跟踪将最有可能成为最常见和流行的交互形式。

"眼睛是心灵的窗户"这句话没有错，同时它们也是人类的一种主要的交流方式。当你在表达喜悦、蔑视、兴趣和厌倦时，当你向外看的时候，眼睛里会发生更多的事情。

眼动跟踪是第六个自然用户界面。第一个是键盘，然后是鼠标、语音、触摸，再就是触控笔。眼动跟踪也许是最终的用户界面，但这很难做到。传统的眼动跟踪公司试图将眼球运动转化为一种控制方法，采用与标准鼠标相同的原理，要求用户通过等待和眨眼来启动动作。这就使得眼动追踪变得缓慢、令人不满意，且容易疲劳。这就是为了操作机器而牺牲人的注意力和视觉体验的典型案例。

Eyefluence认为他们已经掌握了眼动跟踪用户界面，让用户做他或她通常会做的事情，用他们的眼睛自然地去做。该公司宣称已开发出一种语言，通过眼睛的非常自然的动作，把人的意图转化为实际行动，一般情况下用户只需要2分钟就可以掌握这种语言（称为视觉语言），在这一点上，它变得像走路或说话一样直观和自由。

Eyefluence源自Eye-Com公司开发的技术。这家公司获得了政府拨款资助，开发了一些非商业的眼动跟踪技术。Eyefluence公司于2013年初在加利福尼亚州的Milpitas成立，收购了Eye-Com公司的其中一项技术，并将此技术作为推动下一代增强现实和虚拟现实产品开发的基础技术，与头戴式显示器进行了集成。

增强现实、虚拟现实和混合现实的市场正在扩大，但一个明显的障碍仍然存在——用户界面。新一代产品将通过各种输入组合实现交互控制，包括触摸、手势、头部跟踪和语音识别等。这些头戴式显示器的功能是受限的，因为它们使用的是为智能手机或视频游戏平台控制器开发的交互模型。但是，头戴式显示器有望成为下一个阶段的计算平台设备，因此它需要一种新的用户交互模型来充分发挥其潜力。Eyefluence认为他们的技术利用了意图和行为之间最短的连接桥梁——眼睛（见图8.79）。

图8.79　"你总是在看东西，你的显示器就在眼前，为什么你不想让自己的眼睛能够直接控制它呢？"Eyefluence联合创始人David Stiehr说

未来的每一款增强现实产品都将拥有眼动跟踪和眼球互动的功能。怎么会不这样呢？当你在脸上戴着显示器时，你的第一反应是用眼睛控制界面，不管你是否意识到这一点。应该说，每一个动作都是从你的眼睛开始的，不管是通过有意识的还是无意识的眼部运动。

通过眼动跟踪和监控，人们不必通过滑动、手势、等待或眨眼来打断或减缓增强现实体验。你不必关注视野范围内的所有信息，只是让眼睛自然地运动，在你需要的时候，与你想要的特定信息进行交流。

Eyefluence开发了一种非常智能的眼动跟踪系统，它不仅能监测眼球的x-y位置，还开发了一个眼球交互机器界面，可以根据用户的意图来实现操作，并且能够忽略偶然出现的意外情况。

Eyefluence iUi建立在该公司提出的12条眼动交互规则基础上，使用户能够以眼睛所能看到的最快速度与头戴式显示器进行交互并实现控制。眼睛的生物特征测量（眼动测量）包含范围很广，如瞳孔收缩率、瞳孔大小、眨眼率、眨眼时间等，可用于检测睡意、认知负荷甚至兴奋等生理状态。

他们还开发了一种小型柔性电路，可以容纳摄像头、光源和其他微小的硬件。这意味着可以很好地与头戴式增强现实设备集成。

其结果是，任何一个拥有正常眼睛的用户都能看到一个图标（在增强现实设备的屏幕上），无须做任何有意识的动作，就能激活这个图标，执行打开和关闭这类控制动作（见图8.80）。

Eyefluence公司宣称可以计算出你眼前所注视的点。这是一个非常重要的创意，因为这将使界面更直观，任何人都可以轻松地学习使用。

2016年10月，谷歌收购了EyeFluence。

看着一个设备并具有控制它的能力，就像科幻小说里的一样。很难想象这种近乎超人的注视跟踪能力在现实中实现。EyeFluence公司宣称该设备不仅可以被安装在最先进的计算机、平板和智能手机上，还将被部署在下一代可穿戴计算机、增强现实智能眼镜和虚拟现实头戴式设备上。在过去的几年中，人眼注视点跟踪科学实现了质的飞跃，取得的成就超过之前的一个世纪。Eye Com是一家由神经学家William Torch领导的研究型公司，由美国国家健康研究院、美国运输部和美国国防部共同资助。Torch研究了从疲劳到眨眼等一系列问题，并积累了十多年的眼动追踪、分析的相关数据。Eyefluence公司则利用这些基础数据资料创建了一个交互系统，使用眼睛来操作计算机。

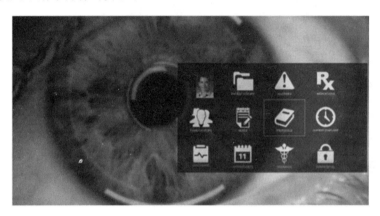

图8.80　Eyefluence想让你用眼睛控制设备（来源：Eyefluence公司）

8.10.4　脑电波

脑机接口（Brain-Computer Interface，BCI）有时也称为心机接口（Mind-Machine Interface，MMI）、直接神经接口（Direct Neural Interface，DNI）或脑机接口（Brain-Machine Interface，BMI），是大脑与外部设备之间的增强式或连线式直接通信通道。BCI通常通过头戴式设备或头盔采集并研究佩戴者的脑电图（Electro Encephalo Gram，EEG）信号[93]。

20世纪70年代，在美国国家科学基金会的资助下，美国国防部高级研究计划局（DARPA）与加州大学洛杉矶分校签订了一份合同，开始了对BCI的研究。这项研究的相关论文的发表，也标志着脑机接口这种表述首次出现在科学文献中。

图8.81　通过佩戴检测EEG的头带来控制外部设备（来源：Interaxon公司）

相比于眼镜，BCI更适合应用于头盔设计（没有人愿意戴着一顶有金属线的帽子到处走）。然而，有些设计看起来像头带，看起来不那么显眼。Interaxon公司就是一家这类设备的供应商（见图8.81）。Melon公司也生产类似的设备。

2015年初，增强现实头盔制造商Daqri收购了EEG追踪头带制造公司Melon。据Daqri首席执行官Brian Mullins说，"EEG具有提升4D可穿戴设备安全性能的短期潜力，也具有创造一个改变游戏规则的脑机接口技术的长期潜力，使你能够在现实世界中控制4D界面和对象。"

8.10.5 小结

如果俗话所说的"一个尺度并不适合所有的尺寸"这句话是恰当的,那么也可以用这句话来形容人机交互界面。

为了做到真正实用,用户界面必须无缝地连接各种传感器、服务和设备,从而使系统变得具有感知能力、响应能力和自主性。

增强现实系统要具有感知能力,就必须在用户的视野内感知和理解人的行为和意图。它应该知道需要它采取什么行动并及时做出相应反应。此外,如果要成为半自动的,它需要理解人们的思维模式,预测人们的需求,并主动地交付符合特定情况的经验、建议、警告和指令。

正如有些人在手机、汽车或电视上使用语音命令,但效果并不令人满意一样,对于增强现实设备用户来说,语音命令也可能(很可能)会令人沮丧。另外,在公共场合使用声音也是不合适的(尽管有些人是以这种方式使用手机的)。

类似地,在公共场所里挥手会引起不必要的注意,可能会引起他人从心理上的排斥和反感。在公共场合轻触眼镜的侧面可能让人们产生一种个体意识,怀疑你是否在对他人进行录像(谷歌眼镜已经在某些地方被禁止使用)。

同样,如果眼动跟踪和识别不能简单、无缝地工作,人们就不会使用它。如果有高达三分之二的用户有这种感受,这项功能就变成了所谓的"垃圾",占用你设备的存储空间(和电源)而从不被使用。

最后一种选择是使用独立的外部控制设备,就像使用智能手机、智能手表、手环、遥控器等其他智能设备一样。这样的设备使用起来非常简单,功能性强,学习周期短,无须投入太多精力。

最终结论是,没有任何一个单一的用户界面能够满足所有情况下的所有用户,因此根据用户的需求和实际情况,将他们组合使用才是最佳解决方案。

参考文献

1. Ali, M. A., & Klyne, M. A. (1985). *Vision in vertebrates*. New York: Plenum Press. ISBN:0-306-42065-1.

2. Womelsdorf, T., et al. (2006). Dynamic shifts of visual receptive fields in cortical area MT by spatial attention. *Nature Neuroscience*, 9, 1156–1160. 105.

3. Westheimer, G., & McKee, S. P. (1978). Stereoscopic acuity for moving retinal images. *Journal of the Optical Society of America,* 68(4), 450–455.

4. Optical resolution. https://en.wikipedia.org/wiki/Optical_resolution

5. Prince, S. (2010). Through the looking glass: Philosophical toys and digital visual effects. *Projections, 4.*

6. Wertheimer, M. (1912, April). Experimentelle Studien über das Sehen von Bewegung [Experimental Studies on Motion Vision] (PDF). *Zeitschrift für Psychologie.,* 61(1), 161–265.

7. Padmos, P., & Milders, M. V. (1992). Quality criteria for simulator images: A literature review. *Human Factors,* 34(6), 727–748.

8. Pasman, W., van der Schaaf, A., Lagendijk, R. L., & Jansen, F. W. 1999, December 6. Low latency rendering for mobile augmented reality. *Computers & Graphics*, 23, 875–881 (international journal/conference paper), Ubicom-Publication.

9. Amin, M. S., & Meyers, A. D. (2012, February). *Vestibuloocular reflex testing*. http://emedicine. medscape.com/article/1836134-overview

10. Bailey, R. E., Arthur III, J. J. (Trey), & Williams, S. P.. *Latency requirements for head-worn display S/EVS applications*, NASA Langley Research Center, Hampton. https://ntrs.nasa.gov/archive/nasa/casi.ntrs.nasa.gov/20120009198.pdf

11. Lincoln, P., Blate, A., Singh, M., Whitted, T., State, A., Lastra, A., & Fuchs, H. (2016, April). From motion to photons in 80 Microseconds: Towards minimal latency for virtual and augmented reality. *IEEE Transactions on Visualization and Computer Graphics*, 22(4), 1367–1376.

12. Slotten, H. R. (2000). *Radio and television regulation: Broadcast technology in the United States 1920–1960*. JHU Press. ISBN:0-8018-6450-X. "C.B.S. Color Video Starts Nov. 20; Adapters Needed by Present Sets", New York Times, Oct. 12, 1950, p. 1.

13. Hoffman, D. M., Girshick, A. R., Akeley, K., & Banks, M. S. (2008, March). Vergence–accommodation conflicts Hinder visual performance and cause visual fatigue. *Journal of Vision, Research Article*, 8, 33.

14. http://www.kguttag.com/

15. Zheng, F., Whitted, T., Lastra, A., Lincoln, P., State, A., Maimonek, A., & Fuchs, H. 2014. Minimizing latency for augmented reality displays: Frames considered harmful. *IEEE International Symposium on Mixed and Augmented Reality*. p. 195

16. Rolland, J. P., & Fuchs, H. (2000). Optical versus video see-through head mounted displays. *Presence: Teleoperators and Virtual Environments*, 9(3), 287–309.

17. Holloway, R. L. (1997). Registration error analysis for augmented reality. *Presence*, 6(4), 413–432.

18. Barfield, W. (Ed.). (2016). *Fundamentals of wearable computers and augmented reality* (2nd ed.). Boca Raton: CRC Press/Taylor & Francis Group.

19. Karim, M. A. (1992). *Electro-optical displays*. New York: Marcel Dekker, Inc. ISBN:0.8247-8695-5.

20. https://en.wikipedia.org/wiki/Human_eye

21. Murray, W. S.. (2003, August). The eye-movement engine. *Behavioral and Brain Sciences,* 26(04), 446–495. Cambridge University Press.

22. https://en.wikipedia.org/wiki/Cave_automatic_virtual_environment

23. Comeau, C. P., & Bryan, J. S. (1961, November 10). Headsight television system provides remote surveillance. *Electronics,* 34, 86–90.

24. Bionic eye will send images direct to the brain to restore sight. *New Scientist.* https://www.newscientist.com/article/mg22830521-700-bionic-eye-will-send-images-direct-to-the-brain-to-restore-sight/

25. Zrenner, E., et al. (2010). Subretinal electronic chips allow blind patients to read letters and combine them to words. *Proceedings of the Royal Society B*. doi:10.1098/rspb.2010.1747.

26. Brody, T. P. (1997). Birth of the active matrix. *Information Display,* 13(10), 28–32.

27. Armitage, D., et al. (2006). *Introduction to microdisplays*. Chichester: Wiley. ISBN:978-0-470-85-281-1.

28. IBM. (1998). Special session for high-resolution displays. *IBM Journel of Research and Development,* 42(3/4).

29. Clark, N. A., & Sven, T. L. (1980). Submicrosecond bistable electro-optic switching in liquid crystals. Applied Physics Letters 36 (11), 899. Bibcode:1980ApPhL.36.899C. doi:10.1063/1.91359

30. *Display device*, 1986-09-03 (Japanese publication number JP61198892)

31. Tidwell, M., Johnston, R. S., Melville, D., & Furness, T. A. III. (1998). *The virtual retinal display – A retinal scanning imaging system*. Human Interface Technology Laboratory, University of Washington.

32. *Compact head-up display*, US 4711512 A, Dec 8, 1987.

33. Tedesco, J. M., Owen, H., Pallister, D. M., & Morris, M. D. (1993). *Principles and spectroscopic applications of volume holographic optics. Analytical Chemistry,* 65(9), 441A.

34. Mukawa, H., Akutsu, K., Matsumura, L., Nakano, S., Yoshida, T., Kuwahara, M., Aiki, K., & Ogawa, M. (2008). *A full color eyewear display using holographic planar waveguides. SID 08 Digest*, 39, 89–92.

35. Amitai, Y., Reinhorn, S., & Friesem, A. A. (1995). *Visor-display design based on planar holographic optics. Applied Optics*, 34, 1352–1356.

36. Spitzer, C., Ferrell, U., & Ferrell, T. (Eds.). (2014, September 3). *Digital avionics handbook* (3rd ed.). Oxford/ New York/Philadelphia: CRC Press.

37. Popovich, M., & Sagan, S. (2000, May). *Application specific integrated lenses for displays. Society for Information Display*, 31, 1060.

38. Cameron, A. A. (2012, May 1). Optical waveguide technology and its application in head-mounted displays. *Proceedings SPIE 8383, Head- and Helmet-Mounted Displays XVII; and Display Technologies and Applications for Defense, Security, and Avionics VI, 83830E*. doi:10.1117/12.923660

39. Bleha, W. P., & Lijuan, A. L.. (2014, June 1–6). *Binocular holographic waveguide visor display* (SID Symposium Digest of Technical Papers, Volume 45). San Diego.

40. Templier, F. (Ed.), (2014, September) *OLED Microdisplays: Technology and Applications, Section 7.2.2.3.3.4 Polarized waveguide*, ISBN:978-1-84821-575-7, p. 256, Wiley-ISTE.

41. Kohno, T., Kollin, J., Molnar, D., & Roesner, F.. Display leakage and transparent wearable displays: Investigation of risk, root causes, and defenses. *Microsoft Research*, Tech Report, MSR-TR-2015-18.

42. Bernanose, A., Comte, M., & Vouaux, P. (1953). *A new method of light emission by certain organic compounds. Journal de Chimie Physique*, 50, 64.

43. Mann, S. (2001, January 28), Contact lens for the display of information such as text, graphics, or pictures, Canadian Patent 2280022, filed July 28, 1999. https://www.google.com/patents/CA2280022A1?cl=en

44. Leonardi, M., et al. (2004, September). *First steps toward noninvasive IOP – Monitoring with a sensing contact lens. Investigative Ophthalmology & Visual Science*, 45, 3113–3117.

45. http://www.sammobile.com/2016/04/05/samsung-is-working-on-smart-contact-lenses-patentfiling-reveals/

46. http://appft.uspto.gov/netacgi/nph-Parser?Sect1=PTO2&Sect2=HITOFF&u=/netahtml/PTO/search-adv.html&r=20&p=1& f=G&l=50&d=PG01&S1=(20160407.PD.+AND+(Sony.AS.+OR+Sony.AANM.))&OS=PD/4/7/2016+and+(AN/ Sony+or+AANM/Sony)&RS=(PD/20160407+AND+(AN/Sony+OR+AANM/Sony))

47. Lingley, A. R., Ali, M., Liao, Y., Mirjalili, R., Klonner, M., Sopanen, M., Suihkonen, S., Shen, T., Otis, B. P., & Lipsanen, H. (2011, November 22). A single-pixel wireless contact lens display. *Journal of Micromechanics and Microengineering*, 21(12), 125014.

48. Kong, Y. L., Tamargo, I. A., Kim, H., Johnson, B. N., Gupta, M. K., Koh, T.-W., Chin, H.-A., Steingart, D. A., Rand, B. P., & McAlpine, M. C. (2014, October 31). *3D Printed quantum dot light-emitting diode*. Department of Mechanical and Aerospace Engineering, Princeton University, Princeton, New Jersey, Nano Letters, American Chemical Society.

49. Mann, S. (2013, March). *My augmented life*. IEEE Spectrum. http://spectrum.ieee.org/geek-life/profiles/steve-mann-my-augmediated-life

50. https://en.wikipedia.org/wiki/Radio-frequency_identification

51. *Hacking Exposed Linux: Linux Security Secrets & Solutions* (3rd ed.). McGraw-Hill Osborne Media. 2008. p. 298. ISBN:978-0-07-226257-5.

52. Landt, J. (2001). *Shrouds of time: The history of RFID* (PDF). AIM, Inc. Retrieved May 31, 2006.

53. *Lightweight, wearable tech efficiently converts body heat to electricity*. https://news.ncsu.edu/2016/09/wearable-teg-heat-harvesting-2016/#comment-7695881

54. *Sprinkling of neural dust opens door to electroceuticals*. http://news.berkeley.edu/2016/08/03/sprinkling-of-neural-dust-opens-door-to-electroceuticals/

55. *Samsung's AR vision includes smart contact lenses*. http://www.technewsworld.com/story/83354.html

56. *The bionic lens: A new dimension in sight enhancement*. http://ocumetics.com/

57. *Thermal vision: Graphene spans infrared spectrum*. http://www.engin.umich.edu/college/about/news/stories/2014/march/infrared-detector

58. Yu, W. J., et al. (2016). Unusually efficient photocurrent extraction in monolayer van der Waals heterostructure by tunneling through discretized barriers. *Nature Communications*. doi:10.1038/ncomms13278.

59. http://phys.org/news/2015-05-artificial-muscles-graphene-boost.html

60. Kim, G., & Oh, Y. H. (August 2015). A radon-thoron isotope pair as a reliable earthquake precursor. *Scientific Reports, 5*, 13084.

61. https://en.wikipedia.org/wiki/Fiducial_marker

62. Mann, S., & Fung, J. (2002, April). EyeTap devices for augmented, deliberately diminished, or otherwise altered visual perception of rigid planar patches of real-world scenes. *Presence, 11*(2), 158–175. Massachusetts Institute of Technology.

63. Mann, S. (1997, April). Further developments on "HeadCam": Joint estimation of camera rotation + gain group of transformations for wearable bi-foveated cameras. *IEEE Conference on Acoustics, Speech, and Signal Processing, 4*, 2909–2912.

64. Tang, F., Aimone, C., Fung, J., Marjan, A. and Mann, S. (2002, September 30–October 1. Seeing eye to eye: A shared mediated reality using EyeTap devices and the VideoOrbits Gyroscopic Head Tracker. In *Proceedings of the IEEE International Symposium on Mixed and Augmented Reality (ISMAR2002)*, (pp. 267–268). Darmstadt, Germany.

65. Siltanen, S. Theory and applications of marker-based augmented reality, Copyright © VTT 2012, Julkaisija – Utgivare – Publisher (ISBN:978-951-38-7449-0).

66. Furht, B. (Ed.). (2011). *Handbook of augmented reality*. New York: Springer.

67. Mann, S. (1998, June 15–19). (Reality User Interface (RUI), in the paper of the Closing Keynote Address, entitled), *Reconfigured Self as Basis for Humanistic Intelligence*, USENIX-98, New Orleans, Published in: ATEC '98 Proceedings of the annual conference on USENIX Annual Technical Conference USENIX Association Berkeley, USA ©1998.

68. Mann, S. (2001). *Intelligent image processing*. San Francisco: Wiley.

69. Asimov, I. (1947, March). *Little Lost Robot*, short story, Astounding Science Fiction, 39(1), Street & Smith.

70. Davis, K. H., Biddulph, R., & Balashek, S. (1952). *Automatic recognition of spoken digits. Journal of the Acoustical Society of America., 24*, 637–642.

71. http://www-03.ibm.com/ibm/history/exhibits/specialprod1/specialprod1_7.html

72. https://en.wikipedia.org/wiki/Star_Trek

73. https://en.wikipedia.org/wiki/HAL_9000

74. Chen, F., & Jokinen, K. (Eds.). (2010). *Speech technology: Theory and applications*. New York/Dordrecht/Heidelberg/London: Springer.

75. Sturman, D. J., & Zeltzer, D. (1994). A survey of glove-based input. *IEEE Computer Graphics & Applications*, p. 30, http://www.pcworld.com/article/243060/speech_recognition_through_the_decades_how_we_ended_up_with_siri.html

76. Waibel, A., & Lee, K.-F. (Eds.). (1990). *Readings in speech recognition*. San Mateo: Morgan Kaufmann.

77. Mirzaei, M. R., Ghorshi, S., & Mortazavi, M. (2014, March). Audio-visual speech recognition techniques in augmented reality environments. *The Visual Computer, 30*(3), 245–257. doi:10.1007/s00371-013-0841-1

78. Dick, P. K. (2002). *Minority report*. London: Gollancz. (ISBN:1-85798-738-1 or ISBN:0-575-07478-7).

79. Technologies in Minority Report. https://en.wikipedia.org/wiki/Technologies_in_Minority_Report

80. Premaratne, P.. (2014). *Human computer interaction using hand gestures*. Sinapore/Heidelberg/New York: Springer.

81. Dipietro, L., Sabatini, A. M., & Dario, P. (2008, July). A survey of glove-based systems and their applications. *IEEE Transactions on Systems, Man, and Cybernetics—part c: Applications and Reviews,* 38(4), 461–482.

82. The London Mercury Vol.XVII No.99 1928.

83. Lyon Branden Transcript of Gesture Recognition. (2013, April 23). 500. https://prezi.com/piqvjf2g-eec/gesture-recognition/

84. Pavlovic, V. I., Sharma, R., & Huang, T. S. (1997, July). Visual interpretation of hand gestures for human-computer interaction: A review. *IEEE Transactions on Pattern Analysis and Machine Intelligence, 19*(7), 677.

85. Maes, P., Darrell, T., Blumberg, B., & Pentland, A.. 1995, April 19–21. The ALIVE system: full-body interaction with autonomous agents. *Proceeding CA '95 Proceedings of the Computer Animation*, p. 11.

86. Periverzov, F., & Ilies, H. T.. *3D Imaging for hand gesture recognition: Exploring the software-hardware interaction of current technologies*, Department of Mechanical Engineering, University of Connecticut, http://cdl.engr.uconn.edu/publications/pdfs/3dr.pdf

87. Varga, E., Horv'ath, I., Rus'ak, Z., & Broek, J.. (2004). Hand motion processing in applications: A concise survey and analysis of technologies. *Proceedings of the 8th International Design Conference DESIGN 2004* (pp. 811–816).

88. Erol, A., Bebis, G., Nicolescu, M., Boyle, R., & Twombly, X. (2007). *Vision-based hand pose estimation: A review. Computer Vision and Image Understanding,* 108(1–2), 52–73.

89. Rayner, K. (1998). *Eye movements in reading and information processing: 20 years of research. Psychological Bulletin,* 134(3), 372–422. doi:10.1037/0033-2909.124.3.372. Retrieved June 17, 2011.

90. https://en.wikipedia.org/wiki/Eye_tracking

91. http://eyesee-research.com/news/eye-ttacking-through-history/

92. Sigut, J., & Sidha, S. A.. (2011, February). Iris center corneal reflection method for gaze tracking using visible light. *IEEE Transactions on Biomedical Engineering,* 58(2), 411–419. doi:10.1109/TBME.2010.2087330. Epub 2010 Oct 14.

93. David, P. (2012, December 1). 6 Electronic devices you can control with your thoughts. *Scientific American.*

第9章 供 应 商

自20世纪70年代初以来，增强现实市场就吸引了人们的广泛关注，而且这种关注从未停止过。到了21世纪的前十年，随着智能手机以及价格低廉且性能优异的传感器的出现，再加上新型低成本显示技术的兴起，增强现实市场随着该领域新公司的不断出现而稳步扩张。显然，这种情况不可能永远持续下去。

9.1 增强现实设备及其供应商

在写这本书时，笔者调研了大约80家正在提供或承诺提供专业增强现实设备的公司（这里不包含智能手机和平板电脑等通用设备、隐形眼镜以及专门用于观看视频的眼镜等其他设备供应商）。之所以有这么多的公司，主要原因是增强现实市场仍在不断发展中，而每当一个新的市场出现时就会有大量公司涌入，并且最初只能进入这个市场的底层。通常，当一个市场成熟并完善后就会产品化，而供应商的数量就会减少到十几家甚至更少。同样的过程最终也会发生在增强现实市场，但这还需要一段时间，也许是10年甚至更长的时间。市场能够支持（有些人可能会说是容忍）这么多供应商的主要原因是目前还没有形成标准（或者说只有很少的标准），而且还要面对这么多的垂直（专门）应用领域。

当然，对产品市场也会有规模上的要求，这才能为一部分公司创造商机。以常见的汽车、电视或手机市场为例，首先要实现这些应用领域的产品化，如果再有足够的顾客需要这种专门的产品（商品），并且成本很低，就会有几家供应商专注于这个细分市场，并通过赚取足够的利润来维持其业务发展。

本书将这些专用增强现实设备细分为6类：

- 隐形眼镜（Contact lens）——有7家供应商或开发商
- 头盔设备（Helmet）——有超过7家供应商
- 平视显示器（HUD）——有超过10家供应商
- 智能眼镜（Smart-glasses）
  - 集成式的（Integrated）
    - 面向商业企业的（Commercial）——有26家供应商
    - 面向消费者的（Consumer）——有17家供应商
  - 外挂式的（Add-on）——有14家供应商

- 投影设备（HUD除外）——有3家供应商
- 专业领域或其他——有多于6家开发商（或供应商）

这些企业和供应商（或开发商）都已经在下文分类列出。

9.1.1 供应商

增强现实市场的供应商数量在2016年达到顶峰，即从2010年的15家攀升至2016年的80家。随着相关政策及标准的制定，这个市场开始逐渐稳定和巩固，对该行业几乎没有甚至根本没有任何贡献及投入的小公司纷纷退出或被并购、收购。

2009年12月，*Esquire*杂志刊登关于增强现实的文章引起了人们的关注，此后涉及这项技术的新公司开始逐渐形成。自2012年初谷歌公司宣布谷歌眼镜项目以来，增强现实领域的供应商数量增加了一倍多（见图9.1）。

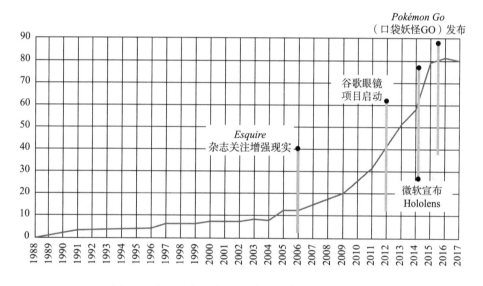

图9.1　自1988年以来进入增强现实市场的供应商

这个过程在新兴市场或新型技术的发展中是很典型的。例如，1893年有102家汽车制造商，而今天只有30家（这还要看所指的具体类型）[①]。1970年，几乎成立了100家公司，致力于生产微型计算机，而到今天则没有这么多了。从1977年到1991年，有超过75家个人计算机制造商，1992年有72个三维图形芯片供应商，而今天则只有6个。你注意到这些规律了吗？

Metaio就是这样一个典型例子。它是2003年在慕尼黑成立的一家私营公司，作为大众汽车项目的一个分支。Metaio致力于开发软件技术，并提供增强现实解决方案。在各类增强现实相关展览及会议上，这家公司的软件随处可见。到2015年，它实际上已经成为增强现实环境的重要开发者。2015年5月，苹果收购了这家公司，该公司网站称已经停止接受新客户，其维护的非常活跃的云订阅于12月15日到期，产品技术支持截至2016年6月30日。

---

① 这里的汽车是指至少有四个轮子的机动车，目的用于载客，除驾驶座以外，还包括不超过8个座位。

　　仅在本书中就提到了自2006年以来被其他企业收购的15家公司，我们没有试图找到所有这些公司，当然也不可能找全。这里讨论的重点是增强现实产业，尽管它可以追溯到20世纪60年代早期，但它仍然是一个非常年轻、充满活力、不断发展的领域，拥有巨大的技术发展机遇和赚钱的商机。

9.1.1.1　头盔设备[①]

BAE systems

BMW

Cinoptics

C-Thru

Daqri

Elbit Systems

Intelligent Cranium

9.1.1.2　智能眼镜（集成式，面向商业企业）

APX Labs

Atheer

Brother Industries

Cannon

Caputer Seer

Coretronic

Epson

Eveno Eyes On（Epson）

Fujitsu

Google Glass

IMMY

Laster Technologies

Meta

Microsoft HoloLens

Mirage Innovations

Optinvent

Osterhout Design Group

Oxsight

Penny

PhaseSpace

Shenzhen Topsky Digital

Sony

Trivisio

Vrvana

Vuzix

9.1.1.3　智能眼镜（集成式，面向消费者）

Brilliant Service

Dlodlo

GlassUp

Intel Composyt Light Labs

Intel Recon

Kopin Solos

Laforge

LusoVU Eyespeak

Luxottica Oakley

Magic Leap

Mirama Brilliant Service

MRK Imagine Mobile Augmented

Murata

QD Laser

---

① 作者仅列举了公司名称。为了使读者更详尽地了解增强现实供应商的具体细节，译者通过相关网站摘录、整理了这些公司的简介。扫描右侧二维码可了解具体内容。由于增强现实领域大部分公司是初创型的，特别是截至本书出版时有些公司已倒闭或者被并购、转型，因此少部分公司无法查到详细介绍资料。——译者注

RideOn

Zeiss

Solos

9.1.1.4 智能眼镜（外挂式）

Beijing Palo Alto Tech

Coretronic

Garmin Varia Vision

Lenovo

Mad Gaze

Orca m

Senth IN1

Vufine

Chipsip

Eurogiciel

Gold Tek Foxconn

Lumus

Occipital

Seebright Ripple

Telepathy

9.1.1.5 平视显示器

Carrobot

Hudway

Kshioe

Navdy

Springteq

Garmin

Iris

MyGoFlight

Pioneer

WayRay

9.1.1.6 投影设备

CastAR

Realview

HoloLamp

9.1.1.7 隐形眼镜

EPGL

Google

Innovega

Samsung

Ghent University

Gunnar

Ocumetics

Sony

第10章 结论以及对未来的展望

增强现实将触及人们生活的方方面面、所生存的社会，以及所遵循的各项规则。当人们适应增强现实所赋予的新本领和新能力时，也将不得不变换思考问题的方式，并丢弃那些可能宝贵但非常传统的想法和幻想。增强现实终将改变人们的社会习俗和生存规则，挑战那些独断专行的掌权者。

正如Raimo van der Klein所建议的，增强现实是人类的第七种感官或媒介（见1.7.1节）。

拥有一个不显眼的个人增强现实显示器，就像拥有一块手表或一部智能手机一样普通，可以在佩戴者的视野中呈现增强后的各种信息，这将是自互联网和移动电话出现以来，在娱乐、工作、学习和沟通交流方面向前迈出的最大一步。增强现实设备将增强和扩展人类的记忆并作为向导或老师，还可以作为紧急情况下的备份记录，以备不时之需。

10.1 隐私

随着增强现实技术逐渐被广大消费者所接受，社会必须重新定位、理解和界定关于隐私的概念。对这件事再怎么强调也不过分，除非这些设备并不显眼，也不会引起人们对自己或佩戴者的注意，当然，这种情况是不会发生的。因为如今抗议在公共场合被拍照是站不住脚的。人们在机场、商场、出租车和其他公共场所已经被拍摄了十多年，在公共场所没有隐私可言。因此，使用增强现实眼镜记录你所看到的一切（以及你看到的每个人），不能被认为是侵犯了别人的隐私。然而，如果穿戴者进入了一个可能被认为是私人领地的场所，如私人俱乐部、家庭或某人的汽车内部，这个概念的界定就会改变。当然，即使在这些地方中，也不能保证你没有被记录下来。这就是Mann关于监视和监控的经典哲学论证[1]。

在Mann看来，如果别人或机构正在记录你，那反过来他也不能合法地阻止你记录他们。

图10.1 人们所处的公共场所中随处可以看到各种类型的摄像头

这个问题还可以进一步延伸到人脸识别技术的应用，以及对已识别人相关信息的收集问题。关心这些事情的人应该记住，以这种方式获得的所有信息其实都来自那些表示关切的人自己所创建的个人资料。正如 Avram Piltch 所说，"你才是那个侵犯了你自己隐私的人"[2]。如果一个人有犯罪记录，这其实也属于公共信息，也应该是可以被获取的，此时你的驾照和其他任何公开发行的驾照是一样的。在美国的许多地方，查一个人的纳税记录时，可以找到其大学甚至高中阶段的记录。

10.2　社会问题

隐私仅仅是问题之一，而另一个可能的问题是社会问题，即导致个体之间的隔离和缺乏互动。人们都见到过有些人低着头走路，眼睛盯着智能手机看，甚至这些人可能就是我们自己。人们还看到过有些人戴着耳机在公共交通工具上表情茫然的样子，或者在玩手机游戏时迷失自己的样子。家长、教育工作者、社会学家和人类学家都在担心，人们可能正在（或已经）培养出了这一代非常孤僻的孩子，他们不知道如何与人交往，没有融入社会，因此不知道如何行动、如何交流，最糟糕的是，他们甚至可能成为社会的叛逆者。

Metaio 公司的 Brendan Scully 是增强现实领域的先驱之一，该公司于2015年被苹果公司收购。他说："增强现实的梦想就是阻止虚拟现实的梦想"，他还说："增强现实让我们走出去，看看我们的朋友在哪里，并与虚拟对象进行互动。我们使用互联网只能在房间里用并且需要连续几个小时，但是现在我们通过增强现实，可以在上网的同时四处走动，并且不影响参与各项事物。"很多人都支持他的这种观点。

为此，新西兰奥克兰委员会还专门对使用增强现实技术（见6.1.3.4节的"地理位置相关的增强现实游戏"部分）的室外游戏，让儿童进行了试验。

先不考虑增强现实的负面影响是什么，请记住，所有新技术的发展都会带来意想不到的，有时甚至是不想要的负面作用，这是正常的。而增强现实将会对人们的生活产生如此重大而全面的积极影响，真的需要知道我们将如何应对。

10.3　微型化及纳米技术

人们应将增强现实的进步归功于微型化技术（虽然不是全部），即在提升能力的同时缩小了元器件体积。

随着半导体世界缩小到纳米级和微观级，人们的生活变得更美好了。蒸汽机和汽油机通过扩大规模给人们提供了更好的生活水平，而第三次工业革命则通过缩小规模给人们带来了新的更大的益处。小到肉眼几乎看不见它，但能够感觉到它带来的益处，很快这些益处就会渗透到人的器官、静脉、眼睛和大脑。

正如本人所指出的，技术在看不见的时候也可以发挥作用。例如，你最引以为豪的两件物品：汽车和智能手机工作得非常完美。很少有人，甚至大多数技术人员都无法完全理解这些基本工具、状态符号和娱乐设备的内部工作原理。这实际上是个好消息。人们并不需要真正了解自己的身体是如何运转的，就像神奇的机器一样，只有停工时才让人意识到它们的存在。

图 10.2　微型化技术给人们带来了美好的生活

情况只会越来越好。如果以这样的速度发展下去，一些人将无法接受它，陷入一种类似于勒德（luddide）分子 ① 的反对状态，试图用迷信和暴力来阻止这些不可避免的技术进步。但对于那些拥抱进步的人来说，生活将是如此丰富，如此激动人心，如此启迪人心，如此有趣，人们可能会考虑做整形手术，让脸上永远挂着微笑。

这不仅仅限于半导体领域，尽管半导体制造工艺已经成为大多数小型化的催化剂。纳米级晶体管比病毒还小，接近原子大小，被数以十亿计的晶体管聚集在一起，其数量接近地球上的人口规模，并封装在 1 美元硬币大小的空间中。所有这些晶体管都可以连接在一起，制造出想象中最强大的计算机，并依靠口袋里的薄电池提供的能源运行一整天。

但是，晶体管并不是唯一的组成部件，如果只有它们，也不可能形成这么大的魔力。它们和我们都依赖比米粒还小的微机电装置来感知人们的运动、地球的磁极、当地的温度和大气压力。光子将能量转换元件浸入电子中，纳米级的微机械电容器可以探测到我们周围的声波。今天，只有中微子和重力波被忽略了。在这些神奇的微型处理器处理完来自纳米传感器的数据之后，结果被发送到不同的地方，然后通过同样微小的无线电波传播到世界各地，传送到贴在人们耳朵上的微型设备，传送到内部存储设备，最重要的是最终传送到显示器上。

一些显示器被嵌入大型设备中，而另一些则在人们身边的设备中，还有一些在头戴式设备中，如眼镜、头盔，甚至隐形眼镜。考虑到小笔记本大小的电路板中含有 830 万个发光晶体，这是多么神奇的事情啊！更让人吃惊的是，在眼镜中竟然有 200 万个这样的晶体，占用的空间的截面比铅笔的截面还小。

这种微型无线电可以发送和接收信息，并为人们连接天上的数十颗轨道卫星，附近的无线电发射塔，本地化的网络节点，甚至周围的人也能给人们提供地理空间参考。所有这些参照信息都可以帮助人们确定自己在哪里，确切地说，其范围几乎涵盖地球上的任何地方。不仅仅知道人们在哪里，还包括正在看什么，头部的倾斜角度，以及运动速度等。

有了这些精确的定位信息，就可以接收和发送关于当前环境的关键数据，可以从中获得关于地理、历史、地上和地下建筑以及邻近地区的信息。类似地，也可以提供同等粒度的信息来说明人们所看到和经历的事情，让自身成为生活的档案，并彻底消除对事实的误解。如果说真理和事实不是这些微纳科技带给人们的最好礼物，那么很难想象除了触觉设备所带来的虚假感官刺激之外还有什么？这些微纳科技已经在人们的身体上增强了生命，下一个阶段

---

① 勒德分子的概念产生于 19 世纪的英国。当时，由于机器在工厂中得到广泛应用，大量熟练工被迫下岗，被机器和非熟练工取而代之；不健全的社会福利体系使得这些熟练工很难找到一份可以养家糊口的工作，逐渐被社会边缘化；慢慢地，他们开始进行有组织的抗议示威活动来表达对现状的不满，甚至希望回到工业革命之前，那个让他们的手艺被广泛重视的时代。

将是在身体内增强它。这些技术已经被用于盲人或部分失明者的导航，用于胰岛素输送和癫痫维持。

这些微小的装置不仅增强了人们，还增强了周围的东西，电灯、电视、汽车，甚至冰箱。像蚂蚁和螨类一样，这些小东西使人们的生活比50年前想象的丰富得多。微型化技术给人们的工作和生活带来了美好。

10.4　未来会怎样

有很多人都会有相同的假设，那就是增强现实和虚拟现实将会最终融合，可能是通过光场（Light Field）显示技术，最终成为所谓的混合现实。

对于感官模式的概念促使人们产生这种预测。人们将把日常大部分时间花在增强现实上（偶尔才会转向虚拟现实），主要涉及娱乐或设计、培训、医疗、旅行、房地产，甚至购物等与工作相关的特定任务。这种设想听起来好像很有道理，因为日常生活中并不需要一个全天候的紧贴脸部的遮盖装置，这样会使人与外部世界隔离。本人曾试验过增强现实头戴式设备的原型（例如 Phase Space 的 Smoke HMD[3]），它带有下拉式护目镜，遮挡了佩戴者对其周围环境的大部分视野，这已经足够了。在观看虚拟现实视频或玩游戏时，仍能保持与现实世界的某种联系，这对许多人来说非常有吸引力。有专业的视觉显示设备，比如 Adant 的 Glyph，就是专门为这种应用场合而设计的，它提供了一种非常舒适的不会让人产生幽闭恐惧的沉浸式体验。你可以戴上它享受很长一段时间，而这不是传统虚拟现实设备所能实现的。

我们生活在一个达尔文式的技术世界中，几乎每一种可能都将被不断被尝试和验证。就像世界上有些生物物种在没有任何生存条件的情况下照样能生存下来一样，模糊而深奥的产品也可能会生存下来，因为在科技领域似乎没有什么会真正消失。

对未来的愿景绝不会像 Tom Cruise 在根据 Philip K. Dick 的同名小说改编的电影 *Minority Report*（《少数派报告》）中所展示的那样，人们在巨大的物理屏幕前挥手致意（见图10.3）。

图10.3　人在未来的环绕式显示屏上阅读（来源：维基百科），
这不是未来的样子，因为增强现实将使大屏幕变得过时

人们需要的所有信息就出现在面前的空间中，或与实际的物理对象关联。对大多数人来说，增强现实眼镜将使传统大屏幕技术变得过时。

预测未来非常容易，但确定正确的日期非常困难，所以我们说不出任何可能实现这种事情的日期。当然，可能你和任何其他人一样，也是非常善于预测未来的。请让你的想象力驰骋，扩展那些可能发生的事情。更重要的是，你的想象多半都会成为现实。科幻作家正是以这种方式谋生（和娱乐），而你只是没有得到相应的报酬而已。

现在，人们已经从这种美好的憧憬和对未来的预言中得到了回报，那就是，应用增强现实的时间比人们想象中的更早，使用范围比人们想象中的更广。增强现实技术将使人类变得更聪明、更友善，将使公共管理更公平，将把人变得更能干、更快、更好。

增强现实——将无处不在！

参考文献

1. *Wearable Computing and the Veillance Contract*: Steve Mann at TEDxToronto. https://www.youtube.com/watch?v=z82Zavh-NhI

2. Piltch, Avram.（2014, July 2）*Augmented reality makes us more human, not less.* http://www.tomsguide.com/us/augmented-reality-future,news-19099.html

3. http://smokevr.net/

附录 A

第一次世界大战期间就出现了增强现实眼镜原型吗？

在朋友也是前同事Pat Meier（现已退休）寄给我的一组旧照片中，发现了下面这张照片。Pat Meier知道我本人对增强现实非常感兴趣，这或许就是她将照片转发给我的动机吧。图中展示的这个概念由德国人在1917年提出，思想非常超前（见图A.1）。

图A.1　这是早期的增强现实系统吗？（来源：Drake Goodman）

经过进一步仔细调查，发现这张照片中所显示的实际上是1917年德军用来探测敌机方向的声波探测仪。图片中1名身份不明的费尔德里尔团的初级军官和1名军士正在使用某种便携式声音定位设备。所展示的这种护目镜是一种双筒望远镜，可以将焦点对准无限远处，这样当他们通过转动头寻找声音来源时，就可以依据声音的强弱找到飞机飞来的方向。

Drake Goodman收集了那个时代的旧照片和纪念品，他评论说，"人们自然会得出这样的结论：这些人肯定属于防空炮兵，这可以解释他们使用这种声音探测装置的目的，但防空角色应该是由空军承担的，而不是炮兵。这又产生了另一个谜团"。参见 https://www.flickr.com/photos/drakegoodman/5612308131/。

相关标准

增强现实给用户带来了计算机生成的图形和信息，它能将各种类型的信息和逼真的数字图像叠加在人们的视野空间里，呈现在现实世界中所看到的东西上。

　　增强现实涉及很多种技术，因此许多技术标准组织都与增强现实相关，但到目前为止，还没有专门针对增强现实设立的标准化机构。

　　国际电气和电子工程师协会（International Electrical and Electronics Engineers，IEEE）标准化委员会发布了几十个与增强现实相关的标准，这些标准可以在http://standards.ieee.org/innovate/ar/stds.html中找到。

　　具体来说，2015年成立的IEEE数字感官倡议（Digital Senses Initiative，DSI）[1]计划，就是由该组织的研发部门——IEEE未来发展方向委员会（Future Directions Committee）发起的。

　　"DSI致力于捕捉和再现真实世界或合成虚拟世界领域的先进技术，并增强对人类感官的刺激，"该部门主席Yu Yuan说，"我们的研究范围包括将复制或合成的刺激与自然刺激结合起来，帮助人类或机器感知和响应它们。"

　　他指出，增强现实技术、虚拟现实技术以及人类增强技术都是正在发展的新兴技术领域，但这些技术导致参与实体之间缺乏必要的合作与交互，这已成为推动其持续发展和被广泛接受的障碍。

　　Yuan说，这三种技术都已经存在了几十年，但是前期的应用场景还很缺乏，因为它们所产生的虚拟刺激感觉还不够真实，整体体验也不够丰富。

　　这一倡议已经资助了IEEE标准协会行业联系小组（Standards Association Industry Connections Groups）在这三个领域所提出的几个技术标准。

　　在石油、天然气和电力工业集团领域的增强现实研究，正在探索如何通过头戴式显示器和其他应用程序结合，从而使这三个能源相关领域受益。智能眼镜路线图小组（Smart Glasses Roadmap Group）正在努力克服阻碍智能眼镜在不同领域市场和应用中的各种障碍。

　　三维体数据处理小组（3D Body Processing Group）正在为各种设备上的三维数据的捕获、处理和使用制定标准，以便它们能够相互通信、传递信息和交换数据。该组织还计划解决安全、隐私、指标、通信和共享协议，以及评估结果的方法等方面的问题。

　　DSI还与相关行业联系组织广泛合作，建立了数字感知联盟，促进跨行业和跨学科合作，以确定和弥补在技术和标准等方面的差距。

　　有一些出版物可以作为参考，一类是年度进展报告，另一类则是电影制作人和游戏开发者的最佳实践。

　　Yuan预测，由于增强现实技术允许现实和虚拟物体之间的融合，这将导致在零售、交通、制造、建筑和其他行业出现新型的服务和商业模式。

　　Yuan说："增强现实技术将改变人们与周围环境和服务的互动模式。"

　　计算机协会（ACM）有几篇关于增强现实的论文，也有一些关于标准的讨论，参见http://dl.acm.org/cit.cfm? id=2534379& cfius = 867791712&cftoken= 83157534。

参考文献

1. http://digitalsenses.ieee.org/

术 语 表

以下是本书中使用的术语和首字母缩写列表，分别给出了简短的含义解释。

360 Video：360° 视频。增强现实和360° 视频是有区别的。后者将多个摄像机同时对同一个空间下的物体进行多个角度拍摄并进行同步拼接，其沉浸感较弱，通常只能让观看者停留在固定视点上，在其周围生成环绕360° 的视频图像，并且这些视频通常都是事先拍摄的。此外，如果用户站着不动，使用头戴式摄像头拍摄时缓慢地旋转一圈，基于增强现实的头盔上的摄像头也可以捕捉生成360° 视频。

6 DOF：6自由度。确定人眼睛位置（3个坐标轴自由度）和姿态（3个旋转角自由度），共计需6个自由度，详见后续术语中的内容。

Accelerometer：加速度计。加速度计测量的是手机运动的线性加速度，用来检测手机的方位，测量的是手机位置的变化率。

ACM（The Association of Computing Machinery）：计算机协会。这是一个世界性的计算机从业人员专业组织，创立于1947年，也是世界上首个科学性及教育性计算机学会，目前在全世界130多个国家和地区拥有超过10万名会员。ACM是全世界计算机领域影响力最大的专业学术组织，ACM所评选的图灵奖（A. M. Turing Award）被公认为世界计算机领域的最高奖项。

Addressable occlusion：可寻址遮挡。指来自GPU/IG的图像与显示器（屏幕）上图像区域（部分）具有几何和同步（共时）相关性，该区域（部分）能够直接阻挡增强图像后面的光线。可寻址遮挡是实现虚实融合（遮挡）的关键技术。

Adjustable depth of field：可调节景深。指校正增强现实图像焦点与现实世界景深之间关联的能力。如果不这样做，将会产生辐辏–调节冲突，导致观众身体不适和视觉疲劳。即当观察者试图调整眼睛的辐辏距离和真实世界聚焦距离时，会出现生理不适。

AP/FP（Application Processor/Function Processor）：应用程序处理器/函数处理器。其中内置专用函数或算法引擎，主要用于特定处理任务。

API（Application Program Interface）：应用程序接口。提供系列函数（在专门的编程库中），允许应用程序调用执行特定的专门任务。在计算机图形学中，API用于公开或以统一方式访问图形硬件功能（例如各种图形硬件设备），因此可以通过编写应用程序来调用这些功能，而不必完全理解底层图形硬件，同时保持了一定程度的可移植性，即实现与图形硬件无关。这类API的例子包括OpenGL和微软的Direct3D。

ASR（Augmented reality Smart-glasses with Automatic speech recognition）：具有自动语音识别功能的增强现实智能眼镜。

AVSR（Audio-Visual Speech Recognition）：视听语音识别。

BCI（Brain-Computer Interface）：脑机接口，有时也称为Mind-Machine Interface（MMI），Direct Neural Interface（DNI）或Brain-Machine Interface（BMI）。指通过头戴式设备或头盔实现与佩戴者脑电图（EEG）信号之间直接通信的通道。脑机接口是在人（或动物）脑与外部设备之间建立的直接连接通路。在单向脑机接口的情况下，计算机或者接受脑传来的命令，或者发送信号到脑，但不能同时发送和接收信号；而双向脑机接口允许脑和外部设备之间的双向信息交换。

Birdbath：直译为"供小鸟戏水或饮水的盆形装饰物"。Birdbath在这里表示一种增强现实眼镜的光学设计方法，其结构是分束器和曲面器的组合，谷歌眼镜可被认为是一种改良的Birdbath设计方法的实现。

BTLE（Bluetooth Low Energy）：低能耗蓝牙。

Candela：坎德拉，是发光强度的单位，国际单位制（SI）的7个基本单位之一，简称"坎"，符号cd。是指光源在给定方向上的发光强度。每平方米的坎德拉（cd/m²）是衡量亮度的派生SI单位。

CAVE（Cave Automatic Virtual Environments）：洞穴式自动虚拟环境。是由3个面以上（含3个面）硬质背投影墙组成的高度沉浸的虚拟演示环境。配合三维跟踪器，用户可以在被投影墙包围的系统中，近距离接触虚拟三维物体，或者随意漫游"真实"的虚拟环境，一般应用于高标准的虚拟现实系统。纽约大学1994年建立第一套CAVE系统以来，CAVE已经在全球高校、科技中心、各研究机构进行了广泛的应用。

CCFL（Cold Cathode Fluorescent Lamps）：冷阴极荧光灯。是一种基于LCD背板的照明技术。

CMOS（Complementary Metal-Oxide-Semiconductor）：互补金属氧化物半导体。指制造大规模集成电路芯片的一种技术，或用这种技术制造出来的芯片（计算机主板上的一块可读写RAM芯片）。因为可读写的特性，所以该芯片用于保存主板BIOS硬件设置参数等数据。

组合器（Combiner）：本书中特指光学组合器。其工作原理是，将来自外部世界的光和来自图像生成器的光组合成单一的视觉数据表示形式，以供光学成像和人眼使用。

COTS（Commercial Off-The-Shelf）：商用现成品或技术或商用货架产品。指可以采购到的具有开放式标准接口、可供公众销售的软件或硬件产品。例如，高通公司的Snapdragon是一款COTS产品，它是为移动设备而设计的异构处理器。

DARPA（Defense Advanced Research Projects Agency）：美国国防高级研究计划局。这是美国国防部的一个行政机构，负责研发用于军事用途的高新科技。成立于1958年，当时名为高级研究计划局（Advanced Research Projects Agency，ARPA），1972年3月改名为DARPA，但在1993年2月改回原名ARPA，至1996年3月再次改名为DARPA。其总部位于弗吉尼亚州阿灵顿县。

Depth of field：景深。指在观察者聚焦所形成的场景图像中，距离最近物体和距离最远物体之间的距离。

DERP（Design Eye Reference Point）：预设眼睛参考点。指飞行员处于驾驶舱内向外观察的最佳位置，并且能够很好操纵驾驶舱开关和旋钮的合适位置。

DL（Dynamic digitized Light field signal）：动态数字化光场信号，简称数字光场。

D-ILA（Digital Direct Drive Image Light Amplifier）：JVC（日本胜利公司，著名的视音频设备制造商）的数字直接驱动图像光放大器（如LCoS）。

DLP（Digital Light Processing）：数字光处理。这种技术要先将影像信号经过数字处理，然后再将光投影出来。它基于德州仪器公司开发的数字微镜设备（Digital Micromirror Device，DMD）来完成可视数字信息显示的技术。具体而言，DLP技术应用了DMD作为关键处理设备，以实现数字光学处理过程。

DMD（Digital Micromirror Device）：数字微镜器件。是一种由多个高速数字式光反射开光组成的阵列。DMD是由许多小型铝制反射镜面构成的，镜片的多少由显示分辨率决定，一个小镜片对应一个像素。

MOEMS（Micro-Opto-Electro Mechanical System）：微光机电系统。德州仪器公司注册的DLP投影的核心技术。

DNI（Direct Neural Interface）：直接神经接口，参见BCI。

DSP（Digital Signal Processor）：数字信号处理器。可用于数字摄像机、麦克风、测距仪和收音机。

ERP（Eye Reference Point）：眼睛参考点，见DERP。

Exit pupil：出射光瞳。指光学系统中的虚孔径。

Eye-box：动眼框。指由镜头系统或视觉显示器构成的有效可视图像的空间体积，表示为出射光瞳面积和出瞳距离的组合。

Eye relief distance：眼睛间隙距离。指最后一个光学顶点到出射光瞳之间的距离。眼动跟踪类似于头部跟踪，但读取的是用户眼睛相对于头部的位置。

Eye tracking：眼球跟踪。类似于头部跟踪技术，但读取的是用户眼睛相对于头部的位置。

EVS（Enhanced Vision Systems）：增强的视觉系统。

FSC（Field Sequential Color）：场序彩色。指原色信息通过连续图像传输，依靠人眼视觉系统将连续图像融合成彩色图像。

FOV（Field Of View）：视场角。指眼睛视野的角度。拥有更大的视场角是很重要的，因为它有助于用户沉浸在VR/AR体验中。正常人眼的视场角约为200°，所以角度越大，就越有身临其境的感觉。

FPS（Frames Per Second）：每秒帧数，即帧率。指显示器上图像的刷新速率。

GPU（Graphics Processing Unit）：图形处理单元。

Gyroscope：陀螺仪。简称为gyro，能够跟踪增强现实设备的角速度或扭转。加速度计和陀螺传感器都能测量变化率。

GUI（Graphical User Interface）：图形用户界面。

Haptics：触觉。振动形式的触觉反馈是增强现实或虚拟现实系统中触觉反馈的常用形式，通过触觉反馈可以让用户感觉他们在触摸一些并不存在的东西。

Heterogeneous processors：异构处理器。异构计算是指使用多种处理器或内核的系统。这些系统除了添加相同类型的处理器，还能添加不同类型的协处理器以获得性能或能源效率。这些协处理器通常具有处理特定任务的能力。

HCI（Human-Computer Interaction）：人机交互。

HMD（Head Mounted Display）：头戴式显示器。简称为HMD，通常指护目镜或某种类型的头盔，固定在眼前或戴在头上，又称头戴式设备，或简称为眼镜。

Head tracking：头部跟踪。指跟踪用户头部运动并同步变换头盔显示器上所呈现的图像视角（需要传感器实时获取头部位置及姿态）。如果一个人戴着HMD，头部跟踪就是用户向左、向右、向上或向下看时能看到在这些方向上应该看到的虚拟世界。

Headset：头戴式设备或眼镜，详见HMD。

HIT（Human Interface Technology lab at the University of Washington）：华盛顿大学人机交互界面技术实验室。

HWD（Head-Worn Display）：头戴式显示器。

ICT（Information and Communications Technology）：信息和通信技术。指电信服务、信息服务、IT服务及应用的有机结合，这种表述更能全面、准确地反映支撑信息社会发展的通信方式，同时也反映了电信在信息时代的自身职能和使命的演进。

IEEE（International Electrical and Electronics Engineers）：国际电气和电子工程师协会。

ILED（Inorganic LED）：无机发光二极管，也称为MicroLED，即微型发光二极管。

IMU（Inertial Measurement Unit）：惯性测量单元，用于陀螺仪。

Inside-outside Six-axis of freedom：由内向外的6轴自由度，详见后续相关术语内容。

IoT（Internet of Things）：物联网。

ISA（Image Signal Processor）：图像信号处理器（用于图像输出）。

Jitter：抖动。指电磁干扰（Electro Magnetic Interference，EMI）和与其他信号串扰产生的结果。抖动会导致显示器闪烁。

Judder：颤抖。指视觉不流畅、不平稳的移动（由于显示器更新或刷新速度不足）。它是拖尾效应和闪动的组合，在虚拟现实／增强现实HMD上尤为明显。注意，抖动和颤抖不一样。

Lag：延迟。定义为GPU中执行绘制操作指令（或命令），直到图像出现在屏幕或显示器上所花费的时间。

LCD Liquid-crystal display：液晶显示器。一种利用液晶光调制特性的平板显示器。液晶不直接发光。

LCoS（Liquid Crystal on Silicon）：硅基液晶。又称为液晶附硅，是一种基于反射模式的尺寸非常小的矩阵液晶显示装置。这种矩阵采用CMOS技术在硅芯片上加工制作而成。像素的尺寸从7 μm到20 μm，对于百万像素的分辨率，这个装置通常小于1英寸。

Latency：延迟。指增强现实或虚拟现实体验中，当用户转头时视觉效果跟不上的现象。这可能是不舒服的，因为不是现实世界中应该发生的事情。这种延迟导致人们对虚拟现实体验的抱怨。对于增强现实体验，类似的抱怨稍微少些。

Magnetometer：磁强计。增强现实的磁强计设备，是利用现代固态技术创建的一个微型磁场传感器（称为霍尔效应（Hall-effect）传感器），可以沿x、y和z三个垂直轴探测地球磁场。霍尔效应传感器产生的信号与每个传感器所指向的轴上磁场的强度和极性成比例。

MEMS（Micro Electro Mechanical System）：微机电系统。又称为微电子机械系统、微系统或微机械，指尺寸在几毫米乃至更小的高科技装置，用于微型陀螺仪传感器等。

Metaverse：虚拟世界，科幻小说理想化了虚拟现实和增强现实的概念。这个词来自Neal Stephenson在1992年创作的科幻小说 *Snow Crash*（《雪崩》）。在这部小说中，人类作为化身，在象征现实世界的三维空间中相互作用。从广义上讲，这是虚拟现实的一个哲学基础；福布斯将其定义为"协同虚拟现实"，但关于它适用于什么以及它到底是什么，还有很多争论。

MicroLED：微型发光二极管。又称为MicroLED或μLED，是新一代显示技术，比现有OLED技术亮度更高，发光效率更好，但功耗更低。2017年5月，苹果公司已经开始新一代显示技术的开发。2018年2月，三星公司在CES 2018上推出了Micro LED电视。

MMI（Mind-Machine Interface）：详见BCI。

NED（Near to Eye Display）：近眼显示。

nit：尼特。这是描述亮度的单位，定义为单位面积上的发光强度，1尼特＝1坎德拉／平方米。参见Candela。

NFT（Natural Feature Tracking）：自然特征跟踪。指识别和跟踪场景中的自然特征，而不是故意使用场景中的已知标记。

NUI（Natural User-Interface）：自然用户界面。这是一种有效但无形的用户界面，并且在用户不断学习和进行复杂交互时仍然保持无形。声音、手势和眼动跟踪都是自然用户界面的例子。

NURBS（Non-Uniform Rational Basis Spline）：非均匀有理基样条。这是计算机图形学中常用的数学模型，用来生成和表示曲线或曲面。它为处理和分析由常用数学公式定义的曲面，以及建模提供了极大的灵活性和精度。

OLED（Organic Light-Emitting Diode）：有机发光二极管。又称为有机电激光显示或有机发光半导体。由美籍华裔教授邓青云（Ching W. Tang）于1979年在实验室中发现。OLED显示技术具有自发光、广视角、几乎无穷高的对比度、较低能耗、极高反应速度等优点。采用非常薄的有机材料涂层和玻璃基板，当有电流通过时，这些有机材料就会发光。OLED显示屏的可视角度大，省电，还能实现比LCD更高的对比度。

OS（Operating System）：操作系统。指管理计算机硬件和软件资源，并为计算机程序提供公共服务的系统软件。所有的计算机程序都需要操作系统才能运行。

PBS（Polarization Beam-Splitter）：偏振分束器。

PMD（Personal Media Devices）：个人媒体设备。这是一种头戴式显示器，可以实现直接查看功能。它们会模糊用户的直接（正面）视图，但不会模糊底部或顶部视图。主要用于娱乐，如电影、360°视频、游戏和远程呈现，如无人机摄像头等。

PPI（Pixels Per Inch）：每英寸像素数。

Presence：临场。这个术语源于"远程呈现"。它是一种现象，使人们能够借助技术与身体外部的虚拟环境实现互动，并感觉到完全沉浸其中。它被定义为一个人的主观感觉，即在一个由某种媒介所描绘的场景中，在本质上是增强的或虚拟的[1]。

Primitives：图元。通常指点和直线段，这些都是早期矢量图形系统所包含的。在构造三维几何体时，图元是指基本的几何形状，如立方体、圆柱、球体、锥体、金字塔、圆环等。

Projected reality：投影现实。使用结构光投影仪和某些类型的观看设备，以便在局部空间看到三维物体。通常在室内和有限空间内使用。又称为混合现实。

Refresh rate：刷新率。指图像在屏幕或显示器上更新的速度。高刷新率可以减少延迟，从而有效降低观察者发生模拟器病的可能性。刷新率以赫兹（Hz）表示，因此刷新率为75 Hz意味着图像在1秒钟内刷新75次。

RID（Retinal Imaging Display）：视网膜成像显示器，类似于视网膜投影仪。

RP（Retinal Projector）：视网膜投影仪。将光栅显示（像电视一样）直接投射到眼睛的视网膜上。

RSD（Retinal Scan Display）：视网膜扫描显示器，类似于视网膜投影仪。

RTOS（Real-Time Operating System）：实时操作系统。

S3D（Stereoscopic 3D）：使用两个屏幕（或分屏）创建准立体三维视图。用于立体观看的眼镜可以在影院、电视、个人计算机和CAVE中使用。它们不是显示设备，而是显示的调制器，导致图像的两个视图分别呈现给每只眼睛，从而形成视差及立体效果。

SAR（Spatially augmented reality）：空间增强现实。

SIMD（Single Instruction Multiple Data）：单指令多数据处理。指具有多个处理单元的计算机，这些处理单元同时对多个数据执行相同的操作指令。这类计算机利用数据层面的并行性，而不是并发性，即在给定时刻有同时（并行）计算，但只有单个进程（指令）。SIMD特别适用于调整数字图像的对比度和颜色等常见任务。

Simulator sickness：模拟器病。指用户的大脑和身体所记录的内容与眼睛看到的内容（参见术语Latency）之间的冲突。*Science*期刊认为，这种差异被解释为一种毒素，人体尽其所能将毒素排出体外，例如通过呕吐。然而，每个人对这种现象都有不同的阈值，不是每个人在所有情况下都会有这种不适。

6DOF（Six-degrees of freedom）：6自由度。指相机的位置和方向。微软称之为"内－外"跟踪6DOF，指刚体在三维空间中的自由运动：前/后、上/下、左/右，并通过围绕三个垂直轴（通常称为俯仰、偏航和横滚）旋转来改变方向。

SLAM（Simultaneous Localization and Mapping）：同步定位与建图。这是一种计算机视觉技术，允许实体在构建其周围环境地图的同时跟踪其位置。构造或更新未知环境地图的主要难点是计算问题。

SME（Subject Matter Experts）：主题专家。指针对某个领域或某项任务的专业人士。

SoC（System on a Chip）：片上系统。在移动电话和平板电脑上使用的芯片就是片上系统，通常包含CPU、GPU、ISA、AP/FP，通常还有针对传感器的多路复用器。

Social AR：社交增强现实。指一种旨在创建共享增强现实空间的应用。在这个虚实混合的空间中，用户可以彼此交互，甚至相互参与各种活动。

SDK（Software Development Kit）：软件开发工具包。又称为devkit，是为特定设备或操作系统创建应用程序的一套软件工具。

SAR（Special Augmented Reality）：专用增强现实。是基于投影仪的增强现实技术一个分支，提供了一种无须眼镜且免提的增强现实体验。

Stitching：拼接。指通过摄像机拍摄视频或照片，并将这些图像组合成一张非常大的照片或球面视频的过程。这一过程使用专业软件对视频或照片进行定向，消除接缝，并进行常规编辑，使其看起来像一个连续的视图，而不是拼凑的。

Structured light：结构光。一种用于深度探测的技术。投影仪发出一种红外点模式，照亮环境的轮廓，即所谓的点云。光点距离投影仪越远，它们就越大。所有这些点的大小都是通过摄影测量算法得到的，不同大小的点表示它们与用户的相对距离。

Superquadrics：超四边形，是由诸如椭球和其他四边形公式定义的一类几何形状，只不过其平方运算被任意幂所代替。

SXRD（Sony's Silicon X-tal Reflective Display）：索尼公司的硅 X-tal 反射显示器（类似于 LCoS）。

Telepresence：远程呈现，详见术语 Presence。

TIR（Total Internal Reflection principal）：全内反射原理。

ToF（Time of Flight）：飞行时间技术。一种深度测量技术，类似于雷达的工作原理，即传感器发出经调制的近红外光，遇物体后反射，传感器通过计算光线发射和反射时间差或相位差，来换算被拍摄景物的距离，以产生深度信息。它可以测量从头戴式设备发出的脉冲光击中物体并返回相机传感器所需的时间。

UI（User Interface）：用户界面，或称为用户接口。

Vergence：辐辏，指双眼同时向相反方向运动以获得或保持正确的双目视觉。当我们在看某个物体时，双眼辐辏使得物体聚焦后所成的像落在视网膜的相应位置上。

Visual discovery：视觉发现，即采用一项或多项技术，当用户选择视野中的对象或事物时，通过提供属性信息及相关内容来满足用户对周围环境的好奇心。

Visual marketing：视觉营销，即通过图像识别、增强现实和视觉发现等方式，借助图像和物体来增强品牌传播效果和销售渠道的实践。

虚拟现实/增强现实病：参见术语 Simulator sickness。

VRD（Virtual Retinal Display）：虚拟视网膜显示，与视网膜投影仪同义。

参考文献

1. Barfield, W., & Hendrix, C.(1995). *Virtual Reality*, 1, 3. doi:10.1007/BF02009709.